国家级物理实验教学示范中心系列教材

电磁学实验

主　编　刘安平
副主编　张选梅
参　编　杨东侠　蒲贤洁

科学出版社

北 京

内 容 简 介

本书是在重庆大学物理实验教学中心原有电磁学实验讲义的基础上整理和编写而成的,全书分基础性实验和综合性实验两部分,内容涉及电学、磁学及电磁综合类实验项目共 30 个,其中有一些是反映现代科技发展的新实验. 本书中每个实验的引言部分介绍了实验的相关历史背景、应用现状及发展前景,部分实验还设计了思考题和拓展性内容.

本书可作为高等学校强基计划物理学专业、理工科专业电磁学实验课程的教材,也可作为电磁学实验课程教师和实验技术人员的参考书.

图书在版编目(CIP)数据

电磁学实验 / 刘安平主编. —北京:科学出版社,2022.5
国家级物理实验教学示范中心系列教材
ISBN 978-7-03-072379-6

Ⅰ. ①电… Ⅱ. ①刘… Ⅲ. ①物理学-实验-高等学校-教材
Ⅳ. ①O4-33

中国版本图书馆 CIP 数据核字(2022)第 089882 号

责任编辑:窦京涛 赵 颖 / 责任校对:杨聪敏
责任印制:张 伟 / 封面设计:无极书装

斜 学 出 版 社 出版
北京东黄城根北街 16 号
邮政编码:100717
http://www.sciencep.com

北京九州迅驰传媒文化有限公司 印刷
科学出版社发行 各地新华书店经销

*

2022 年 5 月第 一 版 开本:720×1000 1/16
2022 年 5 月第一次印刷 印张:16
字数:323 000
定价:59.00 元
(如有印装质量问题,我社负责调换)

前　言

　　本书是在重庆大学物理实验教学中心原有电磁学实验讲义的基础上整理和编写而成的，书中的大部分实验都是多年来在教学实践中采用过的，融合了电磁学实验课程近年来的教学改革与实践成果．全书分基础性实验和综合性实验两部分，内容涉及电学、磁学及电磁综合类实验项目共 30 个．对于基础性实验，着重强调实验原理和基础训练，实验步骤不过于细致具体，使学生有更多独立思考和操作实践的机会．对于综合性实验，注重实验内容的设计性、应用性和拓展性，适当增加一些反映现代科技发展的新内容，以提高学生兴趣、开阔学生眼界．书中每个实验重点阐述了基本原理和实验方法，着重说明了实验内容及其基本要求，有侧重地介绍了部分实验仪器和装置，在每个实验的开篇还特别介绍了实验相关的历史背景、应用现状及发展前景．多数实验在最后设计了相关问题与思考题，部分实验还设置了拓展性实验内容，以激发学生进一步研究探索的兴趣．

　　本书是实验中心电磁学实验教学与课程建设全体同志多年辛勤工作的结果，它继承了老一辈实验教师和实验技术人员的宝贵经验．对此，我们谨致以衷心的敬意和感谢！本书在编写、出版过程中还得到了物理实验教学中心其他教师的大力支持，在此一并表示感谢！

　　由于编者水平有限，书中可能有一些疏漏和欠妥之处，恳请各位读者批评指正！

编　者

2022 年 3 月

目　　录

第0章 绪 论

0.1 测量误差与不确定度

0.1.1 测量

在物理实验中，测量是得到物理量的主要手段. 测量就是将待测物理量与标准单位的同类物理量进行比较，得到的结果包括两部分：数值和单位.

测量可分为两类：一类是用已知的标准单位与待测量直接进行比较，或者从已用标准量校准的仪器仪表上直接读出测量值(例如用毫安表读出电流值为12.0mA 等)，这类测量称直接测量；另一类不能直接测出待测量的大小，而是依据该待测量和一个或几个直接测得量的函数关系求出该待测量，我们把这类测量称为间接测量.

一般说，大多数物理量是间接测量量，但随着科学技术的发展，很多原来只能以间接测量方式来获得的物理量，现在也可以直接测量了. 例如电功率，现在可用功率表直接测量.

测得的数据(即测量值)不同于数学中的一个数值，数据是由数值和单位两部分组成的. 一个数值有了单位，便具有了一种特定的物理意义，这时，它才可以称为一个物理量. 因此，在实验中经测量所得的值(数据)应包括数值和单位，即以上二者缺一不可.

0.1.2 误差及分类

在一定条件下，任何物理量都有一个客观存在的真实值，称为该物理量的真值，测量的目的就是要力求得到真值. 但测量总是依据一定的理论和方法，使用一定的仪器，在一定的环境中，由一定的人进行. 在实验测量过程中，由于受到测量仪器、测量方法、测量条件和测量人员以及种种因素的限制，测量结果与客观存在的真值不可能完全相同，测量得到的结果只能是该物理量的近似值. 也就是说，任何一种测量结果与真值存在一定的差值，这种差值称为该测量值的测量误差(又称测量值的绝对误差)，简称误差.

$$测量值(X)–真值(X_{真}) = 误差(\varepsilon) \tag{0.1.1}$$

误差仅能反映出测量值与标准值的差异，为了全面反映出测量结果的准确程

度，引入相对误差 E 来进行评价，其定义为

$$E = \frac{|\varepsilon|}{X_\text{真}} \times 100\% \tag{0.1.2}$$

通常也将相对误差称为百分误差，在实际测量中，真值不可能获得，则将测量值的算数平均值 $\bar{X}$ 作为测量最佳值来替代真值 $X_\text{真}$，则

$$\varepsilon' = X - \bar{X} \tag{0.1.3}$$

ε' 称为偏差；相对误差可表示为

$$E = \frac{|X - \bar{X}|}{\bar{X}} \times 100\% \tag{0.1.4}$$

如果已知测量值的公认值 $X_\text{公}$，也可用公认值替代真值，相对误差表示为

$$E = \frac{|X - X_\text{公}|}{X_\text{公}} \times 100\% \tag{0.1.5}$$

0.1.3　误差的分类

误差的产生原因是复杂和多方面的，为了提高测量的可靠性，常对同一物理量进行多次重复测量. 测量量在测量者、测量方法、测量仪器和测量环境均相同的条件下，称为等精度测量，否则为非等精度测量. 在等精度测量的条件下，根据误差的性质和来源，可将误差分为两类：**系统误差**和**随机误差**.

1. 系统误差

在等精度测量条件下，对同一物理量进行多次测量，误差的大小和符号保持不变，或按一定规律变化的误差，称为系统误差. 系统误差的特征是确定性. 它主要来自以下几个方面：

(1) 理论(方法)误差. 这是由于测量所依据的理论公式本身的近似性，或实验条件不能达到理论公式所规定的要求，或由于所采用测量方法或数据不完善而引起的.

(2) 仪器误差. 这是由于测量仪器本身的固有缺陷或精度不够高而引起的. 例如，精确度等级为 1.0，满量程量为 10mA 的电流表，用该电流表测得的数据的误差始终保持在规定极限 0.1mA 以内，该电流表的仪器误差为 0.1mA.

(3) 环境误差. 由于环境条件变化所引起的误差，如温度、气压、湿度的变化等.

(4) 测量者误差. 这是由于观测人的生理或心理因素造成的，通常与观测人员反应速度和观测习惯有关.

系统误差的规律及产生的原因可能是实验者已知的，也可能不知道. 已被确切

掌握了大小和符号的系统误差称为可定系统误差. 大小和方向未知(或尚未确定)的系统误差叫未定系统误差. 前者一般可在测量中采取一定的措施给予减小或消除, 或在测量结果中进行修正, 而后者一般难以作出修正, 只能估计它的取值范围.

总之, 系统误差是在一定实验条件下由一些确定的因素引起的, 它使测量结果总是偏向一边, 即偏大或偏小. 因此, 试图在相同条件下用增加测量次数来减小或消除它是徒劳的, 只有找出导致该系统误差产生的原因, 对症下药采取一定的方法才能减小或消除它的影响, 或对测量结果进行修正.

1) 系统误差的发现

要发现系统误差, 就必须仔细地研究测量理论和方法的每一步推导, 检验或校准每一件仪器, 分析每一个因素对实验的影响等. 下面从普遍意义上介绍几种发现系统误差的途径和方法.

(1) 实验方法的对比. 用不同方法测同一个量, 看结果是否一致.

(2) 仪器的对比. 如用两个电流表串联于同一个电路中, 读数不一致, 则说明至少有一个电路表不准. 如果其中一个是标准表, 就可以找出另一个的修正值了.

(3) 改变测量方法. 例如, 把电流反向进行读数.

(4) 改变实验中某些参量的数值. 例如, 改变电路中电流的数值, 如果测量结果单调或有规律的变化, 则说明有某种系统误差存在.

(5) 改变实验条件. 例如在电路中将某个元件的位置变动一下.

(6) 两个人对比观测, 可发现个人误差等.

(7) 分析测量所依据的理论公式要求的条件与实际情况有无差异, 能否忽略.

(8) 分析数据的方法.

当测量所得数据明显不服从统计分布规律时, 可将测量数据依次排列, 如偏差大小有规则地向一个方向变化, 则测量中存在线性系统误差; 如果偏差符号作有规律交替变化, 则测量中存在周期性系统误差.

2) 系统误差的消除和修正

从原则上来说, 消除系统误差的途径, 首先是设法使它不产生, 如果做不到, 那么就修正它, 或在测量中设法消除它的影响.

下面介绍几种消除系统误差的途径:

(1) 采用符合实际的理论公式, 进行理论修正, 找出修正值.

(2) 消除仪器的零位误差. 例如电表的指针未通电时不指零位, 可进行机械校零或记下零读数, 最后再对测量值进行修正.

(3) 采用某种方法(如比较法), 在公式中消去某个量, 就可能避免它的系统误差.

(4) 校准仪器. 用标准仪器校准一般仪器, 得出修正值或校准曲线. 如经长期使用过的电表、电阻箱, 在使用前必须经过校准或得出校准曲线.

在实际工作中，有时系统误差的大小不易确定或不必精确计算，这时只需判断它的正负和估计它的数量级就行了. 在电磁学实验中选取仪器误差和估计误差作为主要误差来源.

2. 随机误差

若系统误差已经减弱到可以忽略的程度，被测量本身又是稳定的，在等精度条件下对该物理量进行多次测量时，测量值总有稍许差异，而且大小和方向变化不定. 这种数值大小和正负号经常变化的误差称为"随机误差". 当测量次数增加时，随机误差的分布服从统计分布的规律.

1) 随机误差主要来源

(1) 主观方面. 人们的感官灵敏度和仪器的精度有限，实验者操作不熟练，估计读数不准等.

(2) 客观方面. 外界环境干扰，如杂散电磁场的不规则脉动等，既不能消除，又无法估量.

(3) 其他不可能预测的次要因素.

2) 随机误差特点

在深入讨论随机误差问题时，我们假定系统误差已经被消除或减小到可忽略的程度.

在相同条件下(即等精度)对某一物理量进行 K 次测量，其测量值为 x_1, x_2, x_3, $\cdots$, x_K，算术平均值为 $\bar{x}$，则

$$\bar{x} = \frac{1}{K} \sum_{i=1}^{K} x_i \tag{0.1.6}$$

根据统计误差理论，在一组 K 次测量的数据中，算术平均值最接近于真值，称为测量的"最佳值". 当测量次数 $K \to \infty$ 时，$\bar{x} = X$ (真值).

测量次数的增加对于提高算术平均值的可靠性是有利的，但不是测量次数越多越好，因为增加测量次数必定延长测量时间，这样不仅给保持稳定的测量条件增加了困难，还可能引起大的观测误差. 另外，增加测量次数对系统误差的减小不起作用，所以实验测量次数不必过多，一般在科学研究中，取 10 到 20 次，而在物理教学实验中，通常取 6 到 10 次.

在等精度条件下，对物理量进行足够多次的测量，就会发现测量的随机误差是按一定的统计规律分布的，而最典型的分布就是正态分布(高斯分布).

典型的正态分布如图 0.1.1 所示. 图中 ε 为绝对随机误差(绝对误差)，$f(\varepsilon)$ 为概率密度函数，σ 为标准误差.

由概率论知识可以证明

$$f(\varepsilon) = \frac{1}{\sigma\sqrt{2\pi}} e^{-\varepsilon^2/(2\sigma^2)} \qquad (0.1.7)$$

其中 σ 被定义为测量列的标准误差. σ 可表示为

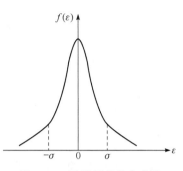

图 0.1.1 随机误差分布曲线

$$\sigma = \lim_{K\to\infty}\sqrt{\frac{1}{K}\sum_{i=1}^{K}(x_i - X)^2} = \lim_{K\to\infty}\sqrt{\frac{1}{K}\sum_{i=1}^{K}\varepsilon_i^2} \qquad (0.1.8)$$

具有正态分布的随机误差具备以下特点:

(1) 有界性. 绝对值很大的误差出现的概率为零, 即误差的绝对值不会超过一定的界限.

(2) 单峰性. 绝对值小的误差出现的概率比绝对值大的误差出现的概率大.

(3) 对称性. 绝对值相等的正、负误差出现的概率相同.

(4) 抵偿性. 随机误差的算术平均值随测量次数的增加而趋于零, 即

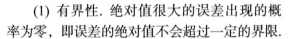

$\lim_{K\to\infty}\frac{1}{K}\sum_{i=1}^{K}\varepsilon_i = 0$. 由此可见, 可用增加测量次数的方法来减小随机误差.

由式(0.1.7)可知

$$\int_{-\infty}^{\infty} f(\varepsilon)\mathrm{d}\varepsilon = 1$$

$$\int_{-\sigma}^{\sigma} f(\varepsilon)\mathrm{d}\varepsilon = P(\sigma) = 0.683$$

$$\int_{-2\sigma}^{2\sigma} f(\varepsilon)\mathrm{d}\varepsilon = P(2\sigma) = 0.954$$

$$\int_{-3\sigma}^{3\sigma} f(\varepsilon)\mathrm{d}\varepsilon = P(3\sigma) = 0.997$$

上述各式表明, 当 $K\to\infty$ 时, 任何一次测量值与真值之差落在区间$(-\infty,\infty)$里的概率为 1; 而落于区间$[-\sigma,\sigma]$里的概率为 0.683, 置信概率 $P=0.683$; 落于区间$[-2\sigma,2\sigma]$里的概率为 0.954, 置信概率 $P=0.954$; 落于区间$[-3\sigma,3\sigma]$里的概率为 0.997, 置信概率 $P=0.997$. 从上面的介绍我们看到测量误差的绝对值大于 3σ 的概率仅为 0.3%, 对于有限次测量这种可能性是极微小的, 于是可以认为此时的测量是失误, 该测量值不可信应予剔除. 这就是著名的 3σ 判据(准则), 可用于分析多次测量的数据. 从以上的介绍我们看到标准误差 σ 是随机误差散布情况的量度.

3) 标准偏差——σ_x 的最佳估计值

在实际测量中, 测量次数 K 总是有限的, 并且也不知道真值 X, 因此标准误差只具有理论价值, 对它的实际处理只能进行估算. 估算结果称为标准偏差(简称标准差), 其表达式为

$$\sigma_x = \sqrt{\frac{1}{K-1}\sum_{i=1}^{K}(x_i - x)^2} \tag{0.1.9}$$

式子的统计意义为，当测量次数足够多时，测量列中任一测量值与平均值的偏离落在区间$[-\sigma_x, +\sigma_x]$里的概率为 68.3%. 此式亦称为贝塞尔公式.

综上所述，系统误差和随机误差性质不同，来源不同，处理方法也不相同.

0.1.4 不确定度

测量中的误差是客观而普遍存在的，随着测量者水平的提高以及实验条件的改善，误差可以减小和改善，但不可能完全消除(也没有必要这样做). 人们关心的是怎样把误差控制在允许的范围内. 如何评价测量结果的优劣是我们关心的另一个问题. 于是，人们引入了一个新的概念——不确定度，来对误差情况作定量的估计.

不确定度(uncertainty)表征了被测物理量的真值在某个量值范围内的一个评定，亦即测量结果附近的一个范围，这个范围可能包含测量误差. 误差是测量值与真值之差，真值经常无法知道，因此误差通常也无法知道，而不确定度表示的是测量误差可能出现的范围，这样不确定度就能更好地反映测量结果的性质和优劣.

误差分为随机误差和系统误差，考虑到测量中对测量结果的已定系统误差分量进行修正以后，其余未定系统误差因素和随机误差因素共同影响着测量结果的不确定度，因此，不确定度的分量计算原则上分为两类，即 A 类不确定度(统计不确定度)和 B 类不确定度(非统计不确定度).

(1) A 类不确定度. A 类不确定度分量是指多次测量中可以用统计方法计算的不确定度. 这类不确定度因服从正态分布规律，从而可以用公式进行计算得到. 设待测物理量 x(真值为 X)是稳定的，足够大的 K 次独立测量的结果为 x_1，x_2，$\cdots$，x_K，平均值 $\bar{x} = \frac{1}{K}\sum_{i=1}^{K}x_i$ 作为 x 的最佳估计，则平均值的标准偏差为该量的 A 类不确定度分量.

(2) B 类不确定度. B 类不确定度的主要贡献为系统误差中的仪器误差 $\Delta_{仪}$ 和估计误差 $\Delta_{估}$.

所谓仪器误差(限)是指在仪器规定的使用条件下，正确使用仪器时，仪器的示值与被测量真值之间可能产生的最大误差的绝对值. 在实验教学中它常被用来估计由测量仪器导致的误差范围，这有助于我们从量级上把握测量仪器的准确度以及测量结果的可靠程度.

1) 仪器误差

通常，生产厂家在仪器出厂时已在其上注明仪器误差，但注明方式各不相同，最常采用的有以下几种：

(1) 在仪器上直接写出准确度来表明该仪器的仪器误差，如准确度为 0.05mm 的游标卡尺，其仪器误差就是 0.05mm.

(2) 标出仪器的精度级别，用户自己算出仪器误差，如某电表，它的精度级别定义为

$$\frac{\text{电表的最大误差}}{\text{电表的满量程}} = \text{级别数}\% \tag{0.1.10}$$

于是，可得到

$$\text{电表的最大误差} = \text{电表的满量程} \times \text{级别数}\% \tag{0.1.11}$$

式中最大误差就是仪器误差 $\Delta_{仪}$.

(3) 数字式仪器的仪器误差为显示的最小读数单位.

(4) 对于未注明仪器误差的仪器(或量具)，作为教学规范我们规定：对于能连续读数的仪器，取其最小分度值的一半作为仪器误差，如模拟式电流表；对于不能连续读数的仪器，就以最小分度值作为仪器误差，如电阻箱. 以上规则在运用中有时也有例外，如最小分度值为 1℃ 的温度计，它能连续读数，仪器误差为 0.5℃，但由于其准确度不高，也可以用最小分度值 1℃ 作为仪器误差.

2) 估计误差

估计误差涉及物理实验测量中的估计读数方法. 如图 0.1.2 所示的电流表，最小分度(即每一小格)为 0.02A，如果指针指到刻度线间的缝隙处，就需要估计其读数. 模拟式仪器估读一般按最小刻度的几分之一(如 1/10，1/5，1/2 等)进行，以图 0.1.2 为例，如果按 1/10 估读，此刻电流为 0.142A、0.144A 等，数字式仪器的估计误差为最小分度值. 估计误差是一种非统计性误差，并且与仪器误差是相互独立的.

图 0.1.2　电流表

由于 $\Delta_{仪}$ 和 $\Delta_{估}$ 是相互独立的，都不遵从统计规律，因此，B 类不确定度分量

$$\Delta_{B} = \sqrt{\Delta_{仪}^2 + \Delta_{估}^2} \tag{0.1.12}$$

0.1.5　直接测量结果的不确定度

1. 直接测量结果的 A 类不确定度分量估算

A 类不确定度分量是指可以用统计方法计算的不确定度. 这类不确定度因服

从正态分布规律，从而可以像计算标准偏差一样用式(0.1.9)进行计算.

设待测物理量 x(真值为 X)是稳定的，足够大的 K 次独立测量的结果为 x_1，$x_2,\cdots,x_K$，平均值 $\overline{x}=\dfrac{1}{K}\sum\limits_{i=1}^{K}x_i$ 作为 x 的最佳估计，则平均值的标准偏差

$$u_{\overline{x}}=u_{\mathrm{A}}=\sqrt{\frac{\sum\limits_{i=1}^{K}(x_i-\overline{x})^2}{K(K-1)}} \tag{0.1.13}$$

就是该量的 A 类不确定度分量，即该测量列的平均值的标准偏差(标准差). u_x 的统计意义在于：待测物理量落入区间 $[\overline{x}-u_{\overline{x}},\overline{x}+u_{\overline{x}}]$ 里的概率为 68.3%；落入区间 $[\overline{x}-2u_{\overline{x}},\overline{x}+2u_{\overline{x}}]$ 里的概率为 95.4%；落入区间 $[\overline{x}-3u_{\overline{x}},\overline{x}+3u_{\overline{x}}]$ 里的概率为 99.7%.

对于实际测量，测量次数既不可能足够多，更不可能无限多，若测量次数减少，概率密度分布曲线由正态分布曲线变得较平坦，变成了 t 分布(亦称学生分布)，其图形如图 0.1.3 所示.

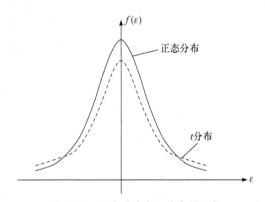

图 0.1.3　正态分布与 t 分布的比较

很显然对于有限次测量,特别是大学物理实验中要保持同样的置信概率水平,办法就只有一个：将 $u_{\overline{x}}$ 乘上一个大于 1 的因子 t_P，使置信区间扩大. 这样一来 A 类不确定度就表示为

$$\varDelta_{\mathrm{A}}=t_P\cdot u_{\mathrm{A}}=t_P\cdot\sqrt{\frac{\sum\limits_{i=1}^{K}(x_i-\overline{x})^2}{K(K-1)}} \tag{0.1.14}$$

表 0.1.1 给出了不同置信概率水平下 t_P 因子与测量次数 K 的关系.

表 0.1.1　t_P 因子与测量次数 K 的关系对照

测量次数 K P	2	3	4	5	6	7	8	9	10
$t_{0.68}$	1.84	1.32	1.20	1.14	1.11	1.09	1.08	1.07	1.06
$t_{0.95}$	4.30	3.18	2.78	2.57	2.45	2.36	2.31	2.26	2.23
$t_{0.99}$	9.92	5.84	4.60	4.03	3.71	3.50	3.36	3.25	3.17

在实验教学中，为了简化、方便和统一，我们约定置信概率 P 取 95%，以下的讨论也遵从这种约定，不再重复.

2. 直接测量结果的不确定度及测量结果表示

(1) 直接测量结果的不确定度 U.

直接测量列结果表示中的总不确定度的具体计算为

$$U = \sqrt{\varDelta_A^2 + \varDelta_B^2}$$
$$= \sqrt{(t_P \cdot u_A)^2 + \varDelta_仪^2 + \varDelta_估^2} \qquad (0.1.15)$$

(2) 直接测量结果的规范表述.

对于直接测量结果

$$x = \bar{x} \pm U\,(单位) \quad (P=0.95) \qquad (0.1.16)$$

3. 测量结果的规范表示细则

每一位实验者都应学会正确、规范、科学地书写实验报告. 作为一种教学规范，我们约定：

(1) 当直接测量结果是最终结果，不确定度取位为 1～2 位，即不超过 2 位有效数字；相对不确定度则均用 2 位有效数字(百分数)表示.

(2) 为保证不确定度的置信概率水平不致降低，不确定度值截断时采取"只入不舍"的原则，亦即宁大勿小.

例如：$U = 0.3411\,V$，若取 2 位有效数字，就是 $U = 0.35\,V$，若取 1 位有效数字，则为 $U = 0.4\,V$.

(3) 测量结果表达式中测量值(平均值)的最末位数应与不确定度 U 的最末位数对齐. 对测量值中保留数字末位以后的部分，应按通常的"四舍六入五凑偶"的修约规则进行. 例如，一测量数据计算的平均值为 13.5025V，其经计算获得的不确定度值为 0.0134V，不确定度取 2 位有效数字应为 0.014V，则测量结果为

$$U = 13.502 \pm 0.014(V)，\quad P=0.95\%$$

即测量值平均值的有效数字位数最终应根据不确定度的有效数字位数来决定，而

平均值的修约原则是"四舍六入五凑偶".

(4) 测量结果完整表达式中应包含该物理量的单位和置信概率.

0.1.6　间接测量的不确定度及结果表达式

设间接测量量 N 与各直接测量量的函数关系为

$$N = f(x, y, z, \cdots)$$

1. 间接测量量的平均值

间接测量结果是由一个或几个直接测量值经过计算得出. 因 $\bar{x}$, $\bar{y}$, $\cdots$ 均代表各直接测量量的最佳值, 于是间接测量量的最佳值就应该是

$$\bar{N} = f(\bar{x}, \bar{y}, \bar{z}, \cdots) \tag{0.1.17}$$

即间接测量量的最佳值由各直接测量量的最佳值代入函数表达式求得.

2. 间接测量结果的不确定度

设 U_x , U_y , U_z , $\cdots$ 分别为 x , y , z , $\cdots$ 等相互独立的直接测量量的不确定度, 则间接测量量的总不确定度为

$$U_N = \sqrt{\left(\frac{\partial f}{\partial x}\right)^2 U_x^2 + \left(\frac{\partial f}{\partial y}\right)^2 U_y^2 + \left(\frac{\partial f}{\partial z}\right)^2 U_z^2 + \cdots} \tag{0.1.18}$$

式中偏导数 $\frac{\partial f}{\partial x}$, $\frac{\partial f}{\partial y}$, $\frac{\partial f}{\partial z}$, $\cdots$ 称为传递系数, 它的大小直接代表了各直接测量结果不确定度对间接测量结果不确定度的贡献(权重).

间接测量量的相对不确定度可表示为

$$\frac{U_N}{N} = \sqrt{\left(\frac{\partial \ln f}{\partial x}\right)^2 U_x^2 + \left(\frac{\partial \ln f}{\partial y}\right)^2 U_y^2 + \left(\frac{\partial \ln f}{\partial z}\right)^2 U_z^2 + \cdots} \tag{0.1.19}$$

式中 $\ln f$ 表示对函数 f 取自然对数.

常用函数不确定度公式见表 0.1.2.

表 0.1.2　常用函数不确定度使用说明

间接测量结果的函数表达式	不确定度的传递公式	说明
$N = x \pm y$	$U_N = \sqrt{U_x^2 + U_y^2}$	直接求 U_N
$N = x \cdot y$	$E_N = \frac{U_N}{N} = \sqrt{\left(\frac{U_x}{x}\right)^2 + \left(\frac{U_y}{y}\right)^2}$	宜先求相对不确定度 E_N

续表

间接测量结果 的函数表达式	不确定度的传递公式	说明
$N = \dfrac{x}{y}$	$E_N = \dfrac{U_N}{N} = \sqrt{\left(\dfrac{U_x}{x}\right)^2 + \left(\dfrac{U_y}{y}\right)^2}$	宜先求相对不确定度 E_N
$N = \dfrac{x^a \cdot y^b}{z^c}$	$E_N = \dfrac{U_N}{N} = \sqrt{a^2\left(\dfrac{U_x}{x}\right)^2 + b^2\left(\dfrac{U_y}{y}\right)^2 + c^2\left(\dfrac{U_z}{z}\right)^2}$	宜先求相对不确定度 E_N
$N = Ax$	$U_N = AU_x$；$E_N = \dfrac{U_N}{N} = \dfrac{U_x}{x}$	直接求 U_N
$N = \sqrt[n]{x}$	$E_N = \dfrac{U_N}{N} = \dfrac{1}{n}\dfrac{U_x}{x}$	宜先求相对不确定度 E_N
$N = \sin x$	$U_N = U_x \cdot \cos x$	直接求 U_N

0.2　测量值的有效数字及运算规律

0.2.1　测量值的有效数字

1. 有效数字

在进行直接测量时要用到各种各样的仪器、仪表. 根据仪器、仪表显示读数的方式，可把仪器、仪表分为两类：用一定长度或弧长表示某物理量大小的称为模拟式仪表；直接用数字显示测量结果的称为数字式仪表.

用模拟式仪器、仪表进行测量时，首先要弄清它的测量范围(即量程)以及整个测量范围包含多少最小分度，其最小分度值称为仪器、仪表的最小量或读数精度. 从仪表上读取数字时要尽可能读到仪器、仪表最小分度值的下一位(有时在同位). 最小分度以上的数值可以直接读出，是准确的，称可靠数字(也称准确数字). 最小分度以下的数值只能估计得到(且只能估计出一个数字). 因为这个数字是估计得到的，所以是不准确的，我们把这个数字称为可疑数字(也称欠准数字). 可疑数字虽不准确，但它仍代表了该物理量的一定大小是有一定意义的、是对测量值有一定贡献的数字，因而是有效的. 我们把仪器、仪表上直接读得的准确数字和最后一位估计得到的可疑数字统称为测量值的有效数字. 一个实验数据的数值有几个有效数字，就称该测量值有几位有效数字.

测量得到的数据都应以有效数字表示，准确数字由仪器直接读得，最后一位可疑数字由估计读数得到. 使用数字式仪器、仪表进行测量时，不需要进行估计读数，显示的末位数字就是可疑数字，其估计误差为此位的 ±1 个单位.

2. 记录实验数据宜采用科学记数法

实验数据常用有效数字记录. 在记录时，为了方便且不易出错，常用科学记数法表示. 科学记数法，即把数据写成小数乘以 10 的 n 次幂的形式(n 可以是正数，负数)，且小数的小数点前只有一位整数. 例如地球半径为 6371km，用科学记数法表示就是 6.371×10^3km. 科学记数法有以下好处：①能方便地表达出数据有效数字的位数，如地球直径是 4 位有效数字；②单位改变时，只是乘幂次数改变其他不变，但一般的书写就要出错，如以米为单位写出地球的半径，一般写法是在 6371 之后要添 0 才能保证数值大小不变，写成 6371000m，但这是 7 位有效数字了，显然是错误的，测量数据不能因为单位换算而改变其有效数字的位数；③表示很大和很小的数字特别方便，也容易记忆，如铂的电阻温度系数为 $a=0.00391\mathrm{K}^{-1}$，用科学记数法可写成 $a=3.91 \times 10^{-3}\mathrm{K}^{-1}$，很方便.

3. 有效数字尾数舍入规则

在实验数据参与运算后，在用不确定度规范测量值时存在数值的"舍入"(或"修约"). 舍入时按熟知的"四舍五入"规则是见"五"就入，但这一规则有不完善之处，即从 1 到 9 的九个数字中，入的机会总是大于舍的机会，这是不合理的，从而不可避免地带来舍入误差. 为了弥补这一缺陷，现在通用的规则是：对保留数字末位以后部分的第一个数，小于"5"则舍，大于"5"则入，等于"5"则把保留数字末位凑为偶数，即原来末位是奇数则加 1(五入)，原来末位是偶数则不变(五舍). 此规则称为"四舍六入五凑偶"规则.

0.2.2 有效数字的运算规则

间接测量值是由直接测量值经计算得到的，所以间接测量值也应该用有效数字表示. 下面讨论有效数字运算规则.

有效数字运算的总原则是：①准确数字与准确数字进行四则运算时，其结果仍为准确数字；②准确数字与可疑数字以及可疑数字与可疑数字进行四则运算时，其结果均为可疑数字；③在运算的最后结果中一般只保留一位可疑数字，其余可疑数字应根据尾数取舍规则处理.

一个经计算得到的结果不会比参与计算的诸数据中最不准确的数值更准确或可靠. 因此，为了简化运算，在进行四则运算前，可将参加运算的原始数据分别按加减、乘除不同情况进行修正. 对加减运算应首先找出参与运算的诸项中可疑数字所占数位最高的项，以此项为标准，其余各项一律按尾数取舍原则使这些项的可疑数字占的数位比标准项可疑数字数位低一位. 在乘除运算时，应首先找出参与运算的各项中所含有效数字个数(即位数)最少的项，以此项为标准，其他各项按尾数取舍原则使各项有效数字的个数比标准项多一个.

1. 四则运算

在运算时，为了区分可疑数字、可靠数字，我们在可疑数字下加一横线.

(1) 加、减运算. 例如

$$12.3\underline{4}+2.357\underline{4}=14.69\underline{74}=14.7\underline{0}$$

$$43.3\underline{2}-6.256\underline{8}=37.06\underline{32}=37.0\underline{6}$$

由上例可以看到，在加、减运算中，和或差的可疑数字所在位，与参加运算的各数值中可疑数字所在位最高的相同.

(2) 乘、除运算. 例如

$$2432.\underline{6}\times0.34\underline{1}=8.29\underline{5}\times10^2=8.3\underline{0}\times10^2$$

$$354.\underline{4}\div27.\underline{1}=13.08=13.\underline{1}$$

由上例可以看到，在乘、除运算中，积或商所包含的有效数字位数，与参加运算的各数值中有效数字位数最少的那个相同.

(3) 混合运算中，要按部就班地运用有效数字四则运算规则.

2. 函数运算

在进行函数运算时，不能沿用四则运算的有效数字运算规则. 乘方或开方运算结果的有效数字位数与其底的有效数字位数相同. 对于其他函数运算，应该先计算出间接测量结果的不确定度，用不确定度来确定间接测量结果的有效数字位数. 在相应的实验中会对其进行具体介绍.

在用有效数字运算规律进行运算时，还应注意以下三点：

(1) 出现在计算公式中的比例常数是非测量值，可以认为它们具有足够多位有效数字，不因它们的出现影响运算结果的位数. 对于无理数 π、$\sqrt{2}$、$\sqrt{3}$、e 等，在运算中要截取成有效数字形式时，应比其他测量得到的数据的有效数字位数最少者多取 1 位或 2 位.

(2) 一个数据的第一个数是 9 或 8，在乘、除运算中，计算有效数字的位数时，可多取 1 位. 例如 $9.81\times16.24=159.3$，可把 9.81 看为 4 位有效数字，所以结果应记为 159.3.

(3) 有多个数据参加运算时，运算的中间结果可保留两个可疑数字，以减少多次取舍引入的计算误差，但运算最后仍应舍去. 例如

$$3.14\underline{4}\times(3.61\underline{5}^2-2.68\underline{4}^2)\times12.3\underline{9}=3.144\times(13.06\underline{8}-7.20\underline{39})\times12.39$$

$$=3.144\times5.8\underline{6}\times12.39=22\,\underline{8}$$

最后还需再次指出，上述运算涉及的间接量的有效数字位数的确定仅仅是一种

粗略的估计，用不确定度来决定测量值的有效数字位数才是总的原则和依据，即测量结果的有效数字的取位是由不确定度最终来决定的. 方法是，测量结果(无论直接测量量还是间接测量量)的算术平均值的最末一位一定要与不确定度的末位对齐.

0.3　物理实验数据处理的基本方法

实验得到的一系列数据，往往是零碎而有误差的，要从这一系列数据中得到最可靠的实验结果，找出物理量之间的变化关系及其服从的物理规律，这要靠正确的数据处理方法. 所谓数据处理，就是对实验数据进行必要的整理分析和归纳计算，得到实验的结论. 常用的方法有列表法、作图法、逐差法和最小二乘法.

0.3.1　列表法

在记录和处理数据时，常常将所得数据列成表. 数据列制成表后，可以简单而明确，形式紧凑地表示出有关物理量之间的对应关系；便于随时检查结果是否合理，及时发现问题，减少和避免错误；有助于找出有关物理量之间规律性的联系，进而求出经验公式等.

列表的要求是：

(1) 写出所列表格的名称，列表力求简单明了，便于看出有关量之间的关系，便于后面处理数据.

(2) 标明各符号所代表物理量的意义(特别是自定的符号)，并注明单位. 单位及测量值的数量级写在该符号的标题栏中，不要重复记在各个数值上.

(3) 列表时可根据具体情况，决定列出哪些项目. 个别与其他项目联系不密切的数据可以不列入表内. 除原始数据外，计算过程中的一些中间结果和最后结果也可以列入表中.

(4) 表中所列数据要正确反映测量结果的有效数字.

0.3.2　作图法

1. 作图法的作用和优点

物理量之间的关系既可以用解析函数关系表示，还可以用图示法来表示. 作图法是把实验数据按其对应关系在坐标纸上描点，并绘出曲线，以此曲线揭示物理量之间对应的函数关系，求出经验公式. 作图法是一种被广泛用来处理实验数据的很重要的方法. 它的优点是能把一系列实验数据之间的关系或变化情况直观地表示出来. 同时，作图连线对各数据点可起到平均的作用，从而减小随机误差；还可从图线上简便求出实验需要的某些结果. 例如，求直线斜率和截距等；从图上还可读出没有进行观测的对应点(称内插法);此外,在一定条件下还可从图线延伸部分读到测量范围以外的对应点(称外推法).

作一幅正确、实用、美观的图是实验技能训练的一项基本功,应该很好地掌握.实验作图不是示意图,它既要表达物理量间的关系,又要能反映测量的精确程度,因此必须按一定要求作图.

2. 作图的步骤及规则

(1) 一定要用坐标纸.根据所测的物理量,经过分析研究后确定应选用哪种坐标纸.常用坐标纸有:直角坐标纸、单对数坐标纸、双对数坐标纸、极坐标纸等.

(2) 确定坐标纸的大小.坐标纸的大小,一般根据测得数据的有效数字位数来确定.原则上应使坐标纸上的最小格对应于有效数字最后一位可靠数位.

(3) 选坐标轴.以横轴代表自变量,纵轴代表因变量,画两条粗细适当的线表示横轴和纵轴,并标出方向.在轴的末端近旁标明所代表的物理量及单位.

(4) 定标尺及标度.在用直角坐标纸时,采用等间隔定标和整数标度,即对每个坐标轴在间隔相等的距离上用整齐的数字标度.

标尺的选择原则是:①图上观测点坐标读数的有效数字位数与实验数据的有效数字位数相同.②纵坐标与横坐标的标尺选择应适当.应尽量使图线占据图面的大部分,不要偏于一角或一端.③标尺的选择应使图线显示出其特点.标尺应划分得当,以不用计算就能直接读出图线上每一点的坐标为宜,通常用坐标纸的一小格表示被测量的最后一位准确数字的 1 个单位、2 个单位或 5 个单位(而不应用一小格表示 3、7 或 9 个单位).④如果数据特别大或特别小,可以提出相乘因子,例如,提出×10^5、×10^{-2}放在坐标轴上最大值的右边.⑤标度时,一方面要整数标度,另一方面又要标出有效数字的位数.

(5) 描点.依据实验数据在图上描点,并以该点为中心,用+、×、△、⊙、⊡等符号中的任一种符号标注.同一图形上的观测点要用同一种符号,不同曲线要用不同符号加以区别,并在图纸的空白位置注明符号所代表的内容.

(6) 连线.根据不同情况,用直尺、曲线板(云规)等器具把点连成直线、光滑曲线或折线.如是校正曲线要通过校准点连折线.当连成直线或光滑曲线时,曲线并不一定要通过所有的点,而是要求线的两侧偏差点有较均匀的分布.在画线时,个别偏离过大的点应当舍去或重新测量核对,如图线需延伸到测量范围以外,则应按其趋势用虚线表示.

(7) 写图名和图注.在图纸的上部空旷处写出图名、实验条件及图注,或在图纸的下方写出图名.一般将纵轴代表的物理量写在前面,横轴代表的物理量写在后面,中间加一连接线.

3. 作图举例

例 一定质量的气体，当体积一定时，其压强与温度关系为 $p = p_0\beta t + p_0$（直线关系：$y = ax - b$，式中 $a = p_0\beta$，$b = p_0$，$x = t$，$y = p$）. 观测得到如表 0.3.1 所示的一组数据，试用作图法求 β.

表 0.3.1 等容变化时，p、t 数据表

$t/℃$	7.5	16.0	23.5	30.5	38.0	47.0	$\Delta t=\pm 0.5℃$
$p/cmHg$	73.8	76.6	77.8	80.2	82.0	84.4	$\Delta p=\pm 0.5cmHg$

如图 0.3.1 所示，采用毫米坐标纸，横轴为温度 t，每小格代表 1℃，纵轴为压强 p，每 5 小格代表 1cmHg，用"+"表示对应坐标点的位置，其误差界限 $2 \cdot \Delta t=1℃$ 为 1 个小格；$2 \cdot \Delta p=2×0.5=1cmHg$ 为 5 个小格.

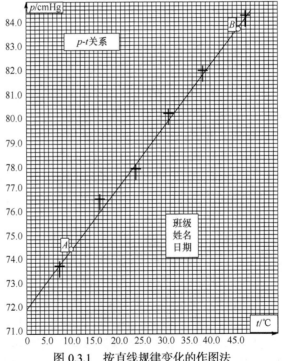

图 0.3.1 按直线规律变化的作图法

由 $p = p_0\beta t + p_0$ 知 p-t 函数关系为一条直线. 作直线时，使其穿过各坐标点的误差界限.

由 $p = (p_0\beta)t + p_0$ 知，p_0 为纵轴截距，$k = p_0\beta$ 为直线斜率.

延长直线交纵轴于 p_0，得 $p_0 = 71.9cmHg$，在画好的直线上靠近两端取两点 A 和 B，用符号○表示，得

$$k = p_0 \beta = \frac{83.7 - 74.5}{45.0 - 10.0} = 0.263 (\mathrm{cmHg \cdot {}^{\circ}C^{-1}})$$

$$\beta = \frac{k}{p_0} = \frac{0.263}{71.9} = 0.00366({}^{\circ}C^{-1})$$

0.3.3 逐差法

逐差法是物理实验中处理数据常用的一种方法. 凡是自变量作等量变化, 因变量也作等量变化, 便可采用逐差法求出因变量的平均变化值. 逐差法计算简便, 特别是在检查数据时, 可随测随检, 及时发现差错和数据规律; 更重要的是可充分地利用已测到的所有数据, 并具有对数据取平均的效果; 还可绕过一些具有定值的未知量, 求出所需要的实验结果; 可减小系统误差和扩大测量范围等.

在谈论逐差法的优点时还应指出人们通常采用的相邻差法的缺点. 例如, 我们测得一组坐标数据 x_1, x_2, x_3, $\cdots$, x_k, 共 k 个(偶数个). 按相邻差法各相邻坐标距离的平均值为

$$\bar{x} = \frac{1}{k} \sum_{i=1}^{k-1}(x_{i+1} - x_i) = \frac{1}{k}[(x_2 - x_1) + (x_3 - x_2) + \cdots + (x_k - x_{k-1})]$$
$$= \frac{1}{k}(x_k - x_1)$$

从上述结果我们看到, 仅第 1 个数据 x_1 和第 k 个数据 x_k 才对平均值 $\bar{x}$ 有贡献, 这显然是不科学的. 逐差法是把这 k 个(偶数个, $k=2n$)数据分成两组(x_1, x_2, $\cdots$, x_n)和(x_{n+1}, x_{n+2}, $\cdots$, x_{2n}), 取两组数据对应项之差: $\bar{x}_j = x_{n+1} - x_j$, $j=1, 2, \cdots, n$, 再求平均的相邻坐标间距离的平均值为

$$\bar{x} = \frac{1}{n \times n} \sum_{j=1}^{n} \bar{x}_j = \frac{1}{n \times n}[(x_{n+1} - x_1) + \cdots + (x_{2n} - x_n)] \tag{0.3.1}$$

从以上求平均我们看到每一个测量数据都对平均值有贡献, 都有自己的意义, 亦即用逐差法处理数据既保持了多次测量的优点, 又具有对数据取平均的效果.

在用拉伸法测杨氏弹性模量实验中我们将进一步介绍逐差法. 一般地说, 用逐差法得到的实验结果优于作图法而次于最小二乘法.

0.3.4 用最小二乘法处理数据

物理量之间的关系, 通常可用函数和曲线来表示. 曲线表示能直观地找出物理量之间对应关系, 求出经验公式, 但它比较粗糙, 不如直接用函数关系式表示那样来得明确和方便. 如何才能从实验数据中找到一个最佳函数形式拟合于观测点的测量值(所谓拟合就是给观测点的测量值配上一个方程的过程), 求出经验方

程？或者说，如何估计一条曲线能最好地拟合于观测点，且左右分布匀称？答案是采用最小二乘法. 它能从一组等精度的测量值中确定最佳值；或能使估计曲线最好地拟合于观测点. 最小二乘法是最科学、最准确的数据处理方法，是从事科学研究的人员应该具备的知识. 由于最小二乘法拟合曲线是以误差理论为依据的严格方法，它涉及许多概率论知识，且计算比较繁杂. 另外，大学物理实验中遇到的物理量之间的函数关系常常是线性的，或能通过变量代换化为线性的，因此，下面仅介绍如何用最小二乘法进行直线拟合.

最小二乘法拟合曲线的原理是：若能找到最佳的拟合曲线，那么这一拟合曲线和各测量值之间偏差的平方和，在所有拟合曲线中应最小.

现假设两物理量之间满足线性关系，其函数形式为 $y = mx + b$，并由实验等精度地测得一组数据(x_i、y_i，$i=1$，2，3，$\cdots$，k)，因为测量总是有误差的，所以 x_i 和 y_i 中都含有误差，但相对来说 x_i 的误差远比 y_i 的误差小. 为了讨论简便，认为 x_i 值是准确的，而所有的误差都只与 y_i 联系着. 假若对于一组(x_i、y_i，$i=1$，2，3，$\cdots$，k)数据点，$y = mx + b$ 是最佳拟合方程，那么每次测量值与按方程 $mx_i + b$ 计算出的 y 值之间偏差为

$$v_i = y_i - (mx_i + b)$$

根据最小二乘法原理，所有偏差平方和为最小，即

$$s(m,b) = \sum_{i=1}^{k} v_i^2 = \sum_{i=1}^{k} [y_i - (mx_i + b)]^2 = 最小 \tag{0.3.2}$$

式中，y_i、x_i 是已经测定的数据点，它们不是变量. 要使方程达到最小，变量就只能是 m 和 b，如果设法确定这两个参数，那么该直线也就确定了. 根据求极值的条件，式(0.3.2)对 b 和 m 的一阶导数均为 0，即

$$\left. \begin{aligned} \frac{\partial s}{\partial b} &= -2\sum_{i=1}^{k} (y_i - mx_i - b) = 0 \\ \frac{\partial s}{\partial m} &= -2\sum_{i=1}^{k} x_i(y_i - mx_i - b) = 0 \end{aligned} \right\} \tag{0.3.3}$$

(1) 求解 m 和 b. 联立求解式(0.3.3)，得

$$\left. \begin{aligned} m &= \frac{\overline{x} \cdot \overline{y} - \overline{xy}}{(\overline{x})^2 - \overline{x^2}} \\ b &= \overline{y} - m\overline{x} \end{aligned} \right\} \tag{0.3.4}$$

式中，$\overline{x} = \frac{1}{k}\sum_{i=1}^{k} x_i$，$\overline{y} = \frac{1}{k}\sum_{i=1}^{k} y_i$，$\overline{x^2} = \frac{1}{k}\sum_{i=1}^{k} x_i^2$，$\overline{xy} = \frac{1}{k}\sum_{i=1}^{k} x_i y_i$.

要验证式(0.3.2)表示的极值最小，还需证明二阶偏导数大于零，这里不再证

明. 实际上由式(0.3.4)给出的 m 和 b 对应的 $\sum\limits_{i=1}^{k} v_i^2$ 就是最小值.

(2) 各参量的标准误差. y 测量值偏差的标准误差

$$\sigma_y = \sqrt{\dfrac{\sum\limits_{i=1}^{k}(y_i - mx_i - b)^2}{k-2}} \tag{0.3.5}$$

上式分母是 $k-2$, 这是因为确定两个未知数要用两个方程, 多余的方程数为 $k-2$.

斜率 m 值的标准误差

$$\sigma_m = \dfrac{\sigma_y}{\sqrt{k[\overline{x^2} - (\overline{x})^2]}} \tag{0.3.6}$$

截距 b 值的标准误差

$$\sigma_b = \dfrac{\sqrt{\overline{x^2}}}{\sqrt{k[\overline{x^2} - (\overline{x})^2]}} \cdot \sigma_y \tag{0.3.7}$$

(3) 拟合直线的检验. 在待定参量确定后, 还要检验一下拟合直线是否成功, 引入一个叫相关系数 γ 的量, 它的定义为

$$\gamma = \dfrac{\overline{xy} - \overline{x} \cdot \overline{y}}{\sqrt{[\overline{x^2} - (\overline{x})^2] \cdot [\overline{y^2} - (\overline{y})^2]}} \tag{0.3.8}$$

γ 表示两变量之间的函数关系与线性函数的符合程度, γ 值总在 0 与 ±1 之间. γ 值越接近 1, 说明实验数据分布越密集, 越符合求得的直线, 或说明 x 和 y 的线性关系越好, 用线性函数进行拟合比较合理; 相反, 如果 γ 值远小于 1 而接近 0, 说明不能用线性函数拟合, x 与 y 完全不相关, 必须用其他函数重新检验. $\gamma > 0$, 拟合直线斜率为正, 称正相关; $\gamma < 0$, 拟合直线斜率为负, 称为负相关.

参考资料

[1] 何光宏, 汪涛, 韩忠. 大学物理实验. 北京: 科学出版社, 2019

第 1 章　基础性实验

实验 1.1　电子示波器的使用

电子示波器(简称示波器)是用来显示两个信号电压间的变化关系图像的一种电子仪器，特别是经常用它显示电压随时间变化的函数图像，即波形图，它能把肉眼看不见的电信号变换成看得见的图像.

示波器作为电测行业最基本的综合性仪器，用途极其广泛，适用于一切可能转化为对应电压的电学量(如电流、电功率、阻抗等)、非电学量(如温度、位移、速度、压力、声强、光强、磁场强度、频率等)，以及它们对时间变化过程的研究. 示波器分为模拟示波器和数字示波器.

一、实验目的

(1) 理解模拟示波器显示图像的原理.
(2) 学习示波器和低频信号发生器的使用方法.
(3) 了解数字示波器的性能及使用方法.

二、实验仪器

YB4242 型二踪示波器 1 台，SC2000—Ⅱ型功率函数发生器 1 台，SDS1102 CML 数字示波器.

三、实验原理

1. 示波器的主要组成部分

如图 1.1.1 所示，示波器主要由示波管、扫描及整步装置(即锯齿波发生器)、放大与衰减装置、电源四部分组成.

(1) 示波管. 它是示波器显示图像的关键部件，是示波器的心脏. 它是在一个抽成高真空的玻璃泡中，装置有多个电极，如图 1.1.2 所示，主要由电子枪、偏转极和荧光屏三部分组成.

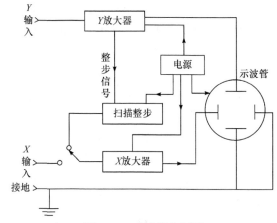

图 1.1.1 示波器方框图

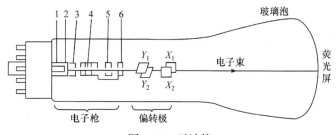

图 1.1.2 示波管

1—灯丝；2—热阴极；3—控制栅极；4—加速极；5—第一阳极；6—第二阳极

(a) 电子枪. 它是由灯丝、热阴极、控制栅极、加速极、第一阳极和第二阳极构成. 灯丝通电以后发热, 热阴极是一个顶部表面涂有氧化物的金属圆筒, 经灯丝加热后温度上升, 一部分电子脱离金属表面, 成为自由电子发射出去. 控制栅极为顶端开有小孔的圆筒, 其电势比热阴极低. 这样, 热阴极发射出来的具有一定初速的自由电子, 通过栅极和阴极间形成的电场时被减速. 初速大的电子可以穿过栅极顶端小孔射向荧光屏, 初速小的电子则被电场排斥返回阴极. 如果栅极所加电压足够低, 可使全部电子返回阴极, 而不能穿过栅极的小孔, 这样, 调节栅极电势就能控制射向荧光屏的电子流密度. 打在荧光屏上的电子流密度大, 电子轰击荧光屏的总能量大, 荧光屏上激发的荧光就亮一些. 所以, 调节栅极和阴极之间的电势差, 可以控制荧光屏上光点亮度(也称辉度)的变化, 这称为辉度调节.

为使电子获得较大的能量, 以很大的速度打在荧光屏上, 使荧光物质发光, 因此, 在控制栅极之后装有加速极, 相对于阴极的电压一般为 1000~2000V, 加速电极是一个长形金属圆筒, 筒内装有具有同轴中心孔的金属膜片, 使在圆筒区域内形成平行于中心轴的均匀电场, 用于阻挡电子偏离轴线方向, 使电子束具有较小的截面. 加速电极之后是第一阳极和第二阳极. 通常第二阳极和加速电极相连, 而第一阳极相对于阴极的电压一般为几百伏特. 这三个电极所形成的电场, 除了对阴极发射出来的电子进行加速外, 还使之会聚成很细的电子束. 改变第一阳极的电压, 可改变电场分布, 从而改变电子束在荧光屏上的聚焦程度, 即改变荧光屏上光点的大小, 这称为聚焦调节. 改变第二阳极的电压, 也会改变电场分布, 从而也改变电子束在荧光屏上聚焦的好坏, 故称辅助聚焦调节.

(b) 偏转极. 为使电子束能够到达荧光屏上的任何一点, 在示波管内装有两对互相垂直的极板, 第一对是垂直偏转板 Y_1、Y_2, 第二对是水平偏转板 X_1、X_2. 设电子束原来是射在荧光屏的中心点, 如在 Y_1、Y_2 上加一直流电压(Y_1 的电势高于 Y_2), 则电子束经过极板时, 因受到垂直于运动方向且方向向上的电场力的作用而发生偏转. 电子束到达荧光屏时, 光点的位置位于中央水平轴的上方; 反之, Y_2 的电势高于 Y_1, 则光点位于下方. 光点偏转的距离与所加偏转电压成正比. 改变偏转电压的大小可使光点向上或向下移动, 称为垂直(Y 轴)位移. 同样, 在 X_1、X_2 上加一直流电压, 则光点位于中央垂直轴的右方(或左方), 改变 X 方向偏转电压的大小可使光点向左或向右移动, 这称为水平(X 轴)位移.

(c) 荧光屏. 玻璃泡前端的内壁涂有发光物质, 它在吸收打在其上的电子动能之后, 即辐射可见光. 在电子轰击停止后, 发光仍能维持一段时间, 称为余辉. 余辉时间长短决定于发光物质的成分. 在荧光屏上, 电子束的动能不仅转换成光能, 同时还转换成热能, 如电子束长久轰击某一点, 或电子流密度过大, 就可能使轰击点发光物质烧毁, 而形成黑斑, 操作时应予注意.

(2) 电压放大与衰减装置. 包括 X 轴放大器、Y 轴放大器、X 轴衰减器、Y 轴衰减器.

由于示波管本身的 X 和 Y 偏转板的灵敏度不高(约 $0.1 \sim 1 \text{mm/V}$), 把较小的信号电压直接加于偏转板时, 电子束不能发生足够的偏转, 以致屏上的光点位移过小, 不便观察. 为此, 需要设置 X 轴及 Y 轴放大器, 预先把小信号电压放大后再加到偏转板上.

把过大的信号电压输入放大器时, 放大器不能正常工作, 甚至受损, 这就需要设置衰减器, 使过大的信号减小, 以适应放大器的要求.

扫描与整步的作用将在后面叙述.

2. 示波器显示波形的基本原理

由示波器偏转板的作用可知, 只有偏转板上加有电压, 电子束的方向才会在偏转电场的作用下发生偏转, 从而使荧光屏上亮点的位置跟着变化. 在一定范围内, 亮点的位移与偏转板上所加电压大小成正比.

(1) 示波器的扫描. 如果在 Y 偏转板上加一个随时间周期性变化的正弦波(如 $V_y = V_{ym}\sin\omega t$)电压, 则在荧光屏上的亮点在垂直方向上做正弦振动, 但由于发光物质的余辉现象和人眼的视觉残留效应, 我们在荧光屏上所看到的是一条垂直的亮线段, 如图 1.1.3 所示, 线段的长度与正弦波的峰峰值成正比.

要在荧光屏上展现出正弦波形, 就需要将光点沿 X 轴展开. 为此, 在 X 轴偏转板(即水平偏转板)上加一随时间做线性变化的电压 V_x, 称为扫描电压, 如图 1.1.4 所示. 扫描电压的特点是: 从 $-V_{xm}$ 开始 $(t = t_0)$ 随时间成正比增加到 $V_{xm}(t_0 < t < t_1)$, 然后又突然返回到 $-V_{xm}(t = t_1)$, 再从头开始随时间成正比增加到 $V_{xm}(t_1 < t < t_2)$, 以后重复前述过程. 扫描电压随时间变化的关系如同锯齿一样, 故又称为锯齿波电压. 如果单独把锯齿波电压加在 X 偏转板上而 Y 偏转板上不加电压信号, 那么, 也只能看到一条水平的亮线, 此线即为"扫描线", 一般称为时间基线.

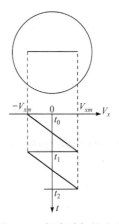

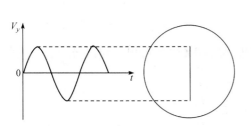

图 1.1.3　Y 偏转板上加正弦交变电压　　　　图 1.1.4　锯齿波扫描电压

假如在 Y 轴加一正弦变化电压 V_y 的同时, 在 X 偏转板上加一扫描电压 V_x, 则电子束不但受到垂直方向电场力的作用而且还受到水平方向电场力的作用, 在这两个电场力的作用下, 电子束既有 Y 方向偏转, 又有 X 方向的偏转, 若扫描电压和正弦电压周期完全一致, 则荧光屏上显示的图形将是一个完整的正弦波, 如图 1.1.5 所示. 如 V_x 的周期为 V_y 的 n 倍(整数), 即 $T_x = nT_y$, 或 V_x 的频率为 V_y 的 $1/n$ 倍, 即 $f_x = f_y/n$, 荧光屏上显示 n(整数)个正弦波形.

(2) 示波器的整步. 由图 1.1.5 可以看出, 当 V_y 与 X 轴扫描电压 V_x 周期是整数倍关系, 即 $T_x = nT_y (n=1,2,3,\cdots)$时, 亮点描出一个或 n 个完整的正弦曲线后迅速返回原来开始的位置, 于是又描出一条与前一条完全重合的正弦曲线, 如此重复, 荧光屏上显示出一条稳定正弦曲线. 如果它们的周期不相同或不是整数倍关

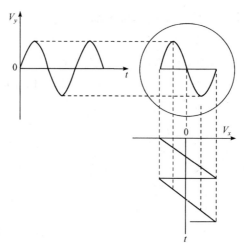

图 1.1.5 亮点的合成位移显示出波形

系，那么第二次、第三次……描出的曲线与第一次描出的曲线就不重合，荧光屏上显示的图形就不是一条稳定的曲线. 所以，只有在V_y与V_x的周期严格相同或后者是前者的整数倍时，或者说，只有在V_y与V_x的频率严格相同或前者是后者的整数倍时，图形才会清晰而稳定. 但由于V_y与V_x的信号来自不同的振荡源，它们之间的频率比不会简单地满足整数倍，所以示波器中的扫描电压V_x的频率必须可以调节. 调节扫描信号的频率使其与输入信号的频率成整数倍的调整过程称为"同步"或"整步"，也称"触发". 但此过程仅靠人工调节是不容易准确满足上述关系的，而且待测电压的频率越高，调节就越不容易. 为此，一般靠人工调节，在大致满足以上关系的基础上，再引入一个幅度可以调节的电压，对扫描电压的频率进行自动跟踪控制，以准确满足上述关系，所引入的电压叫整步电压. 整步电压可取自被测信号(称内整步)或电源电压(称电源整步)；也可将另一外加信号由整步输入接线柱接入，称为外整步. 具体选用哪种整步方式，视需要而定，在一般情况下，常使用内整步. 整步电压不可过大，否则尽管图形是稳定的，但不能获得被测信号的完整波形.

3. 数字示波器

数字示波器的工作方式是通过模数转换器(ADC)把被测电压转换为数字信息. 数字示波器捕获的是波形的一系列样值，并对样值进行存储，存储限度是判断累计的样值是否能描绘出波形为止，随后，数字示波器重构波形. 数字示波器因具有波形触发、存储、显示、测量、波形数据分析处理等独特优点，其使用日益普及. 数字示波器可以实现高带宽及方便地实现对模拟信号波形进行长期存储并能利用机内微处理器系统对存储的信号做进一步的处理,例如对被测波形的频率、幅值、前后沿时间、平均值等参数的自动测量以及多种复杂的处理.

数字示波器分为实时和存储两种工作状态:当其以实时状态工作时,其电路组成原理与模拟示波器相同;当其以存储状态工作时,它的工作过程一般分为存储和显示两个阶段. 在存储工作阶段,模拟输入信号先经过适当的放大或衰减,然后经过采样和量化两个过程的数字化处理,将模拟信号转化成数字信号后,在逻辑控制电路的控制下将数字信号写入到存储器中. 量化过程就是将采样获得的离散值通过 A/D 转换器转换成二进制数字. 采样、量化及写入过程都是在同一时钟频率下进行的. 在显示工作阶段,将数字信号从存储器中读出来,并经 D/A 转换器转换成模拟信号,经垂直放大器放大加到 CRT 的 Y 偏转板. 与此同时,CPU 的读地址计数脉冲加之 D/A 转换器,得到一个阶梯波的扫描电压,加到水平放大器放大,驱动 CRT 的 X 偏转板,从而实现在 CRT 上以稠密的光点包络重现模拟信号.

四、实验内容

1. 交流电压的测定

(1) 将 SC2000—Ⅱ型功率函数发生器的输出阻抗置 5000 挡,内部负载开关置断,分贝衰减器置 10,电压表量程置 15V 挡. 电压输出调节反时针方向调至最小,输出频率调至 1000Hz 位置. 接通函数发生器电源.

(2) 将示波器的 Y_A 输入插座用输入探头接到函数发生器的输出端(注意:两仪器的接地端应连在一起). 将 Y_A 输入耦合置 AC;触发方式置自动,触发源选择置内;触发极性置"+"; Y_A 对输入灵敏度 S_y(V/div)置 0.5 挡, Y_A 输入灵敏度 S_y(V/div)微调(红色旋钮)顺时针方向旋到最右校准位置. 调节函数发生器的输出调节,使电压表指示数分别为 1V 和 3V,调节扫速 S_x(t/div)及其微调以及触发电平旋钮,使其显示稳定的波形,记录相应的峰峰高度 H(div)和 S_y(V/div)示数,用下式计算各待测电压的有效值 U',将计算值 U' 和电压表示数 U 进行比较:

$$U' = \frac{S_y(\text{V/div}) \times H(\text{div})}{2} \tag{1.1.1}$$

2. 信号频率的测定

将扫速 S_x(t/div)置"0.1ms"挡;扫速 S_x(t/div)微调顺时针方向旋到最右校准开关接通的位置;使函数发生器的输出电压调为 2V,使函数发生器的频率 f 分别为

1000Hz 和 10000Hz, 调 S_y(V/div)及其微调使波形高度适当, 调触发电平旋钮使波形稳定. 分别测出 N (N 分别取 1 和 10)个完整波形的水平距离 D (div), 计算各待测频率 f', 并与函数发生器的频率 f 进行比较.

$$f' = \frac{N}{S_x(\text{t}/\text{div}) \times D(\text{div})} \tag{1.1.2}$$

3. 相位差的测定

若将简谐交变电压加在电阻、电容串联电路 AB 的两端, 如图 1.1.6 所示, 则 AB 两端的总电压与电流之间存在相位差. 如图 1.1.7 所示. φ 与电容 C、电阻 R 及信号源的角频率 ω 的关系为

$$\varphi = -\arctan \frac{1}{\omega CR} \tag{1.1.3}$$

式中, 负号表示电流超前于电压, $\omega = 2\pi f$ 为信号源的交变频率.

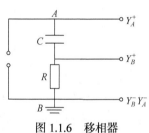

图 1.1.6　移相器

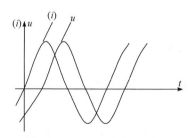

图 1.1.7　电流电压相位关系

(1) 按图 1.1.6 连线电路. Y_A 显示的是 AB 两端的电压波形; Y_B 显示的是电阻 R 两端的电压波形, 即电流波形(因为电阻上的电压波形与电流波形同相位).

(2) 将示波器的显示方式开关置断续挡; 内触发开关直拉 Y_B; Y_B 输入耦合置 AC_0 将函数发生器的频率调为 500Hz, 输出阻抗置 600Ω, 输出电压调为 1V. 调节示波器的 Y_B 输入灵敏度 S_y(V/div)及其微调和 Y_B 轴移位, 使电流波形幅度适当, 且对称于 X 轴. 调节扫速 S_x(t/div)及其微调, 使一个波在标尺上的水平长度为 8(div)整, 调触发电平旋钮使波形稳定. 这时每 1(div)相当于 45°. 调 Y_A 的输入灵敏度 S_y(V/div)及其微调和 Y_A 轴移位, 读出电压波形与电流波形在水平方向的距离 d (div), 用下式计算待测电势差

$$\varphi' = d(\text{div}) \times 45°/\text{div} \tag{1.1.4}$$

在本实验中, $R = 100Ω$, $C = 1.0\mu F$, 由式(1.1.3)计算 φ 并与 φ' 进行比较.

(3) 将函数发生器频率调为 50000Hz, 仿步骤(2)计算 φ' 和 φ.

(4) 用数字示波器替代模拟示波器, 重复以上(1)、(2)、(3)步骤, 得出相应结果.

五、思考题

如果示波器是良好的, 但由于某些旋钮位置并未调好, 荧光屏上看不见在线, 问哪几个旋钮位置不合适就可能造成这种情况？应该怎样操作才能找到亮线？

参考资料

[1] 何光宏, 汪涛, 韩忠. 大学物理实验. 北京: 科学出版社, 2018
[2] 黄江伟. 数字示波器的原理及使用. 江苏省计量测试学术论文集, 2014: 186-187

实验 1.2　介电常量实验

近十年来, 半导体工业界对低介电常量材料的研究日益增多, 材料的种类也五花八门. 然而这些低介电常量材料在集成电路生产工艺中的应用速度却远没有人们想象得那么快. 其主要原因是许多低介电常量材料并不能满足集成电路工艺应用的要求, 低介电常量材料本身的特性就直接影响到工艺集成的难易度. 早在1997 年, 人们就认为在 2003 年, 集成电路工艺中使用的绝缘材料的介电常量(k 值)将达到 1.5. 然而随着时间的推移, 这种乐观的估计被不断更新. 到 2003 年, 国际半导体技术规划给出低介电常量材料在集成电路未来几年的应用, 其介电常量范围已经变成 2.7～3.1. 在超大规模集成电路制造商中, 一些公司为开发 90nm 及其以下技术的研究, 选用一些新型材料作为低介电常量材料, 与现有集成电路生产工艺完全融合, 进一步促进了集成电路商业化生产应用.

一、实验目的

(1) 利用交流电桥研究平行板电容器的特性.
(2) 测量空气介质的相对介电常量 ε_r.
(3) 测量不同电介质的相对介电常量 ε_r.

二、实验仪器

FB-GDC2 型介电常量测量仪(图 1.2.1); FB-GDC2 型高精度直流双路专用电源; 测量架: 有两块圆形极板, 下电极固定, 上电极由测量架所装螺旋测微器带动上下移动, 构成可调平行板电容器, 可从尺上读出极板间距; 游标卡尺; 螺旋测微器.

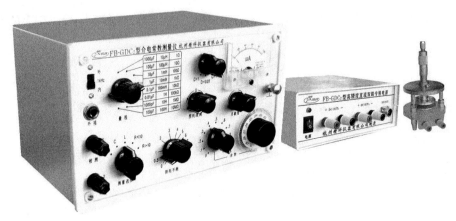

图 1.2.1　FB-GDC$_2$型介电常量测量仪

三、实验原理

电介质是一种不导电的绝缘介质，在电场作用下会产生极化现象，从而均匀介质表面上感应出束缚电荷，这样就减弱了外电场的作用. 例如，在充电的平行板电容器中，若两金属板自由电荷密度分别为$+\sigma_0$和$-\sigma_0$，极板面积为S，两内表面距离为d，而且$S > d^2$，则电容器内部所产生的均匀电场的强度为

$$C = \varepsilon_0 \frac{S}{d} \tag{1.2.1}$$

式中，ε_0为真空介电常量，在平行板电容器中S为极板面积，d为极板间距，则系统电容量为

$$C = \varepsilon_r \varepsilon_0 \tag{1.2.2}$$

式中，ε_r称为电介质的相对介电常量，是量纲为一的量. 对于不同的电介质，ε_r值不同. 因此，它表征了介质的特性. 式(1.2.2)指明电容器中充满均匀电介质后，其电容量C为真空容量的ε_r倍，故ε_r又称电容率(电容器的电容增加的倍数).

若分别测量电容器在填充介质前、后的电容量(C_x、C_0)，则相对介电常量为

$$\varepsilon_r = C_x/C_0 \tag{1.2.3}$$

四、实验内容

1. 空气介质的相对介电常量ε_r

(1) 根据式(1.2.1)，测量测量架圆形极板面积S，从测量架所装螺旋测微器上读出极板间距d，调为 2mm，计算出C(ε_0为真空介电常量).

(2) 用专用连接线连接介电常量测量仪(图 1.2.2)和专用电源，用短线连接测量架与介电常量测量仪.

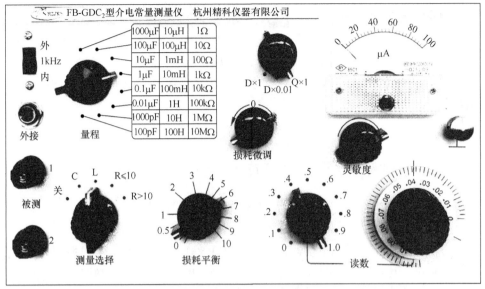

图 1.2.2　仪器控制面板

(3) 设置："测量选择"置"C"；"量程"置 100pF(1000pF)；"1kHz"置"内"；"损耗倍率开关"置"D×0.01"；"损耗平衡"盘放在 1 左右的位置，"损耗微调"按逆时针旋转到底.

(4) 开启实验专用电源，调"灵敏度"旋钮使交流电桥平衡指示，微安表指示 80 左右，仔细调"读数"盘和旋钮，使微安表指示趋于最小，然后再调"灵敏度"旋钮，再使微安表指示 80 左右，再仔细调"读数"盘和旋钮，使微安表指示趋于最小，重复多次，直至交流电桥平衡，读出电容量值.

(5) 对比计算值与实际测量值，并算出空气介质的相对介电常量 ε_r.

2. 利用交流电桥测量可调平行板电容器电容

调节两极板的间隔距离分别为 3mm，4mm，5mm，…，15mm，从交流电桥上读取各极板间距所对应的电容量 C，将数据记入表 1.2.1 中.

表 1.2.1　实验记录表

D/mm	2	3	4	5	6	7	8	9	10	11	12	13	14	15
C/pF														

3. 测量不同电介质的相对介电常量 ε_r

(1) 两极板间正确放入不同电介质圆板，旋螺旋测微器的小旋钮使上极板压紧电介质圆板(听到"咔咔"声为止)，记录电介质圆板厚度 d 值，测量 C_x 值；旋松螺旋测微器，取出电介质圆板，旋螺旋测微器的小旋钮至电介质圆板厚度 d，测量空气 C_0 值，据式(1.2.3)算出该电介质的相对介电常量 ε_r.

(2) 在两极板间正确放入另一种电介质圆板，按上述方法测算出该电介质的相对介电常量 ε_r.

参考资料

[1] FB-GDC₂型介电常量测量仪讲义. 杭州精科仪器有限公司, 2020

实验 1.3　直流电桥测量电阻温度系数

电桥是一种比较式测量仪器，它通常是在平衡条件下将待测物理量与同种标准物理量进行比较确定其数值. 它可以用来测量电阻、电容、电感、频率以及温度、湿度、压力等物理量，此外在自动控制技术中也有着广泛的用途. 电桥具有测试灵敏度高、准确度高和使用方便等特点. 根据用途不同，电桥分为直流电桥和交流电桥两大类. 按测量范围，直流电桥又分为单臂电桥(又称惠斯通电桥)和双臂电桥(又称开尔文电桥)，惠斯通电桥主要用于精确测量中等大小(即 $10 \sim 10^6\,\Omega$ 范围)的电阻；开尔文电桥适用于精确测量低值(即 $10^{-3} \sim 10\,\Omega$ 范围内)的电阻. 下面介绍用惠斯通电桥测定电阻温度系数.

一、实验目的

(1) 掌握用惠斯通电桥测量电阻的原理和使用方法.
(2) 测定电阻温度系数.

二、实验仪器

QJ24 型携带式直流单臂电桥 1 台，待测铜丝电阻和热敏电阻各 1 个，加热保温容器 1 个，温度计(0～100℃)1 支，单刀双掷开关 1 个.

三、实验原理

1. 惠斯通电桥的工作原理

惠斯通电桥的原理如图 1.3.1 所示，它是由电阻 R_1、R_2、R_3 和待测电阻 R_x 连成一个封闭的四边形 ABCDA，四边形的每一条边称为电桥的一个臂，它的一对角 A 和 C 与电池 E 相连，另一对角 B 和 D 与检流计ⓖ相连. 接入检流计的对角线称为"桥"，适当调节 R_1、R_2 和 R_3 的阻值，可使 B、D 两点的电势相等，此时检

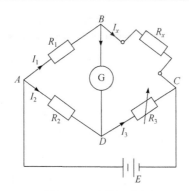

图 1.3.1　惠斯通电桥

流计上无电流通过，指针不发生偏转，这叫作"电桥平衡"．电桥平衡时，有

$$V_B = V_D，\quad I_g = 0，\quad I_1 = I_x，\quad I_2 = I_3$$

由此可得

$$\begin{cases} I_1 R_1 = I_2 R_2 \\ I_1 R_x = I_2 R_3 \end{cases}$$

以上两式相除得

$$R_1 / R_x = R_2 / R_3 \tag{1.3.1}$$

式(1.3.1)即为电桥的平衡条件．由式(1.3.1)可得

$$R_x = \frac{R_1}{R_2} \cdot R_3 = cR_3 \tag{1.3.2}$$

式(1.3.2)就是惠斯通电桥测量电阻的基本公式，若知道 R_1 / R_2 的比值 c 和电阻 R_3 就可算出 R_x 的值．本实验采用 QJ24 型携带式直流单臂电桥．

2. 电阻温度系数

大多数物质的电阻是温度的函数．各种金属导体的电阻(某些合金除外)随温度升高而增大，在温度变化不太大的范围内，电阻与温度之间存在着线性关系

$$R_t = R_0(1 + \alpha t) \tag{1.3.3}$$

式中，R_t 是温度为 t℃时的电阻；R_0 是温度为 0℃时的电阻；α 称为电阻温度系数，单位为℃$^{-1}$．如果得到一组与温度 t 相应的 R_t 值，根据这些数值作图，则 R_t-t 关系曲线近似为一条直线，如图 1.3.2 所示，截距为 R_0，斜率为 $K = R_0 \alpha$，则

$$\alpha = K / R_0 \tag{1.3.4}$$

大多数金属具有一个较小的正电阻温度系数．

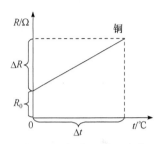

图 1.3.2　铜电阻随温度的
变化关系

与金属导体不同, 由半导体材料制成的热敏电阻, 在温度变化不大的范围内, 其电阻随温度升高而减小, 变化规律不是线性的, 而是按指数规律减小(图 1.3.3). 其关系式为

$$R_T = R_0 e^{\beta/T} \tag{1.3.5}$$

式中, R_T 是温度为 T 时的电阻, R_0 是温度为 T_0 时的电阻, β 是表示材料特性的参量, 在一定温度范围内是个常数, T 为绝对温度. 对式(1.3.5)两边取对数, 则有

$$\ln R_T = \frac{\beta}{T} + \ln R_0 \tag{1.3.6}$$

$\ln R_T$ 与 $1/T$ 是线性关系, 在实验中测得各个温度 T 的 R_T 后, 即可通过作图求出 β 和 R_0 的值, 代入式(1.3.5), 可得到 R_T 的表达式.

由于热敏电阻具有较大的负温度系数, 对温度很敏感, 对微小温度的变化反应非常灵敏, 而且体积很小, 所以, 目前用它来制成的半导体温度计已广泛地应用于自动控制和科学仪器中, 但在使用中必须注意:

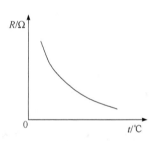

图 1.3.3　热敏材料阻值随温度的变化关系

(1) 热敏电阻只能在规定的温度范围内工作, 否则会损害元件, 导致其性能不稳定;

(2) 应尽量避免热敏电阻自身发热, 因此在测量时流过它的电流必须很小.

四、实验内容

(1) 熟练掌握万用表和 QJ24 型单臂电桥的使用方法.

(2) 将钢丝电阻和热敏电阻放入装有冷水的加热保温容器内, 并将它们的两端接在换接开关上. 先用万用表分别估测它在冷水中的阻值, 再根据此值, 适当选用电桥的比率, 精确测定它们的阻值, 同时记下冷水的温度.

(3) 将加热器接通电源, 保温容器内水的温度升高, 当其温度比冷水高 6~ 7℃ 时, 断开加热器电源, 用搅拌器搅拌, 此时温度逐渐下降(可下降几摄氏度), 如此重复操作, 直到升温间隔 5℃ 左右, 记下此时的温度数值. 拨动换接开关, 分别测出铜丝电阻和热敏电阻的相应阻值(注意观察温度有无变化), 并记录下来.

(4) 重复第(3)步, 每次升温间隔稳定在 5℃ 左右, 分别测出水温和铜丝电阻及热敏电阻的电阻值，一直升温到 50℃ 左右，数据不得少于五组. 记录表格自拟.

(5) 在直角坐标纸上以 R_t 为纵轴、t 为横轴作铜丝电阻的 R_t-t 图，根据图线求出直线斜率 K 和截距 R_0，代入式(1.3.4)计算在本实验温度范围内铜的电阻温度系数 α，并与公认值比较，求百分误差.

(6) 用半对数坐标纸以 $\ln R_T$ 为纵轴、$1/T$ 为横轴作热敏电阻的 $\ln R_T$-$1/T$ 图，根据图线求出直线的斜率 β 和截距 $\ln R_0$，并写出 R_T 的表达式.

五、注意事项

(1) 测量时，必须由大到小地调节可变电阻器的 4 个旋钮. 当大阻值旋钮转过一格，检流计指针从一边越过零点偏向另一边时，说明阻值改变范围太大，应改调小一挡阻值的旋钮.

(2) 电桥的平衡状态是指检流计没有电流流过，测量时应以电路时通时断的方式判断，如果电桥真正平衡，那么每次通断检流计开关时指针都不会动.

六、思考题

(1) 什么叫电桥达到平衡？在实验中如何判断电桥达到平衡？

(2) 如何适当选择比率臂 C？

(3) 为什么检流计Ⓖ要用按钮开关，而不是一般开关？

(4) 电源 E 与检流计Ⓖ的位置互换，是否会影响电桥的平衡？为什么？

(5) 试讨论当比值 R_1/R_2 增大时，惠斯通电桥的精确性和灵敏度？

实验 1.4　电势差计测量温差电动势

电势差计*是一种高精度和高灵敏度的比较式电磁测量仪器. 电势差计利用了补偿法原理，其测量精度可以达到 0.001%. 在精密测量中，电势差计应用十分广泛，常用于对常规测量仪器(如电表、电桥)进行检验和校准. 电势差计不但可以测量电动势，配上不同的传感器还可以对非电参量，如压力、位移、温度等进行精确测量，在自动检测和自动控制中发挥着重要作用.

电势差计的种类较多，常见的有滑线式电势差计和箱式电势差计. 滑线式电势差计是为教学设计的，直观性强，便于理解，但测量精度低；箱式电势差计是测量电势差(电动势)的专用仪器，便于携带、操作方便、稳定性好、测量精度高.

---

* 电势差计在使用中通常也叫电位差计.

一、实验目的

(1) 学习电势差计的工作原理和结构.
(2) 学习用热电偶测量温度的原理及方法，观察温差电现象.
(3) 掌握电势差计的使用方法.

二、实验仪器

UJ36a 型电势差计，温度计，小型管式电炉，调压器，热电偶，水杯，板式电势差计，标准电池，稳压电源，检流计，滑线变阻器，电池，开关等.

三、实验原理

1. 补偿法原理

用电压表测量直流电路中电源的电动势时，总要消耗被测电动势的部分能量，测得的不是电动势，而是端电压，它小于电动势. 要想准确地测量电动势，可以采用补偿法. 补偿法的基本思路是另外产生一个量，与被测量相比较，当新产生的量与被测量相同时，对新产生的量进行测量，而不影响被测量原来的状态.

补偿法原理如图 1.4.1 所示，E_x 是待测电动势，AD 是电阻. 调节 B、C，则 U_{BC} 改变，当检流计ⓖ指示为零(即回路电流为零)时，则

$$E_x = U_{BC} \tag{1.4.1}$$

此时 E_x 与 U_{BC} 大小相等，方向相反，称为电路处于补偿状态. 在补偿状态下，如果测出 U_{BC} 的值，就可知道 E_x，这种测量方法就称为补偿法，其实质是一种比较测量的方法.

2. 箱式电势差计工作原理

箱式直流电势差计工作原理如图 1.4.2 所示，其电路可以分为三个基本回路.

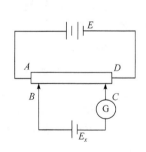

图 1.4.1　补偿法原理

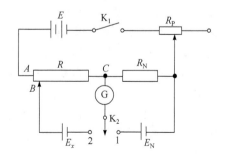

图 1.4.2　箱式直流电势差计工作原理

(1) 工作电流调节回路：由开关 K_1、工作电源 E、补偿电阻 R、标准电阻 R_N

和可调电阻 R_P 构成，其作用是提供稳定的工作电流. 调节 R_P，可以改变工作电流的大小.

(2) 标准工作电流回路：由标准电阻 R_N、标准电池 E_N、开关 K_2 和检流计Ⓖ构成，其作用是使工作电流 I 工作在标准状态下(即对电势差计校准). 合上 K_1，将 K_2 拨向 1 端，调节 R_P，使检流计指示为零，此时 R_N 上的电压降与 E_N 相等，即有

$$I = E_N / R_N \tag{1.4.2}$$

(3) 测量回路：由待测电动势 E_x、开关 K_2、检流计Ⓖ和 R 的一部分构成. 在工作电流标准化之后，将 K_2 拨向 2 端，再调节滑动头 B 的位置，使检流计指示为零. 此时，R_{BC} 的电压降与 E_x 相等，而工作电流 I 并未改变，故有

$$E_x = U_{BC} = IR_{BC} \tag{1.4.3}$$

将式(1.4.2)代入式(1.4.3)可得

$$E_x = \frac{R_{BC}}{R_N} \cdot E_N \tag{1.4.4}$$

由于 E_N、R_N 可视为常量，因此 R 的分度可以转化为电动势的值标在电阻 R 的刻度盘上，直接读出 E_x 的数值.

3. 电势差计的测量精度

从以上的工作原理分析中，我们可以看出，电势差计是以比较法为基础，把待测量与标准量进行比较，通过补偿的方式完成的测量工作. 当电路处于补偿状态时(即测量回路中电流为零)，回路既不向待测电动势输入电流，也不让待测电动势输出电流，待测电动势不因测量而发生变化，因而能准确地进行测量，测量结果的准确度依赖于标准电池的电动势、标准电阻和读数盘电阻的准确度，此外，还与工作电源的稳定度和检流计的灵敏度相关.

由于标准电池和标准电阻都有较高的准确度，工作电源也可以做到高稳定度，配以适当灵敏度的检流计，可以获得较高的测量精度. UJ36a 型电势差计的精度可达 $1\mu V$.

4. 热电偶的测温原理

由两种不同材料的金属或者合金构成回路，若两个连接点 A、B 放于不同的温度 t_0(冷端)和 t(热端)中，如图 1.4.3 所示，则在回路中有电流产生，这种现象称为温差电现象或塞贝克效应. 温差电中的电动势称为温差电动势，这种由两种不同材料的金属或者合金构成的回路称为热电偶.

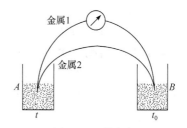

图 1.4.3　热电偶

温差电动势 E_x 的大小不仅与组成热电偶的材料有关,还与两个接触点的温度差有关. 温差电动势 E_x 与温度差的关系比较复杂. 本实验用的铜-康铜热电偶在温度变化不太大的范围内,温差电动势 E_x 与温度差 $(t-t_0)$ 的关系近似为

$$E_x = \alpha(t-t_0) \tag{1.4.5}$$

式中, α 称为热电偶常数或温差系数,它只与构成回路的材料有关. α 反映了热电偶对温度的敏感程度,其物理意义是该热电偶在温差为 1℃时的温差电动势. 铜-康铜热电偶 $\alpha_{公认} = 4.25 \times 10^{-2} \text{mV/℃}$.

热电偶在用于温度测量时,保持冷端温度不变,作为参考端,其热端则与被测物体接触,测出此时的温差电动势 E_x. 若已知温差系数 α,则可由式(1.4.5)求出待测点的温度 t.

热电偶由于体积小、结构简单、测温范围广、灵敏度高、能直接将温度量转换为电学量,目前在自动控温和自动测温中已成为应用最广泛的测温元件.

四、实验内容

用电势差计测量温差电动差.

(1) 熟悉掌握 UJ36a 型电势差计的性能及使用方法,掌握读数方法. 设计好记录表格.

(2) 将电势差计上"未知"接线柱上的"+""−"端分别接到热电偶的热端和冷端.

(3) 根据待测电动势大小,把倍率开关调至所需位置(同时接通工作电源).

(4) 调节调零旋钮,使检流计指针指零.

(5) 将电键开关打向"标准"端,调节 R_P 旋钮,使检流计指示为零,此时工作电流标准化.

(6) 将电键开关打向"未知"端,调节步进读数盘和滑线读数盘使检流计再次指零,则未知电动势为

$$E_x = (步进读数盘读数 + 滑线读数盘读数) \times 倍率$$

(7) 记录此时的 t_0、t 及 E_x. 调节调压器电压到 180V 左右,开始对热端加热. 每隔 20℃左右测一次 E_x 和 t,至少测六组数据.

(8) 以 E_x 为纵轴,$\Delta t = t - t_0$ 为横轴,作出 E_x-Δt 关系线,求出此线的斜率即为热电偶的温差系数,与公认值比较,求出百分误差.

五、注意事项

(1) 测量结束后, 电势差计的倍率开关应放在断位置, 电键开关应放在中间位置, 避免不必要的能量消耗.

(2) 滑线读数盘必须指示在有刻度的部分, 否则内部电路不接通.

(3) 为了保证测量准确, 每次测量之前必须重新进行工作电流标准化.

六、思考题

(1) 使用电势差计时, 有三次检流计指零各表示什么意思? 其顺序能否调换?

(2) 采用数字式电压表能否准确测量温差电动势?

(3) 能否用 UJ36a 型电势差计校正 0.1 级的电压表? 画出测量回路, 写出主要步骤.

实验 1.5　电势差计测电表内阻和校准电表

磁电式电表在电学测量中被广泛采用, 但由于电表结构以及使用时间长所导致的性能变化等原因, 其示值与实际值有偏离. 本实验介绍一种校正电表的方法——用电势差计校正电表. 由于电势差计的精确度等级很高, 因此它是一种具有很高准确性的校准方法, 常用来校验准确度较高的电表.

一、实验目的

(1) 掌握电势差计的测量原理, 用电势差计测电表的内阻.

(2) 学习用电势差计校准电表.

(3) 进一步掌握电势差计的使用方法及应用.

二、实验仪器

UJ36 型携带式直流电势差计, 待校电表(5mA 电流表 1 只、100μA 指针式检流计 1 个), 工作电源(1.5V 电池 1 个), 分压限流器, 标准电阻 2 个(10Ω, 1000Ω), 双刀双掷开关 1 个.

三、实验原理

电势差计能精确地测量待测电动势或电势差, 还可以借助于分流器、标准电阻和其他器件测量回路中的电流、电阻值等. 由于许多非电学量能转换成电学量, 电势差计还能间接地精确测量非电学量, 从而在工业自动化中得到了极其广泛的应用.

UJ36 型电势差计的工作原理及使用方法已在实验 1.4 里进行了介绍，下面讨论与本实验有关的两种电势差计测量线路.

1. 用电势差计校正电流表

校正电流表的测量线路如图 1.5.1 所示. 图中毫安表为被校电流表，R 为限流

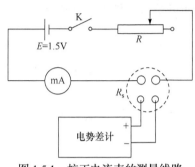

图 1.5.1　校正电流表的测量线路

器，R_s 为标准电阻. R_s 有 4 个接头，上面两个大的是电流接头，接电流表，下面两个小的是电压头，接电势差计. 电势差计可测出 R_s 上的电压 U_s，则流过 R_s 中电流的实际值为

$$I_0 = U_s / R_s \tag{1.5.1}$$

在毫安表上读出电流表指示值 I，它与 I_0 的差值称为电流表指示值的绝对误差，即

$$\Delta I = I - I_0$$

找出所测值中的最大绝对误差 ΔI_m 和电流表量程的最大值 I_{max}，按式(1.5.2)确定电流表的准确度等级

$$K = \Delta I_m / I_{max} \times 100 \tag{1.5.2}$$

并把 K 取为系列值(0.1、0.2、0.5、1.0、1.5、2.5 及 5.0 级)之一.

应当指出，为了使待校电流表校正后有较高的准确度，电势差计与标准电阻的准确度等级 K 必须比待校电表的级别高得多(至少 3 级).

箱式电势差计可以直接测量电压，故可以用来校正电压表(直流)，这种测量回路比较简单，这里就不再赘述了.

2. 用电势差计测电流表的内阻

按图 1.5.2 接线，K_2 是双刀双掷开关，K_1 是单刀单掷开关，R_s 为标准电阻，R_g 为待测电流表内阻.

根据串联电路中电流相等的原理，可以得到

$$U_g / R_g = U_s / R_s$$

接通电源，分别测出 R_g 与 R_s 的两端电压 U_g 与 U_s，待测电表内阻为

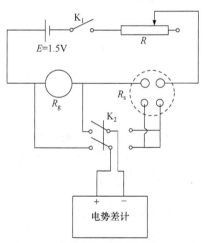

图 1.5.2　电势差计测电流表内阻电路

$$R_g = U_g R_s / U_s \tag{1.5.3}$$

四、实验内容

1. 阅读实验 1.4 关于 UJ36 型电势差计的介绍，进一步掌握 UJ36 型直流电势差计的使用方法

2. 严格按图接线，测电表的内阻

(1) 测量待校电流表(0~5mA)的内阻，标准电阻 R_s 取 10Ω，读出 U_g 与 U_s，按式(1.5.3)求出内阻 R_g.

(2) 测量微安表的内阻，标准电阻 R_s 取 1000Ω，读出 U_g 与 U_s，求 R_g，为减小误差，每组值分别测 2 次，求其平均值.

3. 校正电流表

(1) 按图 1.5.1 接线.

(2) 对待校毫安表各刻度示值(1mA，2mA，3mA，4mA，5mA)逐一进行校正(注意：在选标准电阻时，应使从电势差计上读取的数值有尽量多的有效数字).

(3) 算出电流表的标准值 I_0 与指示值 I 的值，即为修正值. 在坐标纸上作修正值 ΔI 与 I 的校正曲线.(参考三用电表的设计、制作与校正实验)

(4) 找出标准值与指示值之间的最大差值(绝对值)，求待校电表的准确度等级 K.

五、思考题

(1) 能否用电势差计校正电压表？说出你的思路和主要测量步骤.

(2) 能否用电势差计校正高量程电压表(如 1V)？说出你的思路.

实验 1.6 非线性元件伏安特性测量

由于导电机理不同，我们将电子元件分为两类：线性元件和非线性元件. 电子元件两端电压与通过它的电流成正比，伏安特性曲线为一条直线，这类元件称为线性元件(服从欧姆定律，电阻为确定值，如金属膜电阻、碳膜电阻、丝绕电阻、电容和电感等). 若元件两端电压与通过它的电流不成正比，伏安特性曲线不再是直线，而是一条曲线，这类元件称为非线性元件(不服从欧姆定律，电阻不确定). 二极管、热敏电阻、稳压管、发光二极管、光电二极管、光敏电阻等，都是非线性元件. 在生产和科学研究中，电阻的非线性特性有着广泛的、特殊的用途.

一、实验目的

(1) 进一步学习电表的使用，了解伏安法测电阻的误差.

(2) 测绘晶体二极管伏安特性曲线, 学习用图线表示实验结果.

二、实验仪器

电流表, 电压表, 变阻器, 直流电源, 待测晶体二极管等.

三、实验原理

当一个元件的两端加上电压, 元件内有电流通过时, 电压与电流之比称为该元件的电阻. 由于导电机理不同, 可将电子元件分为两类: 若元件两端电压与通过它的电流成正比, 伏安特性曲线为一条直线, 这类元件称为线性元件(服从欧姆定律, 电阻为确定值, 如金属膜电阻、碳膜电阻、丝绕电阻、电容和电感等); 若元件两端电压与通过它的电流不成正比, 伏安特性曲线不再是直线, 而是一条曲线, 这类元件称为非线性元件(不服从欧姆定律, 电阻不确定). 二极管、热敏电阻、稳压管、发光二极管、光电二极管、光敏电阻等都是非线性元件. 在生产和科学研究中, 电阻的非线性特性有着广泛的、特殊的用途.

1. 晶体二极管简介

晶体二极管是由不同导电性能的n型半导体和p型半导体结合形成的pn结所构成的, 其正负两个电极分别由p型半导体和n型半导体引出, 示意图如图 1.6.1(a) 所示; pn结具有单向导电性, 用图 1.6.1(b)符号表示.

图 1.6.2 为晶体二极管的伏安特性曲线. 从曲线可以看出, 当二极管加上正向电压时, 是低阻状态. 在曲线 OA 段, 外加电压不足以克服 pn 结内电场对多数载流子的扩散所造成的阻力, 正向电流较小, 二极管的电阻较大. 在 AB 段, 外加电压超过阈电压(锗管约为 0.3V, 硅管约为 0.7V)后, 内电场大大削弱, 二极管的电阻变得很小(约几十欧姆), 电流迅速上升, 二极管是导通状态. 若二极管加反向电压, 当电压不大时, 反向电流很微弱, 在曲线 OC 段, 二极管是高阻状态(截止态); 继续增加电压达到该二极管的击穿电压时, 电流剧增(CD 段), 二极管被击穿损坏, 此时电阻值非常小.

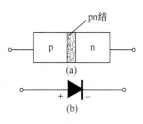

图 1.6.1 晶体二极管

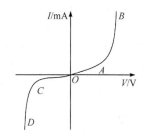

图 1.6.2 晶体二极管的伏安特性曲线

2. 电表的连接与接入误差

伏安法要求同时测量流经元件的电流和元件两端的电压，线路接法有两种可能，见图 1.6.3 和图 1.6.4. 前者称为电流表的内接，后者称为电流表的外接. 由于要同时测量电流和电压，无论哪种接法，都产生接入误差.

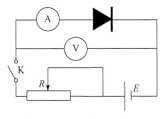

图 1.6.3 电流表内接法

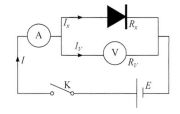

图 1.6.4 电流表外接法

电流表内接时，测出的电流确实是流经 R_x 的电流，但测出的电压是电流表电压和 R_x 电压之和，可见由于电流表的接入产生了电压的测量误差 V_g. 由图 1.6.3 可计算出

$$V / I_x = R_x(1 + R_g / R_x) \tag{1.6.1}$$

显然，这时测得的并非待测电阻，而是待测电阻与电流表内阻之和. R_g / R_x 就是电表的接入误差. 如果 $R_x \gg R_g$，R_g / R_x 可略去不计，即电流表内接法适合于测量较大的电阻.

电流表外接时，电压表确实测出了 R_x 两端的电压，但测出的电流是流经 R_x 和电压表电流之和，可见由于电压表的接入产生了电流的测量误差 I_V. 由图 1.6.4 可计算出

$$V_x / I = R_x(1 - R_x / R_g) \tag{1.6.2}$$

显然，R_x / R_g 就是电表的接入误差. 如果 $R_g \gg R_x$，R_x / R_g 可略去不计，即电流表外接法适合于测量较小的电阻.

由上述讨论可知，只要知道电流表的内阻，就可对测量结果进行修正. 本实验由于晶体二极管正反向电阻差异很大，测绘其伏安特性曲线时，必须考虑电表的接入误差.

四、实验内容

测绘 $2GW_1$ 稳压二极管的正、反向伏安特性曲线.

(1) 记录实验室给出的晶体二极管的型号和主要参数，判断其正负极.

(2) 正向特性曲线测绘，按图 1.6.5(即电流表外接、限流电路)接线. 合上开关 K，调节变阻器 R，从 0mA 开始，每隔 1mA，记录相应的电压值，直到 30mA 为

止(曲线变化小的地方可少测些数据).

(3) 反向特性曲线测绘,按图 1.6.6(即电流表内接、分压限流细调电路)接线. 为了观察反向电流在击穿电压附近的变化,在分压线路上接入限流电阻 R_1 作细调. 合上 K,调节反向电压,由小到大,从 0V 开始,每隔 0.1V,记录相应的电流值, 直到 25mA. 注意用 R 调节比较困难时,应改用 R_1. 在电压或电流变化大的地方, 应尽可能多测些数据,以便更准确地描绘曲线.

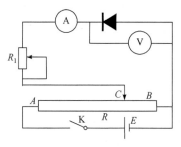
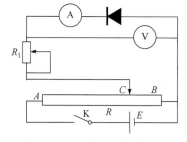

图 1.6.5　电流表外接、限流电路　　　图 1.6.6　电流表内接、分压限流细调电路

(4) 利用所得数据在同一张坐标纸上作伏安特性曲线. 正、反向电流、电压相差较大,作图时坐标轴可标取不同的单位.

注:内容(2)、(3)中所得数据可直接标在坐标纸上,更便于判断结果.

五、思考题

(1) 为什么说伏安特性曲线的斜率就是元件的电阻?

(2) 如何用"万用表"来判断二极管的正负极?

(3) 交流信号通过二极管后,其波形会不会有变化? 怎样变化?

实验 1.7　铁磁材料磁化曲线与磁滞回线的测绘

铁磁材料分为硬磁材料和软磁材料两类. 硬磁材料的磁滞回线宽,剩磁和矫顽磁力较大,因而磁化后,它的磁感应强度能保持,适宜于制造永久磁铁. 软磁材料的磁滞回线窄,矫顽磁力小,但它的磁导率和饱和磁感应强度大,容易磁化和去磁,适宜于制造电机、变压器和电磁铁. 可见铁磁材料的磁化曲线和磁滞回线是该材料的重要特性,也是设计电磁机构和仪表的依据之一.

将较难测量的磁学量通过一定的物理规律转换为易于测量的电学量,是物理实验的一种基本方法,即转换测量法. 冲击电流计法和示波器法,是磁测量的两种转换测量法. 前一种方法准确度较高,但手续复杂、费时;后一种方法准确度稍逊,但直观、方便、迅速,适宜于工厂快速检测和对成品进行分类.

一、实验目的

(1) 了解示波器显示磁滞回线的基本原理.

(2) 学习用示波器测绘磁化曲线和磁滞回线.

二、实验仪器

YB4242 型示波器 1 台,XD—1 型低频信号发生器 1 台,待测磁环装置 1 件.

三、实验原理

1. 起始磁化曲线、基本磁化曲线和磁滞回线

铁磁材料(铁、钴、镍及它们的合金)具有独特的磁化性质,取一块未磁化的铁磁材料. 现以外面密绕线圈的钢圆环样品为例. 如果流过线圈的磁化电流从零逐渐增大,则钢环中的磁感应强度 B ,在开始磁化时随磁场强度 H 增加而增加,当达到一定值 H_m 后,B 不再随 H 的增加而增加,亦即达到了饱和状态,如图 1.7.1 中 Oa 段所示,这条曲线称为起始磁化曲线. 如果 H 逐渐减小,则 B 也相应减小但并不沿 aO 段下降,而是沿另一曲线 ab 下降. B 随 H 变化的全过程如下.

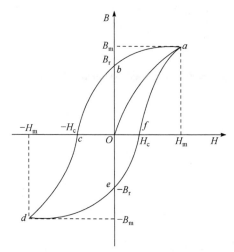

图 1.7.1　基本磁化曲线和磁滞回线

当 H 按 $O \to H_m \to O \to -H_c \to -H_m \to O \to H_c \to H_m$ 的顺序变化时,B 相应沿 $O \to B_m \to B_r \to O \to -B_m \to -B_r \to O \to B_m$ 的顺序变化. 将上述变化过程的各点连接起来,就得到一条封闭曲线 $abcdefa$,由于磁感应强度 B 总是落后于磁场强度 H 的变化,这种现象称为磁滞现象,所以这条曲线称为磁滞回线. 从图 1.7.1 可以看出:

(1) 当 $H = 0$ 时,B 不为零,铁磁材料还保留一定值的磁感应强度 B_r ,通常称

B_r 为铁磁材料的剩磁.

(2) 要消除剩磁 B_r,使 B 降为零,必须加一个反方向磁场 H_c,这个反方向磁场强度 H_c 叫该铁磁材料的矫顽磁力.

(3) H 上升到某个值和下降到同一个数值时,铁磁材料内的 B 值并不相同,说明磁化过程与铁磁材料过去的磁化经历有关.

对于同一铁磁材料,若开始时不带磁性,依次选取磁化电流 $I_1, I_2, \cdots, I_m$ ($I_1 < I_2 < \cdots < I_m$),则相应的磁场强度为 $H_1, H_2, \cdots, H_m$,在每一选定的磁场强度下,使其方向发生两次变化(即 $H_1 \rightarrow -H_1 \rightarrow H_1 \rightarrow \cdots \rightarrow H_m \rightarrow -H_m \rightarrow H_m$),则可得到一组逐渐增大的磁滞回线. 如图 1.7.2 所示,把原点 O 和各个磁滞回线的顶点 $a_1, a_2, \cdots, a$ 所连成的曲线称为铁磁材料的基本磁化曲线,可以看到铁磁材料的 B 和 H 不是直线关系,即铁磁材料的磁导率 $\mu = B/H$ 不是常数.

理论上,要消除剩磁 B_r,只需要通一反向磁化电流,使外加磁场正好等于铁磁材料的矫顽磁力,实际上,矫顽磁力的大小通常是不知道的,因而无法确定退磁电流的大小. 从磁滞回线可以得到启示,如果使铁磁材料磁化达到饱和,然后不断改变磁化电流方向,与此同时逐渐减小磁化电流,直至零,那么该材料的磁化过程是一连串逐渐缩小而最终趋于原点的循环曲线,如图 1.7.3 所示. 当 H 减小到 0 时,B 也同时降为 0,达到完全退磁.

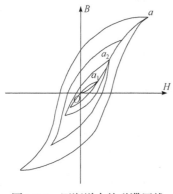

图 1.7.2　逐渐增大的磁滞回线

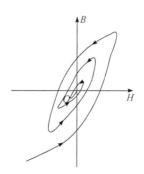

图 1.7.3　消磁过程

2. 示波器显示磁滞回线的原理和线路

为了使示波器显示磁滞回线,我们使示波器的 X 偏转板输入正比于样品磁场强度 H 的电压、Y 偏转板输入正比于样品磁感应强度 B 的电压,在荧光屏上就可得到样品的 B-H 曲线.

如图 1.7.4 所示,若将 R_1 上的电压 $u_z = I_1 R_1$(I_1、u_z 都是交变的)接到示波器 X 轴输入端,由于磁化电流

$$I_1 = HL / N_1$$

则

$$u_z = \frac{LR_1}{N_1} \cdot H \tag{1.7.1}$$

其中，N_1 为初级线圈的匝数，L 为圆环的平均周长. 上式表明电子束的水平偏移正比于磁场强度 H.

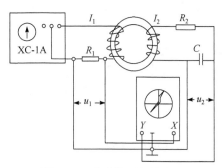

图 1.7.4　实验仪器电路接线

为了获得样品中与磁感应强度瞬时值 B 成正比的电压 u_y，采用电阻 R_2 和电容 C 组成的积分电路，并将电容 C 两端的电压接到示波器 Y 轴输入端. 因交变磁场 H 在样品中产生交变的磁感应强度 B，结果在次级线圈内出现感应电动势，其大小为

$$\varepsilon_2 = \frac{\mathrm{d}\varphi}{\mathrm{d}t} = N_2 A \frac{\mathrm{d}B}{\mathrm{d}t} \tag{1.7.2}$$

其中，N_2 为次级线圈的匝数，A 为圆环的截面积. 对于次级回路，有

$$\varepsilon_2 = U_c + I_2 R_2 \tag{1.7.3}$$

为了如实地显示磁滞回线，要求：

(1) 积分电路的时间常数 $R_2 C$ 应比 $1/2\pi f$ (其中 f 为交流电的频率)大 100 倍以上，即要求 R_2 比 $1/2\pi f_c$ (电容 C 的阻抗)大 100 倍以上，这样，U_c 跟 $I_2 R_2$ 相比可忽略(由此带来的误差小于 1%). 于是式(1.7.3)可简化为

$$\varepsilon_2 = I_2 R_2 \tag{1.7.4}$$

(2) 在满足条件(1)下，u_c 的振幅很小，如将它直接加在 Y 偏转板上，则不能显示大小适合需要的磁滞回线. 为此需特地经过 Y 轴放大器增幅后输入至 Y 偏转板. 这就要求在实验磁场的频率范围内，放大器的放大系数必须稳定，不带来较大的相位畸变和频率畸变.

利用式(1.7.4)，电容 C 两端的电压表示为

$$u_c = \frac{Q}{C} = \frac{1}{C}\int I_2 dt = \frac{1}{CR_2}\int \varepsilon_2 dt$$

上式表示输出电压 u_c 是输入电压对时间的积分. 将式(1.7.2)代入，得到

$$u_c = \frac{N_2}{CR_2}\int \frac{dB}{dt} dt = \frac{N_2 A}{CR_2}\int_0^B dB = \frac{N_2 A}{CR_2} B \tag{1.7.5}$$

上式表明，接在示波器 Y 轴输入端的电容 C 上的电压确实正比于 B.

这样，在磁化电流变化的一个周期内，电子束的径迹描绘出一条完整的磁滞回线，以后每一个周期都重复此过程. 结果在荧光屏上看到一条连续的磁滞回线.

还可用逐渐增大音频信号发生器的输出电压，使荧光屏上磁滞回线由小到大逐渐扩展，把磁滞回线顶点的位置逐个记录在坐标纸上，连接起来就是样品的基本磁化曲线.

3. 测定磁滞回线上任一点的 H、B 值

为了得到磁滞回线所求点的 B、H 值，需要测出该点的坐标 x、y，从而计算加到示波器上的电压 $u_x = ns_x \cdot x$ 和 $u_y = ns_y \cdot y$. 其中 n 为连接示波器 x 输入和 y 输入的电缆线的衰减数，本实验中 $n=1$，x 和 s_y 分别为示波器 x 输入和 y 输入灵敏度选择开关示数，代入式(1.7.1)和式(1.7.5)可得

$$H = \frac{N_1 S_x}{LR_1} x \tag{1.7.6}$$

$$B = \frac{CR_2 S_y}{AN_2} y \tag{1.7.7}$$

四、实验内容

(1) 熟悉 YB4242 型示波器及 XD—1 型低频信号发生器的性能和使用方法.

(2) 照图 1.7.5 连接线路，低频信号发生器接功率输出，输出阻抗调至 500Ω，则功率输出电压为 0～50V. 调信号发生器的频率到 400Hz. 示波器按垂直振动图形合成方式连接. 注意，本实验中连接示波器 X 轴和 Y 轴的电缆线衰减都为 10. 将示波器的灵敏度选择旋钮调到适当的位置(如 S_x 调到 20mV/div，S_y 调到 10mV/div).

(3) 接通低频信号发生器的电源和示波器的电源. 调节示波器的辉度、聚焦，移位各旋钮，使图线亮度适当且最清晰和图形位于荧光屏中心.

(4) 将低频信号发生器的输出电压从零逐渐增加，荧光屏上将出现磁滞回线的图像. 待图像饱和后逐渐减小输出电压到零，使样品退磁.

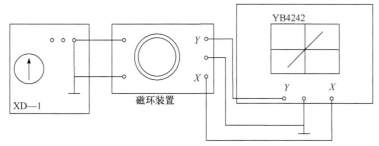

图 1.7.5 实验仪器连接线路

(5) 从零起调节低频信号发生器的输出电压. 每增加适当电压记一次磁滞回线顶点的坐标(总共记录六七次), 直到出现饱和磁滞回线为止.(注意: 每次记录都要将图形移到坐标正中间.)将每条磁滞回线顶点的坐标描绘在坐标纸上, 连接各点成光滑曲线, 即得到显示的基本区化曲线.

(6) 记下饱和磁滞回线上与图 1.7.1 中对应的 a、b、c、d 各点的坐标, 并描绘在显示基本磁化曲线的同一坐标纸上. 为了便于画出光滑曲线, 可在 a、b 之间, b、c 之间和 c、d 之间再描绘一个或两个点的坐标. 根据 a、b、c、d 与 d、e、f、a 等各点对称的关系, 画出显示的饱和磁滞回线.

(7) 记下有关数据($C = 1.0\mu F$, $R_1 = 15\Omega$, $R_2 = 100k\Omega$, $L = 0.327m$, $A = 2.40 \times 10^{-4} m^2$, N_1、N_2 的数据在实验板上). 计算 H_m、B_m、H_c、B_r 各值, 并标在坐标图上.

五、思考题

(1) 若连接示波器 X 输入和 Y 输入的电缆线衰减为 "1", 计算 H 和 B 的公式有何不同?

(2) 从基本磁化曲线上, 根据关系式: $B = \mu H$, $\mu = \mu_0 \mu_r$ 和 $\mu_0 = 4\pi \times 10^{-7}$, 计算该铁磁质的最大相对磁导率 μ_r.

实验 1.8 交流电桥测电容和电感

交流电桥主要用来测量交流等效阻抗、电感和电容等参数. 它是将被测对象和标准量具(如标准电感和标准电容)在电桥线路上进行比较的测量仪器, 因此可能得到较高的测量准确度. 交流电桥还可以用来测量信号频率、电容的损耗因数、电感线圈的品质因素, 以及多种非电量. 万用电桥是一种多功能的交流电桥, 在生产实际中应用极为广泛.

本实验通过组装交流电桥, 了解交流电桥的基本原理和特点, 掌握其平衡的调节和测量方法.

一、实验目的

(1) 理解交流电桥的基本原理，了解其特点.
(2) 掌握交流电桥平衡的调节方法，测定电容和电感的参数.

二、实验仪器

信号发生器 1 台，毫伏表 1 台，十进制电容箱 1 个，十进制电阻箱 3 个(或万用电桥 1 台)，待测电容和电感各 1 个.

三、实验原理

交流电桥与直流电桥类似，但它的四个桥臂不是由纯电阻组成，可以是包含有电容或电感的阻抗；交流电桥工作时使用交流电源；电桥平衡的探测使用交流指示器，如使用毫伏表等.

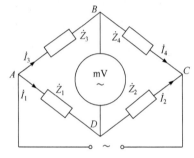

图 1.8.1 交流电桥

图 1.8.1 是交流电桥的原理线路，其中 $\dot{Z}_1$、$\dot{Z}_2$、$\dot{Z}_3$ 和 $\dot{Z}_4$ 表示四个臂的复数阻抗. 当调节各臂阻抗，使 BD 支路电流为 0 时，电桥达到平衡，这时有

$$\dot{I}_1\dot{Z}_1 = \dot{I}_3\dot{Z}_3 , \quad \dot{I}_2\dot{Z}_2 = \dot{I}_4\dot{Z}_4 , \quad \dot{I}_1 = \dot{I}_2 , \quad \dot{I}_3 = \dot{I}_4$$

解以上方程可得

$$\dot{Z}_1\dot{Z}_4 = \dot{Z}_2\dot{Z}_3 \tag{1.8.1}$$

其中，$\dot{I}_1$、$\dot{I}_2$、$\dot{I}_3$ 和 $\dot{I}_4$ 均为复数电流. 式(1.8.1)就是交流电桥的平衡条件. 在正弦交流的情况下，复数阻抗可以用复数的指数形式 $\dot{Z} = Ze^{j\Phi}$ 表示，则式(1.8.1)可写成

$$Z_1e^{j\Phi_1} \cdot Z_4e^{j\Phi_4} = Z_2e^{j\Phi_2} \cdot Z_3e^{j\Phi_3}$$

即

$$Z_1Z_4e^{j(\Phi_1+\Phi_4)} = Z_2Z_3e^{j(\Phi_2+\Phi_3)} \tag{1.8.2}$$

根据复数相等的条件，式(1.8.2)两端的幅模和幅角必须相等，故有

$$Z_1Z_4 = Z_2Z_3 \tag{1.8.3}$$

$$\Phi_1 + \Phi_4 = \Phi_2 + \Phi_3 \tag{1.8.4}$$

即电桥平衡时必须同时满足阻抗数值关系(1.8.3)和相角条件(1.8.4).

四个桥臂适当选用各种性质的阻抗(容抗、感性阻抗或纯电阻)，可以组成多种形式的电桥而各具特色，但是必须保证能满足电桥平衡的相角条件，还应考虑测量要求和结构的合理性. 例如，当桥上有两个相邻臂为纯电阻时，相角条件要求其余两臂必须是同一性质的阻抗(同为感性、同为容性或同为纯电阻)，电桥才可能调到平衡. 而当两个不相邻的臂同为纯电阻时，其余两臂必须也同为电阻或者一个是电感性阻抗，而另一个是电容性阻抗.

1. 测量电容的交流电桥线路

图 1.8.2(a)所示的电桥线路原则上可以用来测定电容，但是由于一般电容器中的电介质在实际电路中工作时要损耗一部分能量，因此，在交流电路中，一个电容器应等效于电容 C 与损耗电阻 r_C 的串联. 对于不同的电容，其 r_C 是不同的. 对于标准电容器而言，当工作于低频时，其损耗可忽略不计，即损耗电阻为 0. 由于存在与待测电容 C_x 串联的损耗电阻 r_C，必须在标准电容 C_0 所在的桥臂上串联一个可变电阻 R_0，以便调节 R_0 使平衡条件得到满足.

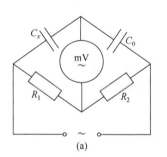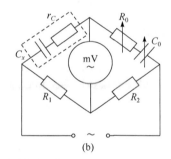

图 1.8.2　交流电桥测电容

实验实际采用的线路如图 1.8.2(b)所示，它适合于测量介质损耗小的电容. 其中

$$\dot{Z}_1 = R_1, \quad \dot{Z}_2 = R_2, \quad \dot{Z}_3 = r_C + \frac{1}{\mathrm{j}\omega C_x}, \quad \dot{Z}_4 = R_0 + \frac{1}{\mathrm{j}\omega C_0}$$

将这些关系式代入平衡条件式(1.8.1)，有

$$R_1\left(R_0\,\frac{1}{\mathrm{j}\omega C_0}\right) = R_2\left(r_C + \frac{1}{\mathrm{j}\omega C_x}\right)$$

整理后，令等式两端实部、虚部分别相等，即得

$$C_x = \frac{R_2}{R_1}C_0 \tag{1.8.5}$$

$$r_C = \frac{R_1}{R_2} R_0 \tag{1.8.6}$$

若 R_1、R_2、R_0 和 C_0 已知，即可求得未知电容 C_x 及损耗电阻 r_C 的值. 通常用损耗因数表示介质的损耗特性. 损耗因数等于等效电阻上的电压与等效电容上的电压之比，即

$$D = U_r / U_C = \omega C_x r_C = \omega C_0 R_0$$

其中，$\omega = 2\pi f$，而 f 为电源频率.

2. 测量电感的交流电桥线路

通常，电感本身都具有一定的电阻和其他损耗，所以电感在交流电路中可以等效一个自感 L 和损耗电阻 r_L 的串联，如图 1.8.3(a)所示. $Q = \omega L / r_L$ 称为线圈的品质因数. 常用麦克斯韦电桥测量低 Q 值($Q < 10$)的电感，其线路如图 1.8.3(b)所示，则

$$\dot{Z}_1 = \frac{1}{\frac{1}{R_0} + \mathrm{j}\omega C_0}, \quad \dot{Z}_2 = R_2, \quad \dot{Z}_3 = R_3, \quad \dot{Z}_4 = r_L + \mathrm{j}\omega L_x$$

在电桥平衡时有

$$\left(\frac{1}{\frac{1}{R_0} + \mathrm{j}\omega C_0} \right)(r_L + \mathrm{j}\omega L_x) = R_2 R_3$$

可得

$$L_x = R_2 R_3 C_0 \tag{1.8.7}$$

$$r_L = R_2 R_3 / R_0 \tag{1.8.8}$$

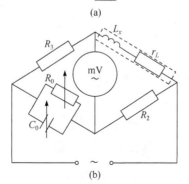

图 1.8.3 交流电桥测电感

及

$$Q = \omega L_x / r_L = \omega C_0 R_0$$

3. 交流电桥平衡的调节

交流电桥平衡时必须同时满足两个平衡条件,因此电桥上至少要有两个元件是可以调节的. 下面以测电容为例加以讨论. 从式(1.8.5)和式(1.8.6)可以看出, 若 C_0 是可以连续调节的, 则以调节 C_0 和 R_0 最为方便, 因为这时 C_0 的调节只影响式(1.8.5), 而 R_0 的调节只影响式(1.8.6), 可使电桥的平衡调节大为简化. 通常 R_1 和 R_2 也做成可以调节的形式, 以便改变电桥的测量范围. 如果 C_0 不能连续调节, 则调节电桥平衡就要复杂一点. 这时可采用调节 R_0 和 R_1(或 R_2)的方式调节 C_0 和 R_2(或 R_1)来改变电桥的测量范围. 由于 R_1(或 R_2)同时出现在式(1.8.5)和式(1.8.6)中, 既与 C_x 有关, 又与 r_C 有关, 所以应反复调节 R_1(或 R_2)与 R_0, 使毫伏表指示逐渐减小, 直到电桥平衡为止.

四、实验内容

1. 测电容

(1) 将信号发生器的频率调到 1kHz, 输出电压调到 3V 左右.

(2) 按图 1.8.2(a)连线, 毫伏表的量程先调到 3V, 再逐渐减小, 测量一下待测电容的大概数值, 由 R_1 和 R_2 确定测量范围, 再调节 R_0 和 C_0 进行测量. R_0 最初可取为几欧姆, R_1 和 R_2 选用几百欧姆或几千欧姆为宜. 阻值选得过高会降低电桥的灵敏度, 选得过低会使调节过粗, 增大测量误差. 本实验可取 R_1 和 R_2 的阻值为 500Ω 或 5000Ω. 由于测量电路未加接地屏蔽, 因此存在杂散感应和干扰, 并且毫伏表的灵敏度又比较高, 所以它的指示不可能完全调到零, 只要调节 R_0 和 C_0 使毫伏表的指示值不能再小时, 即认为电桥已达到了平衡(此时可能还有 10～30mV). 为了避免损坏仪器, 接线时应断开电源!

2. 测电感

按图 1.8.3(b)连线, 测量一个待测电感线圈的电感量和损耗电阻, 并计算其品质因数. 可先由 R_2 和 R_3 确定测量范围, 再调节 R_0 和 C_0 进行测量. R_0 最初可取为 1000Ω, R_2 和 R_3 分别为 200Ω 和 500Ω.

五、思考题

(1) 在电源、指零仪、平衡条件以及测量对象等方面, 交流电桥和直流电桥有何不同?

(2) 在电桥电路中，若将电源和指零仪互换位置，电桥是否能调到平衡?

实验 1.9　*RLC* 串联电路暂态过程

RLC 电路在接通或断开电源的短暂时间内，从一个稳定状态转变到另一个稳定状态，这个变化过程称为 *RLC* 电路的暂态过程. 暂态过程在电子学特别是脉冲技术中有着广泛的应用.

一、实验目的

(1) 通过对 *RC*、*RL* 电路暂态过程的研究，掌握该过程电压与电流变化遵从的规律.

(2) 通过对 *RLC* 电路暂态过程的研究，加深对阻尼运动规律的理解.

二、实验仪器

YB4320G 示波器，方波发生器，可调电阻箱，标准电容(0.01μF)，标准电感(0.01H).

三、实验原理

本实验主要研究暂态过程中的电压与电流变化的规律.

1. *RC* 电路的暂态过程

图 1.9.1 是一个 *RC* 串联直流电路，当开关 K 合向 1 时，电源 *E* 通过电阻 *R* 对电容 *C* 充电，在电容 *C* 上的电荷 q 只能由 0 逐渐增加，而不能突变，同样电容 *C* 上的电压 $u_C = q / C$ 也只能由 0 逐渐增加，待电容 *C* 上的电压增至 *E* 后再将开关从 1 扳向 2，这时电容 *C* 将通过电阻 *R* 放电，在这两个过程中

$$iR + u_C = \begin{cases} E & (充电) \\ 0 & (放电) \end{cases} \tag{1.9.1}$$

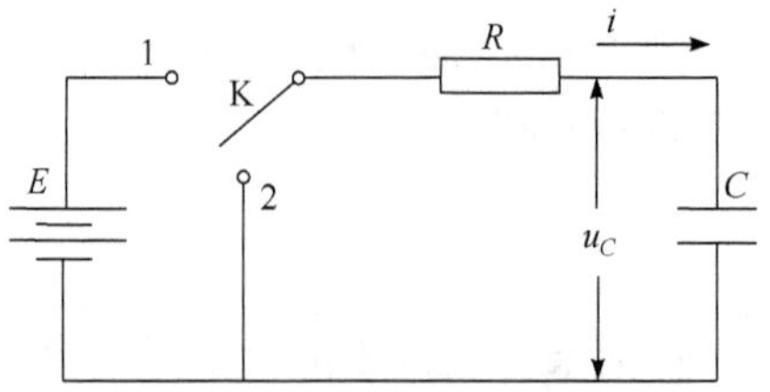

图 1.9.1　*RC* 串联直流电路

由于

$$i = \mathrm{d}q / \mathrm{d}t = C\mathrm{d}u_C / \mathrm{d}t \qquad (1.9.2)$$

有

$$RC\frac{\mathrm{d}u_C}{\mathrm{d}t} + u_C = \begin{cases} E \\ 0 \end{cases} \qquad (1.9.3)$$

由初始条件：充电，$t = 0$ 时，$u_C = 0$；放电，$t = 0$ 时，$u_C = E$，由式(1.9.3)可得充电过程的解为

$$u_C = E\left(1 - \mathrm{e}^{-\frac{t}{RC}}\right) \qquad (1.9.4)$$

$$i = \frac{E}{R}\mathrm{e}^{-\frac{t}{RC}}$$

同理，可得放电过程的解为

$$u_C = E\mathrm{e}^{-\frac{t}{RC}} \qquad (1.9.5)$$

$$i = -\frac{E}{R}\mathrm{e}^{-\frac{t}{RC}}$$

可见，在充、放电的过程中 u_C、i 均按照指数规律变化，如图 1.9.2 所示. 令 $\tau = RC$，τ 称为电路的时间常数，它反映充、放电过程的快慢，τ 越大，充、放电过程越慢，反之则快.

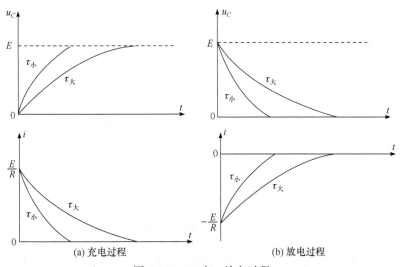

图 1.9.2　RC 充、放电过程

2. RL 的暂态过程

图 1.9.3 是一个 RL 串联直流电路，当开关 K 合向 1 时，电路将会有电流 i 流过，由于自感 L 的存在，电路中电流 i 的变化将引起感应电动势

$$\varepsilon_L = -L\frac{\mathrm{d}i}{\mathrm{d}t}$$

这个感应电动势总是阻碍电流的变化，因而电流 i 不能突变，只能由 0 逐渐增加，最后达到稳定值 E/R；同理，当开关 K 从 1 扳向 2 时，电流 i 也不会突然降至 0，而只能逐渐消失. 在这两个过程中

$$iR + L\frac{\mathrm{d}i}{\mathrm{d}t} = \begin{cases} E & (\text{电流增长}) \\ 0 & (\text{电流消失}) \end{cases} \tag{1.9.6}$$

由初始条件

$$\text{当}\,t=0\,\text{时}, \quad i=0, \qquad\qquad \text{电流增长过程}$$
$$\text{当}\,t=0\,\text{时}, \quad i=E/R, \qquad \text{电流消失过程}$$

由方程(1.9.6)可得电流增长过程的解为

$$i = \frac{E}{R}\left(1 - \mathrm{e}^{-\frac{R}{L}t}\right) \tag{1.9.7}$$

$$u_L = E\mathrm{e}^{-\frac{R}{L}t}$$

同理可得电流消失过程的解为

$$i = \frac{E}{R}\mathrm{e}^{-\frac{R}{L}t} \tag{1.9.8}$$

$$u_L = -E\mathrm{e}^{-\frac{R}{L}t}$$

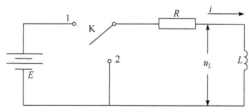

图 1.9.3　RL 串联直流电路

可见无论是电流增长过程或消失过程，i、u_L 都是按指数规律变化的. 时间常数 $\tau = L/R$，τ 越大，过程越慢，如图 1.9.4 所示.

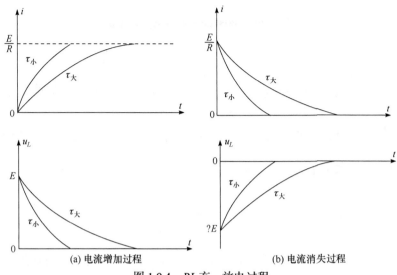

(a) 电流增加过程　　　　　　　　(b) 电流消失过程

图 1.9.4　RL 充、放电过程

3. RLC 串联电路的暂态过程

图 1.9.5 是一个 RLC 串联直流电路，先将开关 K 合向 1 使电容 C 充电至 E，然后再将开关 K 扳向 2，电容 C 就在闭合的 RLC 电路中放电，在这两个过程中的电路方程为

$$iR + L\frac{\mathrm{d}i}{\mathrm{d}t} + u_C = \begin{cases} E & (充电) \\ 0 & (放电) \end{cases}$$

因

$$i = \frac{\mathrm{d}q}{\mathrm{d}t} = C\frac{\mathrm{d}u_C}{\mathrm{d}t}$$

故

$$LC\frac{\mathrm{d}^2 u_C}{\mathrm{d}t^2} + RC\frac{\mathrm{d}u_C^2}{\mathrm{d}t} + u_C = \begin{cases} E & (充电) \\ 0 & (放电) \end{cases} \tag{1.9.9}$$

方程的解可分为三种情况.

(1) $R^2 < 4L/C$，属于阻尼状态，其解为

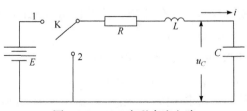

图 1.9.5　RLC 串联直流电路

$$u_C = A\mathrm{e}^{-\frac{t}{\tau}}\cos(\omega t + \varphi) + E \quad (\text{充电})$$

$$u_C = A\mathrm{e}^{-\frac{t}{\tau}}\cos(\omega t + \varphi) \quad (\text{放电})$$

$$(1.9.10)$$

式中，A、φ 是由初始条件决定的常数，时间常数 $\tau = 2L/R$，角频率 $\omega = \dfrac{1}{\sqrt{LC}}$ $\times\sqrt{1 - \dfrac{R^2 C}{4L}}$. 此时做阻尼振动，振动的振幅按指数规律衰减. τ 的大小决定振幅衰减的快慢，τ 越大振幅衰减越缓慢，而 τ 与 R 成反比，当 $R^2 \ll 4L/C$ 时，振幅的衰减也就非常缓慢. 此时

$$\omega = \frac{1}{\sqrt{LC}} = \omega_0$$

ω_0 为 LC 串联电路的固有频率，即在 R 很小时，RLC 串联电路以固有频率 ω_0 做衰减振动.

(2) $R^2 > 4L/C$，属于过阻尼状态，其解为

$$u_C = \mathrm{e}^{-\frac{t}{\tau}}\left(B_1 \mathrm{e}^{\omega t} + B_2 \mathrm{e}^{-\omega t}\right) + E \quad (\text{充电}) \tag{1.9.11}$$

$$u_C = \mathrm{e}^{-\frac{t}{\tau}}\left(B_1 \mathrm{e}^{\omega t} + B_2 \mathrm{e}^{-\omega t}\right) \quad (\text{放电}) \tag{1.9.12}$$

式中

$$\omega = \frac{1}{\sqrt{LC}}\sqrt{\frac{R^2 C}{4L} - 1}$$

B_1、B_2 是初始条件决定的常数，此时它以缓慢的方式达到平衡状态.

(3) $R^2 = 4L/C$，属于临界阻尼状态，其解为

$$u_C = (C_1 + C_2 t)\mathrm{e}^{-\frac{t}{\tau}} + E \quad (\text{充电}) \tag{1.9.13}$$

$$u_C = (C_1 + C_2 t)\mathrm{e}^{-\frac{t}{\tau}} \quad (\text{放电}) \tag{1.9.14}$$

式中，C_1、C_2 是由初始条件决定的常数，这时它能迅速地达到平衡状态.

在初始条件：

充电　当 $t = 0$ 时，$u_C = 0$，$\mathrm{d}u_C/\mathrm{d}t = 0$；

放电　当 $t = 0$ 时，$u_C = E$，$\mathrm{d}u_C/\mathrm{d}t = 0$.

在上述三种情况下，u_C 随时间 t 变化的规律如图 1.9.6 所示.

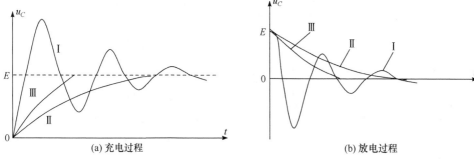

图 1.9.6　*RLC* 充、放电过程

本实验使用示波器观察上述暂态过程. 为了能更好地观察，必须使图形不断出现在示波器的荧光屏上，为此采用方波发生器来代替直流电源. 方波发生器的波形如图 1.9.7 所示. 它在前半周期〔0～$T/2$〕输出电压为正，然后迅速降为 0，后半周期输出电压为 0，这样周而复始不断重复. 方波前半周期相当于把开关 K 合向 1，后半周期相当于把开关 K 扳向 2.

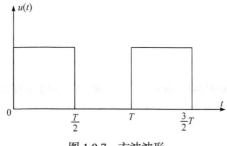

图 1.9.7　方波波形

四、实验内容

1. 观察 *RC* 电路的暂态过程

(1) 将方波发生器的输出接到示波器的输入端，观察方波发生器的输出波形. 调整方波频率为 10kHz(示波器显示的方波周期为 0.1ms)，方波幅值为 5V 左右.

(2) 按图 1.9.8 接线，电容 C 选用 0.01μF，电阻 R 分别调到 500Ω、1kΩ和 2kΩ，观察并描绘示波器上显示的电容 C 上的电压 u_C 波形，解释 R 对暂态过程快慢的影响.

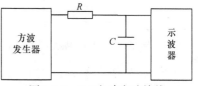

图 1.9.8　*RC* 电路实验接线

(3) 将示波器接到电阻的两端，观察电阻 R 上的电压 u_R 波形，即 *RC* 电路中的电流 i 波形，因为电阻上的电压与电流同相位，其值 $u_R = iR$ 与 i 成倍数的关系，解释 R 对暂态过程快慢的影响.

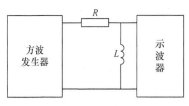

图 1.9.9 *RL* 电路实验接线

2. 观察 *RL* 电路的暂态过程

(1) 按图 1.9.9 接线. 电感 L 选用 0.01H, 电阻 R 分别调到 500Ω、1kΩ 和 2kΩ, 观察并描绘示波器显示的电感 L 上的电压 u_L 波形. 解释 R 对暂态过程快慢的影响.

(2) 将示波器接到电阻的两端, 观察电阻 R 上的电压 u_R 波形, 解释 R 对暂态过程快慢的影响.

3. 观察 *RLC* 电路的暂态过程

(1) 调整方波频率为 1kHz. 按图 1.9.10 接线, 改变 R 的大小, 使出现阻尼振动, 如图 1.9.11 所示. 调节 R 为几十欧姆, 满足 $R^2 \ll 4L/C$. 从示波器荧光屏上测出相邻两次振动波峰间的水平距离 Δx, 记下此时的扫描速度示数 t, 根据 $T = t \cdot \Delta x$ 计算衰减振动的周期 T, 与用 $T_0 = 2\pi\sqrt{LC}$ 计算的 T_0 相比较. 测出相邻两次振动的幅值 u_{C1} 和 u_{C2}, 由 $u_{C1}/u_{C2} = A\mathrm{e}^{-\frac{t}{\tau}} / A\mathrm{e}^{-\frac{\tau+T}{\tau}} = \mathrm{e}^{\frac{T}{\tau}}$, 得

$$\tau = T / \ln\frac{u_{C1}}{u_{C2}}$$

用上式计算衰减振动的时间常数 τ, 并与公式 $\tau_0 = 2L/R$ 计算的 τ_0 比较. 注意 R 是振动回路全部耗损电阻的总和, 包括电感 L 耗损电阻 R_L 和方波发生器的内阻.

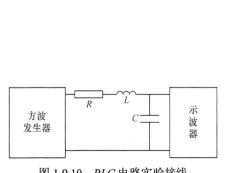

图 1.9.10 *RLC* 电路实验接线

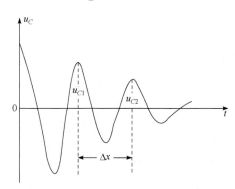

图 1.9.11 *RLC* 电路阻尼振动

(2) 调节 R, 使 u_C 的波形恰好不出现振动, 此即临界阻尼状态. 记下此时回路的总损耗电阻 R, 与公式 $R_0 = 2\sqrt{L/C}$ 计算的 R_0 相比较.

(3) 逐渐增大 R, 定性地观察过阻尼状态与 R 的关系.

五、思考题

(1) 在 *RC* 电路充电过程中，计算当 $t = \tau$ 及 $t = 4\tau$ 时，u_C 的值；计算当 $u_C = E/2$ 时，t 的值(=$T/2$，半衰期).

(2) 在 *RLC* 电路中，电路的品质因素 $Q = \omega L / R$，当 $R^2 < 4L/C$ 时，试证明 $Q = \pi \tau / T$，其中 $T = 2\pi / \omega$.

(3) 今有电阻箱 1 台，如何用示波器测出方波发生器的内阻?

实验 1.10　灵敏电流计的研究

在电磁精密测量技术中，为了提高测试装置的灵敏度，减小测量误差，往往采用补偿法和电桥平衡法进行测量. 在这些方法中，要有能够测量、检查微小电流或电压的灵敏检流计. 由于普通微安表转动部分的支承轴存在着机械接触的摩擦力，灵敏度不高，不能直接用来测量微安以下的电流.

灵敏电流计采用弹性细丝(称张丝)悬挂转动线圈的结构，消除了接触摩擦，故其灵敏度相当高. 常用它测微弱电流($10^{-6} \sim 10^{-11}$A)或微小电压($10^{-3} \sim 10^{-8}$V)，如光电流、生物电流、温差电动势等，故可作为电桥、电势差计的零示器. 若需测更微弱的电流，则用静电计，它的最低量已达 10^{-17}A 的数量级.

一、实验目的

(1) 了解灵敏电流计的结构性能，学会正确使用灵敏电流计.
(2) 测定灵敏电流计的特性参量——内阻、电流常数及外临界电阻等.

二、实验仪器

复射式检流计，数字毫伏表，固定分压器，旋转式电阻箱，滑动变阻器，甲电池，双刀双掷开关，单刀双掷开关及导线等.

三、实验原理

1. 灵敏电流计的结构

灵敏电流计的种类较多，按结构不同，一般分为墙式检流计和便携式检流计两种. 前者灵敏度很高，极易受外界振动的影响，使用时应将它固定安装在稳固位置或安装在墙壁上；后者灵敏度较低，但使用比墙式检流计方便. 本实验使用便携式检流计，它将光源和标尺等合装于一长方形箱内．为了提高灵敏度，采用了多次反射式光标系统．灵敏度电流计的结构原理如图 1.10.1 和图 1.10.2 所示．可分为三部分：

(1) **磁场部分**．永久磁铁 N、S 产生磁场，圆柱形软铁芯 J 使磁场呈现均匀辐射状．

(2) **偏转部分**．线圈 C 能在磁铁和铁芯间的气隙中转动，C 的上下两端用金属弹性悬丝(张丝)绷紧，金属丝同时作为线圈两端的电流引线．

(3) **读数部分(小镜 m 和刻度标尺)**．小镜 m 固定在线圈 C 的上方，它把光源(仪器内的小灯)射来的光反射到弧形标尺上，并形成一光标，如图 1.10.2 所示．没有电流通过线圈时，反射光标位于弧形标尺的"0"点上，当某一稳定电流 I 流过线圈时，由于磁场的作用，线圈受到一个电磁力矩 $M_B=nBSI$(n 为线圈数，B 为磁感应强度，S 为线圈面积)的作用而产生转动，同时，悬丝线圈转动而发生扭转，并产生一个反向扭转力矩 $M_D=-D\cdot\theta$(D 为扭转系数)，当电磁力矩和张丝的反向扭转力矩相等时，线圈将停止不动(光标停止在新的平衡位置 d_0 处)，此时有 $nBSI=D\cdot\theta$．

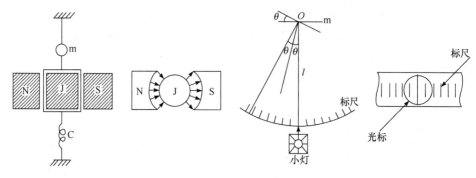

图 1.10.1　电流计结构　　　　图 1.10.2　电流计工作原理

从图 1.10.2 可以看出，线圈偏转角与反射光标在弧形标尺上偏离 O 点的距离 d 成正比，即 $\theta=d/2l$(l 为小镜到标尺的距离)，所以

$$I=\frac{D}{2nB\cdot S\cdot l}\cdot d=K_i d \tag{1.10.1}$$

由此可见，通过电流计的电流与线圈的偏转角成正比，亦即与反射光标在弧形标尺上移动的距离 d 成正比．式中比例常数 K_i 为电流计的电流常数，即光标移动 1mm 所对应的电流值，其倒数 $\frac{1}{K_i}=S_i$ 称为电流计的电流灵敏度，表示单位电流引起的偏转．显然 S_i 越大，K_i 越小，电流计越灵敏．知道了 S_i(或 K_i)的数值，就

可根据从标尺上读得的 d 值求出电流 I 的值.

K_i(或 S_i)用实验方法测得(一般仪器出厂时 K_i 已标在铭牌上，但仪器经长期使用或检修后需重新测定).

2. 灵敏电流计的运动状态及控制方法

在检测回路中电流(电压)发生变化时，要求灵敏电流计的反应速度必须很快，且光标准线迅速停止在新的平衡位置，但线圈是在转动中到达新的平衡位置的，如果此时角速度较大，则线圈不会立即停止，而很可能经过一段时间才能停下来. 为此，必须对灵敏电流计内部线圈的运动特性有所了解，以便确定它的最佳工作状态.

在通电线圈运动过程中，除了受到电磁力矩和悬丝的扭转力矩的作用外，还要受到电磁阻尼矩的作用，根据电磁感应定律，线圈因切割磁力线将产生一感应电动势 ε，如果线圈与外电路组成闭合回路，则产生一个感应电流 i，这个感应电流与磁场相互作用，就产生一个阻止线圈运动的电磁阻尼力矩 M_0，它的大小与回路总电阻 $R(R = R_g + R_{外})$ 成反比. 因为

$$M \propto i = \frac{\varepsilon}{R_g + R_{外}} \tag{1.10.2}$$

对一个给定的电流计而言，R_g 为固定值，只要适当改变 $R_{外}$(从电流计两端往外看的外电路等效电阻，见下文图 1.10.4(a))的大小，即可控制线圈的运动状态.

对应不同的 $R_{外}$，电磁阻力矩大小不同，线圈(或光标)将以三种不同的运动状态达到新的平衡位置，如图 1.10.3 所示.

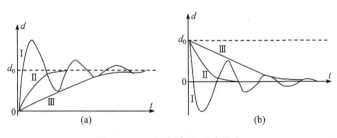

图 1.10.3　电流计的运动状态

(1) **欠阻尼状态**. 图 1.10.3(a)中曲线 I，当 $R_{外} = R_0$ 较大时，阻尼力矩 M 较小，线圈做振幅逐渐衰减的振动，需经较长时间，才能停在新的平衡位置 d_0，$R_{外}$ 越大，M 越小，振动的时间越长. 显然，此状态不利于迅速准确地测量.

(2) **过阻尼状态**. 如图 1.10.3(a)中曲线 III，当外电阻 $R_{外}$ 为较小的 R 时，电磁

阻力矩 M 较大，线圈缓慢趋向新的平衡位置 d_0，且不会越过它，$R_外$ 越小，M 越大，运动越慢，达到平衡位置所需时间越长. 显然，此状态也不利于迅速进入测量状态. 当 $R_外 = 0$(即电流计外部短路)时，阻尼很大. 如果在光标回到零点的瞬间，用阻尼开关 K_4 使外部短路，则线圈就会在大阻尼作用下，运动很慢，很快停止在零点，为调节工作带来极大方便. 为了保护电流计免受振动而使悬丝振断，一般都附有短路阻尼开关，用完后必须将其置于短路位置.

(3) **临界阻尼状态.** 如图 1.10.3(a)中线 Ⅱ，当 $R_外 = R$ 为某一适当值时，线圈很快无振动地达到新的平衡位置 d_0，这种状态介于前两种状态之间，叫临界状态. 显然，线圈工作于此状态最便于测量. 对应于此状态的 $R_外$ 叫外临界电阻 $R_{外临}$.

控制运动状态的方法：

(a) 选择适当的电流计，且 $R_{外临} = R_外$，如图 1.10.4(a)所示.

(b) 若电流计已定，且 $R_{外临} \gg R_外$，则可串联一个电阻 R'，使 $R + R' \approx R_{外临}$，如图 1.10.4(b)所示，但由此会降低整个电路的灵敏度.

(c) 若电流计的 $R_{外临} \ll R_外$，则可并联一个电阻 R''，使 $\dfrac{R''R}{R'' + R} \approx R_{外临}$，如图 1.10.4(c)所示，但由此同样会降低电路的灵敏度.

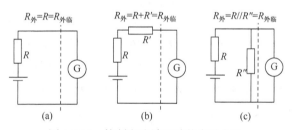

图 1.10.4　控制电流计运动状态的方法

当电流计线圈由新平衡位置 d_0 回到零点也有以上运动状态，如图 1.10.3(b)所示.

3. 测量电流计内阻和电流常数

界电阻、内阻、电流常数、自由振荡周期是灵敏电流计的特征参数，测量内阻和电流常数的实验电路如图 1.10.5 所示，图中 Ⓖ 为灵敏电流计、电阻 R_b 和 R_a 组成固定分压器，R_b 为 1Ω标准电阻，比值 R_b / R_a 可分别取为 0.001 和 0.0001，根据需要选用. K_2 为双刀双掷换向开关，用来改变电流方向，以消除零点未调好而带来的误差. K_3 为电流计断路开关，断开后线圈可自由振荡. K_4 为阻尼开关，起阻尼作用(仪器上的"短路"位置即是阻尼). r 为分压器，R 为外电阻(电阻箱).

由于电流计允许通过的电流很小，故实验中采用二次分压电路，由图 1.10.5 可知流过电流计的电流为

$$I_g = U_{bc} / (R_g + R) \tag{1.10.3}$$

而

$$U_{bc} = I_b R_b = (I_0 - I_g)R_b$$

$$I_0 = U / \left(R_a + \frac{R_b(R + R_g)}{R_b + R + R_g} \right)$$

代入上式整理后得

$$I_g = \frac{R_b U}{R_a(R_b + R + R_g) + R_b(R + R_g)} \tag{1.10.4}$$

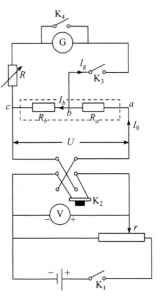

图 1.10.5　测电流计内阻及
电流常数电路

当 $R_a \gg R_b$ 时，式中 $R_b(R + R_g)$ 项可以略去，则

$$I_g = \frac{R_b}{R_a} \cdot \frac{U}{R_b + R + R_g} \tag{1.10.5}$$

由电流计本身有 $I_g = K_i d$ ，所以

$$K_i d = \frac{R_b \cdot U / R_a}{R_b + R_g + R} \tag{1.10.6}$$

测量中保持第一分压值 U(即电压表示数)不变，使 R 分别为 R_1 和 R_2，对应的电流计偏转分别为 d_1 和 d_2，电流计的电流分别为 I_1 和 I_2，如果电流计的灵敏度在 I_1 和 I_2 之间不变，且略去 R_b ，便可得到电流计内阻 R_g 和电流常数 K_i.

$$R_g = \frac{d_2 R_2 - d_1 R_1}{d_1 - d_2} \tag{1.10.7}$$

$$K_i = \frac{\dfrac{R_b}{R_a} U}{d_1(R_1 + R_g)} \tag{1.10.8}$$

四、实验内容

(1) 将检流计水平放置，照图 1.10.5 接线，经检查后再做实验.

(2) 观察光标运动情况，确定 $R_{外临}$.

(a) 调节分压器 r 使输出电压由小到大，取 $R_b / R_a = 0.0001$，并使外电阻 $R = 100\Omega$，合上 K_3,K_2 倒向任一侧，断开 K_1，利用调零旋钮和标盘调零，再合上 K_1，使光标偏转某一值，断开 K_1，观察光标回零运动状况(回零快慢，是否有振动).

(b) 改变外电阻为大、中、小不同值，每次分别调零，再调分压器 r 使光标与(a)步有相同偏转值时，再观察每次断开 K_1 光标回零运动情况，由此确定运动状况和 $R_{外临}$.

(3) 测内阻 R_g 和电流常数 K_i.

(a) 利用式(1.10.7)和式(1.10.8)测 R_g 和 K_i 时，外电阻 R 可取任意两个值，为简单起见，实验中取 $R_1=50\Omega$，$R_2=100\Omega$，两次电压 U 不变.

(b) 为了减小误差，除了耐心地调节光标零点，以消除零位误差外，每次测量都要改变电流方向测 d^+，d^-，取其平均值(即 $\bar{d_1} = (d_1^+ + d_1^-) / 2, \bar{d_2} = (d_2^+ + d_2^-) / 2$).

(c) 将 $\bar{d_1}$、$\bar{d_2}$ 和 U 代入式(1.10.7)和式(1.10.8)，计算 R_g、K_i 及误差.

(4) 使 $R = R_{外临}$，调光标使 $d > 20$mm，断开 K_3，测自由振荡周期 T_0，再使光标偏转最大，断开 K_1，测回零的阻尼时间.

(5) 将结果与仪器铭牌上所标值进行比较.

五、思考题

(1) 根据所用检流计的灵敏度说明其物理意义.

(2) 用灵敏电流计测量内电阻很大的光电管电流时，电流计将工作在什么状态? 怎样才能使它工作于临界状态? ($R_{外临}$ =1.3kΩ, R_g =1kΩ，参考图 1.10.4 画出简单草图).

实验 1.11　交流电路的稳态过程

电容、电感元件在交流电路中的阻抗是随着电源频率的改变而变化的，将正弦交流电压加到电阻、电容和电感组成的电路中时，各元件上的电压及相位会随着变化，称作电路的稳态特性. 稳态过程在电路技术中有着广泛的应用.

一、实验目的

(1) 研究 RLC 串联电路的相频特性和幅频特性.
(2) 掌握用二踪示波器测相位差的方法.

二、实验仪器

二踪示波器(YB4242)1 台，信号发生器(XD1)1 台，电容器(0.1μF)1 个，电感器(0.01H) 1 个，电阻器(310Ω) 1 个，晶体管毫伏表(DA16)1 台.

三、实验原理

本实验研究由电阻 R、电容 C 和电感 L 组成的串联电路的稳态特性，即在角频率为 ω 的正弦交流电压作用下的相频特性和幅频特性. 如图 1.11.1 所示，设作用在 RLC 串联电路的交变电压为 $u = U\sin\omega t$，则电路微分方程为

$$L\frac{\mathrm{d}i}{\mathrm{d}t} + iR + \frac{q}{c} = u$$

求解此微分方程，可以证明电路中的电流也是角频率为 ω 的正弦函数. 下面将采用矢量图解法和复数法对 RC、RL 和 RLC 三种电路分别进行讨论.

1. RC 串联电路

图 1.11.2 所示为 RC 串联电路. 对于角频率为 ω 的正弦交流电压而言，电路的复阻抗为

$$\dot{Z} = R - \frac{\mathrm{j}}{\omega C} = R - \mathrm{j}\frac{1}{\omega C}$$

或电路的阻抗 Z 及电压和电流的相位差 φ 分别为

$$Z = \sqrt{R^2 + \left(\frac{1}{\omega C}\right)^2} \tag{1.11.1}$$

$$\varphi = -\arctan\left(\frac{1}{\omega CR}\right) \tag{1.11.2}$$

利用矢量图 1.11.3 可得

$$U_R = IR \tag{1.11.3}$$

$$U_C = \frac{I}{\omega C} \tag{1.11.4}$$

$$U = \sqrt{U_R^2 + U_C^2} = I\sqrt{R^2 + \left(\frac{1}{\omega C}\right)^2} \tag{1.11.5}$$

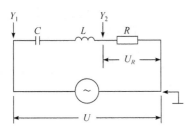

图 1.11.1　RLC 串联交流电路

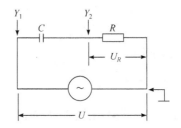

图 1.11.2　RC 串联交流电路

及

$$\varphi = -\arctan\left(\frac{U_C}{U_R}\right) = -\arctan\left(\frac{1}{\omega CR}\right)$$

其中，U_R、U_C、U 及 I 都是有效值，由此得到如下结论.

(1) 电路的总阻抗 Z 与 R、C 有关，并随角频率的增高而减小.

(2) 总电压 U 与电流 I 的相位差 φ 随角频率 ω 而变，低频时 φ 趋于 $-\frac{\pi}{2}$，即总电压比电流落后 1/4 周期. 高频时 φ 趋于 0，即总电压与电流同相位. 根据这种相频特性可以组成各种移相电路. φ 随 ω 的变化如图 1.11.4 所示.

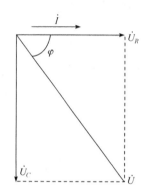
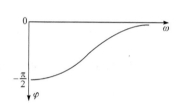

图 1.11.3　RC 串联交流电路矢量图　　图 1.11.4　RC 串联交流电路 φ 随 ω 的变化关系图

(3) 由式(1.11.3)～式(1.11.5)消去 I 得

$$U_R = \frac{U}{\sqrt{1+\left(\dfrac{1}{\omega CR}\right)^2}}$$

$$U_C = \frac{U}{\sqrt{1+(\omega CR)^2}}$$

可见当总电压 U 保持不变时，若 ω 增加，则 U_R 随之增加，而 U_C 随之减小，即在低频时电压主要降落在电容 C 上，而在高频时电压主要降落在电阻 R 上. 说明电容具有高频短路的特性，利用这种幅频特性可以把不同的频率分开、组成各种滤波电路.

2. RL 串联电路

在 RL 串联电路(图 1.11.5)中，复阻抗为

$$\dot{Z} = R + \mathrm{j}\omega L$$

或

$$Z = \sqrt{R^2 + (\omega L)^2} \tag{1.11.6}$$

$$\varphi = \arctan \frac{\omega L}{R} \tag{1.11.7}$$

由矢量图 1.11.6 可得

$$U_R = IR$$

$$U_L = I\omega L$$

$$U = \sqrt{U_R^2 + U_L^2} = I\sqrt{R^2 + (\omega L)^2}$$

及

$$\varphi = \arctan\left(\frac{U_L}{U_R}\right) = \arctan\left(\frac{\omega L}{R}\right)$$

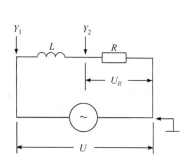

图 1.11.5 RL 串联交流电路

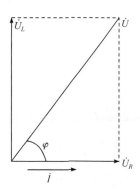

图 1.11.6 RL 串联交流电路矢量图

由此可得出如下结论:

(1) RL 串联电路的总阻抗 Z 随角频率 ω 增高而增大.

(2) 总电压 U 与电流 I 的相位差 φ 与角频率 ω 有关. 低频时 φ 趋于 0, 即总电压与电流同相位, 高频时 φ 趋于 $\frac{\pi}{2}$, 即总电压比电流超前 $\frac{1}{4}$ 周期. 根据这种相频特性可以组成各种移相电路. φ 随 ω 的变化如图 1.11.7 所示.

(3) 容易看出, 若总电压 U 保持不变, 随 ω 的增高 U_R 减小, 而 U_L 增加, 即低频时电压主要降落在电阻 R 上, 而高频时电压主要降落在电感 L 上. 这

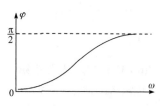

图 1.11.7 RL 串联交流电路 φ
随 ω 的变化关系图

说明电感具有高频短路和低频短路的性质. 利用这种幅频特性可以组成各种滤波器.

3. *RLC* 串联电路

RLC 串联电路如图 1.11.1，复阻抗为

$$\dot{Z} = R + \mathrm{j}\left(\omega L - \frac{1}{\omega C}\right)$$

或

$$Z = \sqrt{R^2 + \left(\omega L - \frac{1}{\omega C}\right)^2}$$

$$\varphi = \arctan\left(\frac{\omega L - \dfrac{1}{\omega C}}{R}\right)$$

RLC 串联电路具有如下的相频特性.

(1) 当 $\omega L = \dfrac{1}{\omega C}$ 时，$\varphi = 0$，即总电压 U 与电流 I 同相位，这与纯电阻电路中的情况相同. 与此对应的角频率称为谐振角频率 $\omega_0 = \dfrac{1}{\sqrt{LC}}$，故谐振频率 $f_0 = \dfrac{\omega_0}{2\pi} = \dfrac{1}{2\pi\sqrt{LC}}$.

(2) 当 $\omega L > \dfrac{1}{\omega C}$ 时，$\varphi > 0$，即总电压的相位比电流的相位超前，整个电路呈现电感性. 这时有 $\omega > \omega_0$，随着 ω 的增大，φ 也增大，并逐渐趋于 $\dfrac{\pi}{2}$.

(3) 当 $\omega L < \dfrac{1}{\omega C}$ 时，$\varphi < 0$，即总电压比电流的相位落后，整个电路呈现电容性. 这时有 $\omega < \omega_0$，随着 ω 的减小，φ 的绝对值增大并逐渐趋于 $-\dfrac{\pi}{2}$. φ 随 ω 的变化示于图 1.11.8 中.

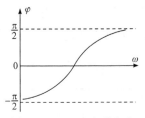

图 1.11.8　*RLC* 串联交流电路 φ 随 ω 的变化关系图

四、实验内容

1. *RC* 串联电路中，U_R、U_C 及 φ 随频率的变化

(1) 按图 1.11.2 连接电路. 选用 $R = 310\Omega, C = 0.1\mu\mathrm{F}$. 信号发生器使用电压输出. Y_1、Y_2 为示波器的两个输入通道. Y_1 接电阻 R 两端，显示电流波形；Y_2 接 *RC* 串联电路两端，显示总电压 U. 示波器选择"断续"工作状态，以便准确地测量两输入电压的相位差，同时信号发生器

和示波器的接地端应连在一起, 以免受外界干扰.

(2) 调节信号发生器的频率为 $f=500$Hz, 调节信号发生器的输出电压为确定值(如有效值为 1V). 用晶体管毫伏表测量 RC 串联电路的总电压 U 及 R 和 C 上的电压 U_R 和 U_C, 同时观察示波器上显示的 U 和 U_R (即电流 I)的波形. 读出一个完整波形所占的水平分格数 D 和两列波上两对应点间的水平距离 d, 从而求得相位差 $\varphi = \dfrac{2\pi d}{D}$, 如图 1.11.9 所示. 实验时若调整 $D=6.3$(div), 则 $\varphi \approx d$(rad).

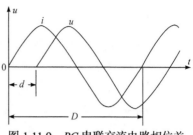

图 1.11.9 RC 串联交流电路相位差

(3) 改变信号发生器的频率分别为 5000Hz 和 50000Hz. 仿照上述步骤, 分别测量出相应的 U_R、U_C 和 φ. 注意: 每次改变频率后, 都应重新调整输入电压的大小, 使之保持为确定值 1V.

2. 观察 RL 串联电路中, U_R、U_L 和 φ 随频率的变化

按图 1.11.5 连接电路. 选用 $R = 310\Omega$, $L = 0.01$H, 使 Y_1 显示总电压 U 的波形, Y_2 显示电流 I 的波形. 调节信号发生器的输出电压为 1V 确定值, 频率分别为 500Hz、5000Hz 和 50000Hz. 与 RC 串联电路类似, 分别测量出相应的 U_R、U_L 和 φ.

3. 观察 RLC 串联电路中 φ 随频率的变化

按图 1.11.1 连接电路, R、L 和 C 仍用前面的数值. 观察 U 和 I 的相位差 φ 随频率变化的情形. 找出 U 和 I 同相位时的谐振频率.

(1) 分别根据式(1.11.2)和式(1.11.7)计算相位差 φ, 与实验测得的相位差比较.

(2) 讨论在 RC 和 RL 串联电路中, U_R、U_C 和 U_R、U_L 随频率 f 变化的大致情况.

(3) 根据公式 $f_0 = \dfrac{1}{2\pi\sqrt{LC}}$ 计算谐振频率与实验测得的谐振频率比较.

实验 1.12 铁磁材料居里点的测量

铁磁性居里点是磁性材料的本征参数之一, 它仅与材料的化学成分和晶体结构有关, 几乎与晶粒的大小、取向以及应力分布等结构因素无关, 因此又称它为结构不灵敏参数. 测定铁磁材料的居里温度不仅对磁材料、磁性器件的研究和研制, 而且对工程技术的应用都具有十分重要的意义.

一、实验目的

(1) 用示波器观测铁磁材料的磁化和退磁过程.

(2) 测定铁磁材料样品的居里点.

(3) 根据样品的磁滞回线,估算其磁滞损耗.

二、实验仪器

实验仪为箱式一体化模块结构,只需外配双踪示波器、少量附件(如样品探头)、信号连接线就可以完成本实验.实验者还可以利用仪器上的模块,进行设计性或创新性实验探索.仪器面板见图 1.12.1.

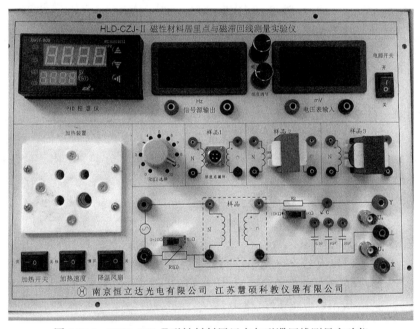

图 1.12.1　HLD-CZJ-Ⅱ磁性材料居里点与磁滞回线测量实验仪

本仪器标配五个实验样品,其中样品 1a、1b、1c 为探头式,方便放入加热井中测定居里点,磁芯材料为铁氧体,居里点大致分别为 95℃、135℃、155℃.样品 2、3 为变压器式,固定在面板上,实验时直接连线即可,磁芯材料为 EI 型硅钢片.

仪器操作说明如下:

(1) 样品连线和电容器选择连线为细插线,有红黑两种颜色.信号源、电压表连线为粗插线,黑色插孔为接地孔.连接示波器请用双头 Q5 电缆线.

(2) R_1 的选择开关打在左边为 0～10Ω挡,由其上方的 10 挡位旋转开关决定阻值；R_1 的选择开关打在右边为 51Ω挡．R_2 的选择开关打在左边为 10kΩ挡，打在右边为 180Ω挡．

(3) 信号源调节方法．转动幅度调节旋钮，左旋减小、右旋增大信号幅度，调节的同时显示屏上自动显示幅度值(峰峰值)，停止调节后延时显示几秒后切换到频率显示．转动频率调节旋钮，左旋减小、右旋增大当前位的频率值，自动加减进位．切换当前位的方法是：按动该旋钮，切换次序为"百分位—十分位—个位—十位—百位—百分位"如此循环，转动旋钮即可判断当前位(本实验只需要用到个位、十位和百位)．

(4) PID 控温仪的使用．控温仪有上、下两行温度显示和上、下、左、设置(SET)4 个键．上行显示加热井内当前实时温度，下行显示设定温度．调节设定温度的方法：按设置键进入设置状态，按左键选择当前位，按上、下键加减当前位数值．

三、实验原理

对于铁磁物质来讲，由于有磁畴的存在，因此在外加的交变磁场的作用上将产生磁滞现象．磁滞回线就是磁滞现象的主要表现．如果将铁磁物质加热一定的温度，由于金属点阵中的热运动的加剧，磁畴遭到破坏时，铁磁物质将转变为顺磁物质，磁滞现象消失，铁磁物质这一转变温度称为居里点．本居里点测试仪就是通过观察示波管上显示的磁滞回线的存在与否来观察测量铁磁物质的这一转变温度的．给绕在待测样品上的线圈通一交变电流，产生一交变磁场 H，使铁磁物质往复磁化，样品中的磁感应强度 B 与 H 的关系 $B=f(H)$ 为磁滞回线(图 1.12.2)．

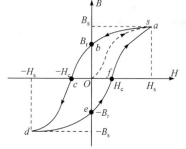

图 1.12.2 磁化曲线与磁滞回线

1. 居里点及其测量

测量铁磁材料的居里点的方法通常有两种：一是观察磁滞回线随温度升高发生的变化，当接近居里点时，磁滞回线面积变小、曲线变直，当回线刚好消失时对应的温度就是居里点；二是测绘磁导率随温度变化的曲线，从曲线图中找出居里点．由于磁导率不容易直接测量，可以通过测量感应电动势随温度变化的曲线得到居里点，具体方法及分析如下．

在磁环上分别绕线圈 N、n，并在 N 线圈上通激励电流，则 n 线圈上感应电动势的有效值为

$$\varepsilon_{\text{eff}} = 4.44 fn\phi_{\text{m}} \tag{1.12.1}$$

f 为频率，n 为线圈匝数，ϕ_{m} 为最大磁通，数值 4.44 为仪器常数．

$$\phi_{\mathrm{m}} = B_{\mathrm{m}} \cdot S \tag{1.12.2}$$

S 是磁环的截面积，B_{m} 是最大磁感应强度，即磁感应强度正弦变化的幅值. 又因为

$$H = \frac{B}{\mu} \tag{1.12.3}$$

μ 是磁导率，在 SI 制中单位为亨/米.

把式(1.12.2)和式(1.12.3)代入式(1.12.1)，得

$$\varepsilon_{\mathrm{eff}} = 4.44 fnS\mu H_{\mathrm{m}}$$

H_{m} 是磁场强度的幅值，当激励电流稳定成正弦变化时，则 H_{m} 恒定，即得

$$\varepsilon_{\mathrm{eff}} \propto \mu$$

铁磁材料的 μ 通常高达 10^3 数量级，而顺磁材料 $\mu \approx 1$，所以温度升高到居里点 T_{c} 附近时，感应电动势会急剧下降.

显然，我们完全可用测出的 $\varepsilon_{\mathrm{eff}}$ -T 曲线来确定温度 T_{c}. 具体地说，在 $\varepsilon_{\mathrm{eff}}$ -T 曲线斜率最大处作切线，其与横坐标轴相交的一点即为 T_{c}，如图 1.12.3 所示. 这是因为在居里点时，铁磁材料的磁性才发生突变，所以要在斜率最大处作切线. 又因为接近居里点时，铁磁性已基本转化为顺磁性，故 $\varepsilon_{\mathrm{eff}}$ -T 曲线不可能与横坐标轴相交.

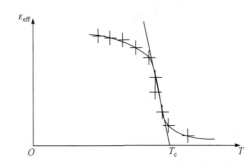

图 1.12.3　测量感应电动势随温度变化曲线确定居里点

2. 磁滞损耗及其测量(选做)

在铁磁材料反复磁化(磁化—退磁—反向磁化—退磁—磁化)的过程当中，B-H 的变化形成磁滞回线. 材料内部的磁畴发生微观的物理运动，可以理解为分子的刚性转动. 在不停的反复运动中，会有以下外在表现：①磁化方向的改变会引起材料晶格间距的变化，从而使材料的尺寸发生改变，这称为磁致伸缩效应，典型的磁致伸缩导致的长度变化为 10^{-5} 数量级；②反复磁化过程中励磁电源需不停地做功，传递的能量最终以热的形式耗散掉，这部分因磁滞特性耗散的能量叫作磁滞损耗.

在反复磁化一个周期内，每个单位体积磁芯的磁滞损耗等于磁滞回线所包围的面积. 软磁材料的磁滞回线狭窄，其 B_r 和 H_c 很小，磁滞损耗相对较小，适合做电机、变压器、电感器中的铁芯材料. 硬磁材料的 B_r 和 H_c 很大，适合制作永磁体，其磁滞回线宽大，磁滞损耗相对较高，不适合用于交流电路中. 总之，频率越高，磁通密度越大，磁滞回线所包围的面积越大，磁滞损耗就越大.

理论上在一个磁化周期内，单位体积磁芯的磁滞损耗 w 等于磁滞回线所包围的面积，即

$$w = \oint_{\text{磁滞回线}} B \mathrm{d}H$$

单位是 $T \cdot A/m = J/m^3$.

实验中难以获得 B-H 函数的准确形式来进行上述计算. 可以将示波器上观察到的磁滞回线尽量准确地描绘在坐标纸上，通过相应电压 u_y、u_x 的值计算坐标轴上 B 和 H 的值，然后通过数小方格数量的方法估算磁滞回线的面积，从而估算出材料的磁滞损耗.

四、实验内容

1. 通过观察磁滞回线消失时的温度测定居里点

(1) 电路连接：将居里点探测样品的探头端插入加热井，插头端插入面板上样品 1 的航空插座，按电路图连接线路，并选择 $R_1 = 51\Omega$，$R_2 = 180\Omega$，$C = 0.33\mu F$，信号源频率为 30kHz，幅度 16Vp-p. U_H 和 U_B 分别接示波器的"X 输入"和"Y 输入"，地为公共端.

(2) 打开实验仪和示波器电源开关，此时面板上加热开关为关闭状态，适当调节示波器，在屏幕上显示磁滞回线.

(3) 将加热开关打开，加热速度选择快，通过表头预设温度 80℃,对样品进行预热，稳定后在表头进行设置以 5℃ 为一个步进对样品进行加热，在此过程中注意观察示波器上的磁滞回线，记下磁滞回线消失时(变为一条单线)显示的温度值，此即测量到的居里点.

测量完成后将加热开关关闭，打开降温风扇使加热井降温. 如时间允许，可以在温度降至低于刚刚测得的居里点 10℃时(此时又出现磁滞回线)再次加热，再测量一次，取两次的平均值作为测量结果.

2. 通过测量感应电动势随温度变化的关系曲线测定居里点

(1) 测量线路连接和参数设定同上，可以不接示波器，将 U_B 接至电压表输入.

(2) 室温时，设置温度为低于上面测得的居里点 15℃，打开加热开关使之升温，等待其稳定，重复 5℃一个步进对样品加热.

(3) 加热井升温过程中观察电压表数值变化，并将不同温度时的感应电动势的值记入表格.

注：1、2 两个内容可以同时进行，在一次升温过程中完成两种方法的居里点测定. 样品 1 配有两个居里点不同的探头，可酌情选用(实验推荐使用 95℃、135℃的样品，节约实验时间也避免高温烫手).

五、数据记录与处理

实验数据记入表 1.12.1 和表 1.12.2 中.

表 1.12.1　通过示波器直接观测磁滞回线消失时所对应的温度值

次数	1	2	3	平均值
T_c/℃				

表 1.12.2　样品在不同温度下的感应电动势

T/℃							
U_B/mV							

用计算机处理数据：样品温度与感应电动势分别填入 Excel 表格，将填入的数据插入平滑的散点图，画出散点图曲线斜率最大处切线，切线与横坐标的交点的横坐标值即为样品的居里点.

利用坐标纸作图法也可得到居里点的值. 将通过两种不同方法得出的居里点进行比较.

六、注意事项

(1) 实验加热时不要直接触碰加热装置及探头前端，小心烫手.

(2) 实验完成打开风扇给仪器降温，等加热装置冷却完成再关闭电源.

参考资料

[1] HLD-CZJ-Ⅱ型磁性材料居里点与磁滞回线测量实验仪使用说明书. 南京恒立达光电有限公司, 2020

实验 1.13　双臂电桥测导体的电阻率

用惠斯通电桥测中值电阻时，忽略了导体本身的电阻和接触点的电阻的影响，用它来测量低电阻时，就不能忽略了，因为导体本身的电阻和接触电阻的大小大约在 $10^{-2} \sim 10^{-5} \Omega$ 数量级，若待测电阻为 $10^{-1} \Omega$ 时，附加电阻的影响可达 10%，若待测电阻在 $10^{-1} \Omega$ 数量级以下时，就无法得到正确的结果，因此对于低电阻必须用双臂电桥(开尔文电桥)以消除附加电阻的影响. 当电阻值很大时(高电阻)，流过被测电阻的电流可能非常微弱，而结构材料的漏电流已不可忽略，所以需要使用特别设计的方法或仪器来测量高电阻.

一、实验目的

(1) 了解双臂电桥测低电阻的原理，掌握其使用方法.
(2) 测定导体的电阻率.

二、实验仪器

QJ42 型携带式直流双臂电桥 1 台，螺旋测微器 1 个，米尺 1 把，甲电池 1 个，待测铜、铁、铝棒各 1 根，导线若干.

三、实验原理

1. 双臂电桥的工作原理

图 1.13.1 为双臂电桥原理图，图中 R_x 为待测电阻，R_1、R_2 为比率臂，R_N 为标准电阻，与惠斯通电桥比较，差别在于：①在检流计下端加了一个附加电路 P_1BF_2；②C_1C_2 间为待测电阻，用四端接线法(有四个接头)，C_1、C_2 称为电流接头，P_1、P_2 称为电压接头，被测电阻是 P_1、P_2 两点间的电阻. 由于 R_1、R_2 与 R_1'、R_2' 并列，故称为双臂电桥. 附加电路中的 R_1'、R_2' 远比 R_x 和 R_N 大，R_1、R_2 也远比 R_x 和 R_N 大. P_1、P_2、C_1、C_2、A_1、A_2、F_1、F_2 接头处存在的接触电阻和连接导线的电阻，把它们用集中参数表示出来，如图 1.13.2 所示，r_1'、r_1、r、r_3、r_2、r_2' 分别为 P_1、P_2、C_1、C_2、A_2、F_2 接头处的接触电阻，连接导线电阻之和，而 A_1 接头处的接触电阻，引线电阻之和为 r_3'、F_1 接头处的接触电阻，引线电阻都归入 r 中. r_3、r_3' 只是改变电流的大小，而与电桥平衡无关，可不加考虑.

当电桥平衡时，B、D 两点电势相等，流过检流计的电流 $I_g = 0$，则

$$I_1(R_1 + r_1) = I_x R_x + I_1'(R_1' + r_1')$$

$$I_2(R_2 + r_2) = I_2'(R_2' + r_2') + (I_2' + I_x - I_1')R_N$$

$$I_1'(R_1' + r_1') + I_2'(R_2' + r_2') = (I_x - I_1')r$$

由于 $r_1 \ll R_1$，$r_1' \ll R_1'$，$r_2 \ll R_2$，$r_2' \ll R_2'$，故 r_1、r_1'、r_2、r_2' 可忽略不计，并且 $I_g = 0$，$I_1 = I_2$，$I_1' = I_2'$，故有

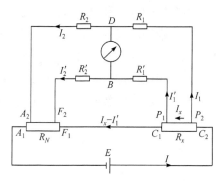

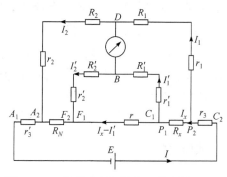

图 1.13.1　双臂电桥原理图　　　　图 1.13.2　考虑全部电阻的双臂电桥原理图

$$I_1 R_1 = I_x R_x + I_1' R_1'$$

$$I_1 R_2 = I_1' R_2' + I_x R_N$$

$$I_1' R_1' + I_1' R_2' = (I_x - I_1') r$$

联立解以上三式得

$$R_1 R_N - R_2 R_x + \frac{R_1 R_2' - R_2 R_1'}{R_1' + R_2' + r} \cdot r = 0 \qquad (1.13.1)$$

要使式(1.13.1)对任意 r 值都成立，必须满足

$$R_1 R_N - R_2 R_x = 0 \quad 和 \quad R_1 R_2' - R_2 R_1' = 0$$

或

$$R_1 / R_2 = R_1' / R_2' = R_x / R_N \qquad (1.13.2)$$

式(1.13.2)为双臂电桥的平衡条件，从式中可看出，它与接线和接触电阻 r 无关，消除了 r 对测量结果的影响，因此能准确地测量低电阻.

为了测量方便，可利用一个同轴双层电势器，使在任何位置都满足 $R_1 / R_2 = R_1' / R_2'$，这样式(1.13.2)可简化成

$$R_x = \frac{R_1}{R_2} \cdot R_N = C R_N \qquad (1.13.3)$$

本实验使用 QJ42 型携带式直流双臂电桥.

2. 电阻率的测定

若有一长度为 L，直径为 D 的圆柱导体，由电磁学理论可知，导体的电阻与其长度 L 成正比，与横截面积 A 成反比，即

$$R = \rho \frac{L}{A}$$

式中，比例系数 ρ 称为导体的电阻率，则电阻率 ρ 为

$$\rho = \frac{A}{L}R = \frac{\pi D^2}{4L}R \tag{1.13.4}$$

电阻率和温度的关系为

$$\rho = \rho_0(1 + at)$$

或

$$\rho = \rho_1[1 + a(t - t_1)] \tag{1.13.5}$$

式中，a 为电阻温度系数；ρ_0、ρ_1 分别为 0℃和室温时的电阻率.

四、实验内容

(1) 熟悉 QJ42 型携带式直流双臂电桥的性能及使用方法.

(2) 将铜棒按四端接线法接入 C_1、P_1、P_2、C_2 接线柱，C_1、C_2 在 P_1、P_2 外约 1cm. 电源选择开关用 $B_外$，本实验用一节电池，接好电源，估计被测电阻值，参考比率臂倍率表，选择适当的倍率示数，校正检流计指针机械零点，按下电源按钮 B 和检流计按钮 G，转动读数盘使电桥平衡（即检流计指针指零），记下此时倍率开关的示数 C 和转盘示数 R_N，由式(1.13.3)算出 R_x 的值.

(3) 用米尺测出铜棒的长度 L（P_1、P_2 之间的距离），用螺旋测微器在不同位置测出铜棒的直径 D 五次，记录在自拟的表格内，将平均直径 $\overline{D}$，长度 L，电阻值 R 代入式(1.13.4)，求出铜的电阻率 ρ.

(4) 记下室温 t，根据电阻率与温度的关系计算出电阻率 ρ，将实验结果与公认值比较，求出其百分误差.

(5) 用上述方法对铁棒、铝棒作类似的测量，求出铁、铝的电阻率.

注意：

(1) 当测量电感电路的电阻时，应先按 B 后按 G 按钮，断开时应先放 G，后放 B 按钮.

(2) 双臂电桥测量时，电流可达几安培，若通电时间太长，电阻会由于热效应引起误差，电池在几安培电流下供电也会影响寿命，所以测量时应尽量快，读数应在断电后进行. 一般情况 B 按钮应间歇使用.

(3) 在测量 0.0001～0.0011Ω或仪器与被测电阻间需要用连接线时，电势端的连接线电阻应小于 0.01Ω，电流端连接线不宜太长太细.

五、思考题

(1) 双臂电桥与惠斯通电桥有哪些异同?

(2) 电桥测量的准确度决定什么因素?

(3) 保持 P_1、P_2 接头位置不变,将 C_1、C_2 向外移动位置,测量结果是否改变,为什么?

实验 1.14　霍尔效应实验

1879 年,霍尔在研究载流导体在磁场中受力的性质时发现:一块处于磁场中的载流导体,若磁场方向与电流方向垂直,在垂直于电流和磁场方向导体两侧会产生电势差,该现象称为霍尔效应. 根据霍尔效应制成的器件称霍尔元件,可以用来测量磁场. 这一方法具有结构简单、探头体积小、测量快和可以直接连续读数等优点,还可以用于压力、位移、转速等非电量的测量,特别是可作为乘法器,用于功率测量等创新应用性实验,所以具有广阔的应用前景.

一、实验目的

(1) 通过实验了解霍尔效应的原理.

(2) 测量霍尔电压随工作电流变化的特性.

(3) 测量霍尔电压随磁场强度变化的特性.

(4) 通过测量霍尔电压计算霍尔系数,并通过数据处理计算出载流子浓度.

(5) 测永磁体轴线上的磁场分布.

二、实验仪器

变温霍尔效应测试仪如图 1.14.1 所示,由测控主机和载有永磁铁和霍尔片的高精位移台组成.

图 1.14.1　变温霍尔效应测试仪

主机控制霍尔片的工作电流,测量霍尔电压和磁场强度,完成部分数据处理等. 主机采用一体化设计,在高清显示屏上用触摸方式完成功能切换并显示测量数据. 测量数据以图形和表格形式显示在主机触摸屏上.

高精位移台，可调节永磁铁与霍尔片的距离，精确控制磁场的大小，可以通过翻转永磁铁的方向来实现磁场方向的变化. 位移台固定端电路板上的"传感器"(六芯插座)连接主机上的"测试"插座.

实验所用试样厚度 $d = 1.00 \times 10^{-4}$m.

本装置目前可进行室温下的霍尔效应实验.

三、实验原理

霍尔效应本质上是运动的带电粒子在磁场中受洛伦兹力作用而引起的偏转所致. 当被约束在固体材料中的带电粒子(电子或空穴)受洛伦兹力偏转时就会导致在导体垂直电流和磁场的方向两侧产生正负电荷的聚积，从而形成附加电场. 对于图 1.14.2 所示的半导体试样，若在 x 方向通以工作电流 I_s，在 z 方向加磁场 B，则在 y 方向，即试样 A、A' 电极两侧就开始聚积异号电荷而产生相应的附加电场，电场的指向取决于试样的导电类型. 显然，该电场是阻止载流子继续向侧面偏移，当载流子所受的电场力 $F_E(=eE_H)$ 与洛伦兹力 $F_B(=e\bar{v}B)$ 相等时，样品两侧电荷的积累就达到平衡，即

$$eE_H = e\bar{v}B \tag{1.14.1}$$

式中，E_H 为霍尔电场；$\bar{v}$ 为载流子在电流方向上的平均漂移速度.

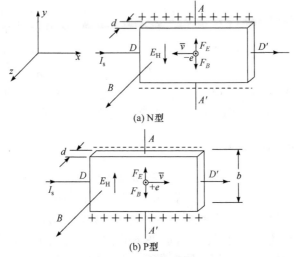

(a) N型

(b) P型

图 1.14.2 霍尔效应原理图

设试样的高为 b，厚度为 d，载流子浓度为 n，则

$$I_s = ne\bar{v}bd \tag{1.14.2}$$

由式(1.14.1)、式(1.14.2)可得

$$U_H = E_H b = \frac{1}{ne} \cdot \frac{I_s B}{d} = R_H \frac{I_s B}{d} \tag{1.14.3}$$

即霍尔电压 U_H(A、A' 电极之间的电压)与工作电流 I_s 和外磁场 B 成正比,与试样厚度 d 成反比. 比例系数 $R_H = \frac{1}{ne}$ 称为霍尔系数,它是反映材料霍尔效应强弱的重要参数. 只要测出 U_H 以及知道 I_s、B 和 d,可按下式计算:

$$R_H = \frac{U_H d}{I_s B} \tag{1.14.4}$$

因此式(1.14.4)就是本实验用来测量霍尔系数的依据.

应当指出:式(1.14.3)是在做了一些假定的理想情形下得到的,实际上某次测得的 $U_{AA'}$ 并不完全是 U_H,还包括其他因素带来的附加电压,因而根据 $U_{AA'}$ 计算出的磁感应强度 B 并不非常准确. 下面首先分析影响测准的原因,然后提出为消除影响,实验测量时所采用的办法.

1. 不等位电势差(U_0)

接通工作电流 I_s 后,半导体内沿电流方向电势降低. 如果霍尔电极 A、A' 位于不同等势面上,即使磁场不存在时,A、A' 两端也有电势差. 如图 1.14.3 所示,由于从半导体材料不同部位切割制成的霍尔元件本身不很均匀,性能稍有差异,加上在几何上难以绝对对称确定 A、A' 位置,实际上不可能保证 A、A' 处在同一等势面上. 因此,霍尔元件或多或少都存在由于 A、A' 电势不相等造成的电压 U_0. 显然,U_0

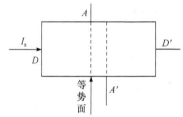

图 1.14.3　不等位电势差示意图

随工作电流 I_s 的换向而换向,而 B 的换向对 U_0 的方向没有影响.

2. 埃廷斯豪森效应(U_t)

1887 年埃廷斯豪森发现,霍尔元件中载流子的速度有大有小,对速度大的载流子,洛伦兹力起主导作用,对速度小的载流子,霍尔电场力起主导作用. 这样,速度大的载流子和速度小的载流子将分别向 A、A' 两端偏转,偏转的载流子的动能将转化为热能,使两端的温升不同. 两端面之间由于有温度差而出现温差电压 U_t. 不难看出,U_t 既随 B 也随 I_s 的换向而换向.

3. 能斯特效应(U_p)

由于工作电流引线的焊接点 D、D' 处的电阻不相等,通电后发热程度不同,使 D 和 D' 两端间存在温度差,于是在 D 和 D' 间出现热扩散电流. 在磁场的作用下，A、A'两端出现电场 E_y，由此产生附加电压 U_p. 但是，U_p 随 B 的换向而换向，而与 I_s 的换向无关.

4. 里吉-勒迪克效应(U_s)

上述热扩散电流各个载流子的迁移速度并不相同，根据 2.所述的理由，又在 A、A'两端引起附加的温差电压 U_s. U_s 随 B 的换向而换向，而与 I_s 的换向无关.

综上所述，在确定的磁场 B 和工作电流 I_s 的条件下，实际测量的 A、A'两端的电压 $U_{AA'}$，不仅包括 U_H，还包括了 U_0、U_t、U_p、U_s，是这五项电压的代数和. 例如，假设 B 和 I_s 的大小不变，方向如图 1.14.2(N 型)所示. 又设 A、A'两端的电压 U_0 为正，D'端的温度比 D 端高，测得的 A、A'间的电压为 U_1，则

$$U_1 = U_H + U_0 + U_t + U_p + U_s \tag{1.14.5}$$

若 B 不变，I_s 换向，则测得的 A、A'间的电压为

$$U_2 = -U_H - U_0 - U_t + U_p + U_s \tag{1.14.6}$$

若 B 和 I_s 同时换向，则测得的 A、A'间的电压为

$$U_3 = U_H - U_0 + U_t - U_p - U_s \tag{1.14.7}$$

若 B 换向，I_s 不变，则测得的 A、A'间的电压为

$$U_4 = -U_H + U_0 - U_t - U_p - U_s \tag{1.14.8}$$

由这四个等式得到 $U_1 - U_2 + U_3 - U_4 = 4(U_H + U_t)$，即

$$U_H = \frac{1}{4}(U_1 - U_2 + U_3 - U_4) - U_t \tag{1.14.9}$$

考虑到温差电压 U_t 一般比 U_H 小得多，在误差范围内可以略去，所以霍尔电压

$$U_H = \frac{1}{4}(U_1 - U_2 + U_3 - U_4) \tag{1.14.10}$$

实验中就是用上述方法即对称法测量抵消副效应，按式(1.14.10)计算出霍尔电压 U_H.

四、实验内容

1. 霍尔效应 U_H-I_s 特性测量

(1) 按图 1.14.4 接线，打开仪器电源开关，系统启动后单击屏幕上的"HALL 测试"按钮.

(2) 按表 1.14.1 数据设定磁感应强度 B(或由实验室设定)，调节工作电流 I_s；单击屏幕上的"记录"按钮，仪器以表格形式记录霍尔电压 U_H 和工作电流 I_s，并自动绘制 U_H-I_s 图线. 将屏幕上的实验数据记入表 1.14.1 中.

(3) 按表 1.14.1 依次改变 I_s 及 B 的方向重复步骤(2). 通过在主机上交换电流 I_s 连线插头改变电流方向；通过翻转磁铁改变磁感应强度 B 的方向.

注：改变磁场方向后，磁场强度可能会改变，请重新调节磁场强度到规定值.

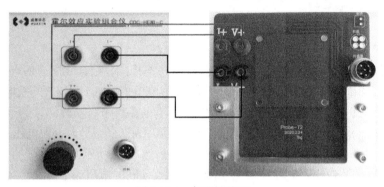

图 1.14.4　仪器连线图

表 1.14.1　U_H-I_s 特性测量数据表 ($d = 1.00×10^{-4}$m，$B = 300\text{Gs} = 0.0300\text{T}$，室温 t=_____℃)

I_s/mA	U_1/mV (I_s^+, B^+)	U_2/mV (I_s^-, B^+)	U_3/mV (I_s^-, B^-)	U_4/mV (I_s^+, B^-)	U_H/mV $\left(\dfrac{U_1 - U_2 + U_3 - U_4}{4}\right)$	R_H/(m³/C)
0.00						
0.20						
0.40						
0.60						
0.80						
1.00						
1.20						
1.40						
1.60						
1.80						
2.00						

2. 霍尔效应 U_H-B 特性测量

按表 1.14.2 设定 I_s(或由实验室设定)，测量不同磁感应强度 B 时的霍尔电压 U_H. 将对应表 1.14.2 中各 B 值时屏幕上显示的 U_H 值记入表 1.14.2 中. 通过旋转位移台旋转手轮改变霍尔元件处的磁感应强度.

由表 1.14.2 测得的数据可知，各副效应对霍尔电压影响不大，在对 U_H-B 特性测量中可以忽略，不必改变磁感应强度 B 和工作电流 I_s 方向.

表 1.14.2　U_H-B 特性测量数据表　（I_s=2.00mA，室温 $t=$____℃）

B/T	U_H/mV	R_H/(m³/C)	n/(×10^{19}m⁻³)
0.0100			
0.0200			
0.0300			
0.0400			
0.0500			
0.0600			
0.0700			
0.0800			
0.0900			
0.1000			

3. 测永磁铁轴线上的磁感应强度分布

按表 1.14.3 数据移动永磁铁位置，测量永磁铁轴线上磁感应强度 B. 将屏幕上显示的 B（"磁感应强度"）值记入表 1.14.3 中. 通过旋转位移台旋转手轮改变永磁铁的位置，手轮每旋转 360°，位移台移动大约 5mm.

表 1.14.3　永磁铁轴线上磁感应强度分布测量数据表

位置 X/cm	1.00	1.50	2.00	3.00	4.00	5.00	6.00	7.00	8.00	9.00	10.00
磁感兴强度 B/Gs											

4. 磁阻效应实验

(1) 对电流的输出以及电压的输入进行正确的连线，即将仪器前面板的接口与样品板上的接口按下列方式连接：I+连 I+；V+连 V+；I−连 V−；V−连 I−. (注意，此时与霍尔效应的范德堡接线法不一样，此时为四电极测电阻接法.)

(2) 仪器连接电源，打开电源开关.

(3) 仪器启动完毕后，点击"磁阻测试"按钮后进入磁阻测试实验界面，调整磁铁距离样品的远近或软件上磁铁电压，同时观察屏幕上磁场强度数值的变化，以 200～1000Gs 范围内的磁场大小较为合适.

(4) 确定好磁场大小后，点击"霍尔电流"输入框，输入电流大小. 点击"记录数据"按钮后，则系统会测试当前磁场下的磁阻大小，并显示在屏幕上. 不断地调整磁场的大小，即可得到磁阻随磁场变化的磁阻曲线.

(5) 磁阻效应实验表见表 1.14.4.

表 1.14.4　磁阻效应实验表

B/Gs										
I_s/mA										
U_H/mV										

五、数据处理

1. 霍尔效应的 U_H-I_s 特性

(1) 将表 1.14.1 中各行 U_H、I_s 值及设定 B 值代入式(1.14.4)计算霍尔系数 R_H，并计算平均值 $\overline{R}_H$ (单位：$m^3 \cdot C^{-1}$).

(2) 根据表 1.14.1 数据用 Excel(或直角坐标纸)绘制 U_H-I_s 曲线和 R_H-I_s 曲线.

(3) 根据 $\overline{R}_H$，计算载流子浓度 $n=1/eR_H$(单位：m^{-3}).

2. 霍尔效应的 U_H-B 特性

(1) 将表 1.14.2 中各行 U_H、B 值及 I_s 设定值代入式(1.14.4)计算霍尔系数 R_H 及载流子浓度 n.

(2) 根据表 1.14.2 数据用 Excel(或直角坐标纸)绘制 U_H-B 曲线和 R_H-B 曲线.

3. 测永磁铁轴线上的磁感应强度分布

根据表 1.14.3 中数据，用 Excel(或直角坐标纸)绘制 B-X 曲线.

4. 磁阻效应实验

六、注意事项

(1) 实验中工作电流 I_s 不要超过 5.00mA，否则 U_H-I_s 特性明显偏离线性.

(2) 数据处理时注意各量的单位.

七、思考题

(1) 霍尔电压是怎样产生的?

(2) 实验中为什么要采用对称测量法?

(3) 若磁场方向与霍尔片法线方向不一致，对测量结果有何影响?

(4) 能否简要说明电力工程中运用霍尔效应测量大电流的方法?

参考资料

[1] COC-HEXY-C 常温霍尔效应实验说明书. 成都华芯科技有限公司, 2019

实验 1.15 交流谐振实验

串联谐振广泛用于电力、冶金、石油、化工等行业，适用于大容量、高电压的电容性试品的交接和预防性实验. 在并联谐振实验基础上开发新型开关电源，提高开关频率，减小开关损耗，提高电源效率和可靠性，实现开关电源高频化、集成化，具有较好的应用前景.

一、实验目的

(1) 研究 RLC 电路的幅频特性.
(2) 掌握测量谐振曲线的方法.

二、实验仪器

信号发生器一台，晶体管毫伏表一台，电容器(0.5μF)一个，电感器(0.1H)一个，电阻箱一个.

三、实验原理

1. RLC 串联电路的谐振

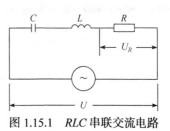

图 1.15.1 RLC 串联交流电路

RLC 串联电路如图 1.15.1 所示. 正弦交流电压有效值 U 与电流有效值 I 的关系为 $I = \dfrac{U}{Z}$ ，其中 Z 为交流电路的阻抗

$$Z = \sqrt{R^2 + \left(\omega L - \frac{1}{\omega C} \right)^2} \tag{1.15.1}$$

电压与电流的相位差为

$$\varphi = \arctan \left(\frac{\omega L - \dfrac{1}{\omega C}}{R} \right) \tag{1.15.2}$$

由式(1.15.1)可知，Z 是角频率 ω 的函数，当 $\omega L - \dfrac{1}{\omega C} = 0$ 时，$Z = R$，为极小值；若保持 U 不变，则 I 有一极大值. 此时的 ω_0 称为谐振角频率，即

$$\omega_0 = \frac{1}{\sqrt{LC}}$$

故谐振频率

$$f_0 = \frac{\omega_0}{2\pi} = \frac{1}{2\pi\sqrt{LC}} \tag{1.15.3}$$

由式(1.15.2)可知，谐振时电压和电流之间的相位差为 0.

标志谐振电路性能好坏常用 Q 值来表示，称为电路的品质因素，其定义为

$$Q = \frac{U_L}{U} = \frac{U_C}{U} = \frac{\omega_0 L}{R} = \frac{1}{\omega_0 CR} = \frac{1}{R}\sqrt{\frac{L}{C}} \tag{1.15.4}$$

Q 值的意义是：当谐振时，电容上的电压 U_C 或电感上的电压 U_L 是电源电压 U 的 Q 倍. 通常因为 $Q \gg 1$，所以 U_C 或 U_L 可以比 U 大得多，故常称串联谐振为电压谐振. Q 值还标志了电路的频率选择性，即振峰的尖锐程度. 通常规定 I 的值为谐振电流 I_0 的 $1/\sqrt{2}$ 处的宽度为"通频带宽度"，见图 1.15.2. 可以推导出通频带宽度为

$$\Delta f = f_2 - f_1 = \frac{f_0}{Q} \tag{1.15.5}$$

可见 Q 值越大，Δf 越小，谐振曲线就越尖锐.

2. RL 与 C 并联电路的谐振

RL 与 C 并联电路如图 1.15.3 所示，其总阻抗为

$$Z = \sqrt{\frac{R^2 + (\omega L)^2}{(1 - \omega^2 LC)^2 + (\omega RC)^2}} \tag{1.15.6}$$

电压 U 与总电流 I 的相位差 φ 为

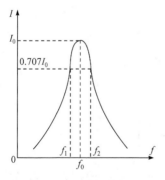

图 1.15.2　通频带宽度

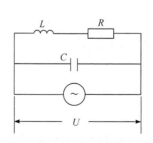

图 1.15.3　RL 与 C 并联电路

$$\varphi = \arctan \frac{\omega L - \omega C [R^2 + (\omega L)^2]}{R} \qquad (1.15.7)$$

当 $\varphi = 0$ 时，由式(1.15.7)可求出并联电路的谐振角频率 ω_P 为

$$\omega_P = \sqrt{\frac{1}{LC} - \left(\frac{R}{L}\right)^2} = \omega_0 \sqrt{1 - \frac{1}{Q^2}} \qquad (1.15.8)$$

式中，ω_0 为 RLC 串联的谐振角频率. 当 $Q = \frac{1}{R}\sqrt{\frac{L}{C}} \gg 1$ 时，$\omega_P \sim \omega_0$ 将式(1.15.8)

代入式(1.15.6)可得并联谐振时阻抗

$$Z_P = \frac{L}{RC} \qquad (1.15.9)$$

Z_P 近似为极大值，而谐振时总电流 I 近似为极小值，这与串联谐振的情况正好相反. 在谐振时，两分支电路中的电流几乎相等，且近似为总电流 I 的 Q 倍，因而并联谐振也称为"电流谐振". 和串联谐振电路一样，Q 越大，电路的选择性越好. 在实验中可保持总电流 I 不变，则阻抗 Z 与电压 U 成正比，即 Z 与 U 的变化规律是相似的.

四、实验内容

1. 测定串联谐振的谐振曲线

测量线路如图 1.15.1 所示. 信号源为信号发生器的功率输出，其频率由面板上的按键开关及三个倍率旋钮确定. 本实验按键开关用 100—1k 和 1k—10k 挡. 输出频率为按键开关左边示数乘以各倍率旋钮示数之和. 信号发生器上的电压表输入接功率输出，电压测量开关拨向"外"，测量信号发生器的输出电压 U. 测量过程中应调整电压输出，使输出电压 $U=5V$.

(1) 选择 $L=0.1H$，$C=0.5\mu F$，$R=50\Omega$，R 由电阻箱充当. 用晶体管毫伏表量出 R 上的电压 U，即可算出电流 $I = \dfrac{U}{R}$.

(2) 频率从 300Hz 开始，每隔 100Hz 测一次 U，一直到 1100Hz. 在谐振峰附近每隔 10Hz 测一次 U，测出 I-f 关系. 注意，每次改变频率时，都要调节信号发生器的输出电压，使它保持为 5V.

(3) 调节频率旋钮，确定谐振频率 f_0，测量谐振时电容 C 上的电压 U_C 和电感 L 上的电压 U_L，注意电表的量程要选得足够大.

(4) 改变 R，使 $R=300\Omega$，重复以上步骤，测出 I-f 关系，谐振频率 f_0 和谐振时的电压 U_C、U_L.

2. 测定并联电路的谐振曲线

测量线路如图 1.15.4 所示. 为了使电路的总电流 I 保持恒定，在电路中加入电阻 R，使 R 上的电压 U 保持不变，则 $I = \dfrac{U}{R}$ 为定值.

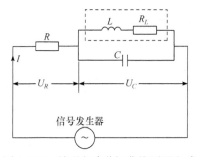

图 1.15.4　并联电路谐振曲线测量电路

取 $R=2000\Omega$，R_L 是电感本身的电阻，L、C 仍用串联电路中所用的数值. 将信号发生器上的电压表输入接 R 两端测 U，调节信号发生器的输出电压，使 U 保持为 1V，用晶体管毫伏表测并联电路的电压 U，同前一内容，测出并联电路的 U-f 关系，谐振频率 f_0 和谐振时电容 C 上的电压 U_C.

(1) 在同一方格坐标纸上绘制串联谐振的两条 I-f 曲线和一条并联谐振的 U-f 曲线.

(2) 计算串联电路的谐振频率 $f_0 = \dfrac{1}{2\pi\sqrt{LC}}$，与实验测得值谐振频率比较.

(3) 计算串联谐振电路的品质因素 $Q = \dfrac{1}{R+R_L}\sqrt{\dfrac{L}{C}}$，与测量值 $Q = \dfrac{U_C}{U}$ 及 $Q = \dfrac{f_0}{f_2 - f_1}$ 比较.

(4) 计算并联谐振电路的 $Q = \dfrac{1}{R_L}\sqrt{\dfrac{L}{C}}$，$f_P = f_0\sqrt{1 - \dfrac{1}{Q^2}}$，$Z_P = \dfrac{L}{R_L C}$，与测量值 f_P 及 $Z_P = \dfrac{U_C}{I} = \dfrac{RU_C}{U}$ 比较.

实验 1.16　电子束的加速和电偏转实验

带电粒子在电场和磁场中的加速和偏转运动规律，已在近代物理及电子技术中得到了广泛的应用，如电子束加速器、示波器、显像管、摄像管、雷达指示器等器件.

一、实验目的

(1) 了解示波管的结构.
(2) 掌握电子在电场中的运动规律.

二、实验仪器

电子束实验仪，数字电压表. 实验仪除设有示波管各电极与各电源端相连接的接线柱外，还备有供测量用的测量孔，如 A_1、A_2、K、G 等测孔，用电压表测出孔 A_1、A_2、G 与孔 K 之间的电势差，即为 U_1、U_2 及 U_G.

灯丝用 6.3V 交流供电，接在电源的 H—H 接线柱上(仪器已接好).

聚焦阳极 A_1 用插线接 V_1，U_1 的电压在 280～380V 之间，可调.

加速电极 A_2 用插线和地(零电势)相连. 调节 K 相对于地的电势，即改变了 A_2 相对于 K 的电势，这样 A_2 相对于 K 有一个 950～1300V 的正电压.

控制栅极 G 相对于阴极 K 的电势为负. 栅偏压在–50～0V 之间可调，当 U_2 较低时，栅压的数值(绝对值)要相应地减少，以保证有足够的亮度.

偏转电极所需的可变电压为 V_{dx}(X 方向，在 X_2 与 X_1 之间测量)和 V_{dy}(Y 方向，在 Y_2 与 Y_1 之间测量).

三、实验原理

电子是带负电的粒子，电子在电场中受到电场力的作用，力的方向和电场方向相反. 本实验研究电子在电场中加速和偏转.

若电子原来具有一定的速度，如果电场方向和电子运动的方向平行，则电子在电场力的作用下将被加速或减速.

图 1.16.1 是示波管的结构图，其中电子枪的结构如图 1.16.2 所示. 我们取一个直角坐标系来研究电子运动，令 Z 轴为示波管的管轴方向，从荧光屏看，X 轴为水平方向，Y 轴为垂直方向. 电子从阴极 K 发散出来时，认为它的初速为零，管中阳极 A_2 相对于阴极 K 具有几百甚至几千伏的正电压 U_2，它产生的电场使得从阴极 K 发散出来的电子沿轴向加速. 忽略电子离开阴极时有限的初动能，电子的速度从 0 加速到 V_Z 时，电子从 A_2 射出的动能由下式决定：

$$\frac{1}{2}mV_Z^2 = eU_2 \tag{1.16.1}$$

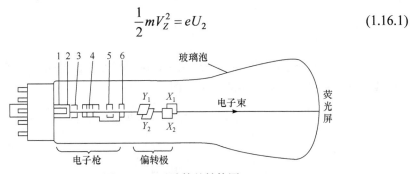

图 1.16.1　示波管的结构图

1—灯丝；2—热阴极；3—控制栅极；4—加速极；5—第一阳极；6—第二阳极

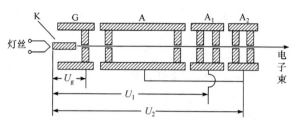

图 1.16.2　电子枪结构图

现在来看另一种情况，如果电场方向和电子运动的方向垂直，电子在该电场的作用下将要发生横向偏移. 图 1.16.3 显示了电子在横向电场作用下的偏转情况.

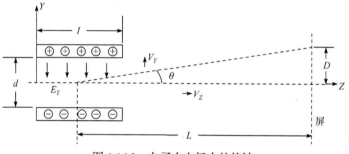

图 1.16.3　电子在电场中的偏转

电子在两个偏转板之间穿过时，如果两板间的电势差为零，则电子将笔直地穿过偏转板之间打在荧光屏中央(假定电子枪瞄准得很好)形成一个小亮斑，设偏转板长度为 I，两电极相距为 d；如果在垂直偏转板电极(或一对水平偏转板电极)之间受到一横向力 F_Y 的作用，$F_Y = eE_Y = e\dfrac{U_d}{d}$，则在该力的作用下，电子得到一横向速度 V_Y，但不改变轴向速度 V_Z.

当电子从偏转板穿出来时，它的运动方向与 Z 轴成 θ 角，θ 应满足下面的关系式：

$$\tan\theta = \frac{V_Y}{V_Z} \tag{1.16.2}$$

电子从电极之间穿过所需的时间为 Δt，这期间电子在横向力 F_Y 的作用下，横向动量增加为 mV_Y 应等于 F_Y 的冲量，即

$$mV_Y = F_Y\Delta t = e\frac{U_d}{d}\Delta t \tag{1.16.3}$$

$$V_Y = \frac{e}{m}\cdot\frac{U_d}{d}\Delta t \tag{1.16.4}$$

由于

$$\Delta t = \frac{I}{V_Z}$$

所以

$$V_Y = \frac{e}{m} \cdot \frac{U_d}{d} \cdot \frac{I}{V_Z} \qquad (1.16.5)$$

因此

$$\tan\theta = \frac{V_Y}{V_Z} = \frac{e}{m} \cdot \frac{U_d}{d} \cdot \frac{I}{V_Z^2} \qquad (1.16.6)$$

将式(1.16.1)代入得

$$\tan\theta = \frac{U_d}{U_2} \cdot \frac{I}{2d} \qquad (1.16.7)$$

当电子从偏转板出来后，就沿着直线运动，直线的倾角就是电子偏转区后的速度方向. 荧光屏上亮斑在垂直方向的偏转距离为 D，$D = L \cdot \tan\theta$，L 为该直线与 Y 轴的交点至荧光屏的距离(忽略荧光屏的微小弯曲). 经详细分析得知，L 应从偏转电极的中间算起到荧光屏为止. 所以

$$D = L \cdot \tan\theta = L \cdot \frac{U_d}{U_2} \cdot \frac{I}{2d}$$

或

$$DU_2 = \frac{LI}{2d} \cdot U_d \qquad (1.16.8)$$

这一式子表明，偏转量 D 随 U_d 的增加而加大，与偏转电极 I 的长度成正比，电极愈长，偏转电场作用的时间愈长，引起的偏转量愈大；偏转量 D 与偏转电极间的距离 d 成反比，因两电极间距离愈大，在给定电势差下所产生的偏转电场愈小. U_2 增大时，V_Z 增加，偏转电场作用的时间减少，电子的偏转量就变小.

四、实验内容

(1) 接通电源. 经仔细检查无误后，打开电源开关，调节栅压 U_G 使亮点的亮度合适，再调节聚焦电压 U_1 使亮点最小，调整亮点到荧光屏中心.

(2) 调节 U_2(加速电压，即 U_2 与 K 之间的电压，K 接负极；可分别取 1000V、1100V、1200V)，再调整 U_1(聚焦电压)使亮点最小.

(3) 调节 V_{dx} 使亮点移动±4～16mm(即 D)，测出 U_d 的值(即 X_2 与 X_1Y_1 之间的电压，X_2 接正极).

(4) 调节 V_{dx} 使亮点移动在+4mm 处，再调节仪器上方中间位置的 X 调零旋钮，使亮点对准荧光屏中心.

(5) 调节 V_{dx} 使亮点移动±4，±8，±12，±16mm(即 D)，测出 U_d 的值(即 X_2 与 X_1Y_1 之间的电压，X_2 接正极).

(6) 重复步骤(4)、步骤(5)，直到完成全部数据记录. (后附实验记录表格.)

五、数据处理

用实验得到的三组数据记录，根据式(1.16.8)，以 U_d 为横坐标，DU_2 为纵坐标，分别作三条直线，比较其斜率，看其是否接近，以证明 $\dfrac{LI}{2d}$ 为一常数.

实验记录表格见表 1.16.1.

表 1.16.1　实验数据记录

$U_2=$___ V	D/mm	−16	−12	−8	−4	0	4	8	12	16
	U_d/V									
	DU_2/(m·V)									
$U_2=$___ V	D/mm	−16	−12	−8	−4	0	4	8	12	16
	U_d/V									
	DU_2/(m·V)									
$U_2=$___ V	D/mm	−16	−12	−8	−4	0	4	8	12	16
	U_d/V									
	DU_2/(m·V)									

六、注意事项

(1) 不得调节栅压 U_G 等于 0，否则亮点过亮，荧光屏会因局部过热而损坏.

(2) 接线时应关闭电源，以确保人身安全.

实验 1.17　静电场的模拟

电场用电场强度 E 或电势 V 描述，在一般情况下，用数学方法求解静电场比较复杂和困难，往往借助实验进行测量. 然而，由于测量仪器引入静电场中会导致原来电场发生变化，直接对静电场进行测量也相当困难. 所以，常常用模拟法来研究静电场.

静电场的模拟可用于电子管、示波管或电子显微镜等电子束管内部电极形状的研制；静电场中的一些物理现象对科研和生产也极为重要.

一、实验目的

(1) 学习用模拟法测量静电场分布.

(2) 加深对电场强度和电势概念的理解.

二、实验仪器

GVZ-3 型导电微晶静电场描绘仪.

三、实验原理

1. 用恒定电流场模拟静电场

如果有两个物理现象或过程所遵从的规律形式上相似，就可利用其相似性，对容易测量和控制的现象或过程进行研究，以代替对不易测量和控制的现象或过程的研究. 用恒定电流场模拟静电场，是研究静电场的一种既简便又可靠的办法. 模拟法在科学试验中有极广泛的应用.

静电场与恒定电流场是两种不同的场，但由于这两种场遵守的规律在形式上相似，例如，它们都可以引入电势 V，而且电场强度 $E = -\nabla V$；它们都遵守高斯定理：对静电场是 $\oint_s E \cdot \mathrm{d}s = 0$(面内无电荷)；对电流场则是 $\oint_s j \cdot \mathrm{d}s = 0$(稳流)，而 $j = \sigma E$，即两者满足相似的方程；它们都遵从拉普拉斯方程，当边界条件相同时，方程的解是唯一的.

必须注意到，静电场中的介质相应于电流场中的导电质. 如果是真空(或空气)中的静电场，相应的是均匀分布的导电质. 静电场中的带电导体的表面是一个等势面，要求电流场中良导体也是等势面，这只有良导体的导电率远大于导电质的导电率时才有保证，所以导电质的导电率不宜大. 常用的导电质是导电纸、导电玻璃、导电微晶，也可用自来水或稀硫酸铜溶液.

本实验模拟研究两无限长均匀异号平行柱面电荷电场，先测绘等电势点，绘制等势线，再根据等势线与电力线正交的关系，画出电力线，形象地表示电场的分布，也可将测量结果与理论计算值进行比较. 由于电荷分布的对称性，我们只需要研究与带电圆柱垂直的任一平面上的电场分布就可以了.

2. 静电场分布的理论分析

两异号平行柱电荷在垂直于它的平面上的电场分布如图 1.17.1 所示，其中实线是电力线，虚线是等势线. 设两导体电极半径为 a，两电极处电势分别为$-0.5V_0$ 和 $+0.5V_0$. 轴心距离为 $2h$，由于静电场感应，将产生等效电轴，两等效电轴的轴心与柱电荷的柱心不重合，设等效电轴间距为 $2b$，线电荷密度分别为$-\lambda$和$+\lambda$，如图 1.17.2 所示，则垂直于轴的平面上任一点 $p(x,y)$ 的电势 V，等于两个导体电极分别在平面点 P 处的电势 V_1 与 V_2 之和. 而经计算 $V_1 = -\dfrac{\lambda}{2\pi\varepsilon}\ln\dfrac{r_1}{a} + 0.5V_0$，$V_2 = \dfrac{\lambda}{2\pi\varepsilon}\ln\dfrac{r_2}{a} - 0.5V_0$，故

$$V = \frac{\lambda}{2\pi\varepsilon}\ln\frac{r_2}{r_1} \tag{1.17.1}$$

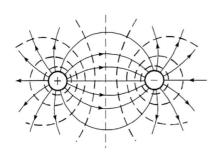

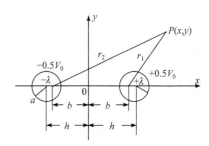

图 1.17.1　静电场的分布　　　　　　图 1.17.2　直角坐标系下的电荷

由于任意等势线上的电势 V 是固定不变的，因此使 $r_2/r_1 = K$（K 某常数）的点的轨迹对应于某一等势线，由图 1.17.2 可知，$K^2 = \dfrac{(x+b)^2 + y^2}{(x-b)^2 + y^2}$，即 $x^2 + y^2 - 2b\dfrac{K^2+1}{K^2-1}x + b^2 = 0$，这说明等势线是一个圆，圆心在 x 轴上，坐标为 $x_0 = \dfrac{K^2+1}{K^2-1}b$，半径 $R = \left|\dfrac{2bK}{K^2-1}\right|$，并且有关系式：$b = \sqrt{x_0^2 - R^2}$ 及 $K = \left|\dfrac{b+x_0}{R}\right|$. 对于电势 $0.5V_0$ 的电极，$x_0 = h$，$R = a$，代入式(1.17.1)，有 $0.5V_0 = \dfrac{\lambda}{2\pi\varepsilon}\ln\dfrac{b+h}{a}$，故

$$\ln\frac{r_2}{r_1} = \left(2\ln\frac{b+h}{a}\right)\cdot\frac{V}{V_0} \tag{1.17.2}$$

即 $\ln\dfrac{r_2}{r_1}$ 与 $\dfrac{V}{V_0}$ 有线性关系.

由于 $b = \sqrt{h^2 - a^2}$，当 $h \gg a$ 时，有 $b = h$，利用电力线与等势线正交的关系，可以证明，此时电力线也是一些圆，圆心在 y 轴上，设某电力线的圆心坐标为 y_0，圆半径为 r，则有关系式 $r = \sqrt{y_0^2 + b^2}$. 通过实验，可对中间区域(可视为均匀分布的导电质)的等势线和电力线进行验证.

四、实验内容

(1) 将导电微晶上两平行柱电极分别与直流稳压电源的正负极相连，电压表正负极分别与同步探针及电源负极相连接，将探针架放好，并使探针下探头置于导电微晶电极上. 启动开关，校正.

(2) 开启测量开关，如数字显为 0V，则移动探针架至另一电极上，数字显为 10V. 然后纵横移动探针架，则电源电压液晶显示读数随着运动而变化.

(3) 在描绘架上铺平白纸. 用橡胶磁条吸住，当液晶显示电压为需要记录值时，轻轻按一下，即能清晰记下小点，从 1V 开始，每隔 1V 测导电微晶上 1~8V 的等势线，为实验清晰快捷，每条等势线记录 8~10 点，连接后即为等势线.

(4) 根据电场线与等势线正交原理，画出电场线，并指出电场强度方向，得到一张完整的电场分布图.

(5) 在坐标纸上作出相对电势 $\dfrac{V}{V_0}$ 与 $\ln\dfrac{r_2}{r_1}$ 的关系曲线，并与理论结果比较.

五、思考题

(1) 在实验装置中，当电源电压改变时，电场强度和电势是否变化？电力线和等势线的形状是否变化？

(2) 能否从你绘制的等势线或电力线图中，判断哪些地方电场较强？哪些地方电场较弱？

(3) 分析模拟装置与理论上的要求的符合与不足之处，指出影响结果的主要因素.

(4) 在导电微晶边缘部分测绘的等势线有无畸变？有哪些原因可能引起你测绘的等势线不对称？

(5) 能否用恒定电流场模拟稳定的温度场？为什么？

实验 1.18　周期电信号的傅里叶分析

傅里叶分析是一种常用的分析电信号波形的方法，周期信号的分析在科学研究和工程技术中一直是重要和基本的任务之一. 对非电信号，一般总是将其转变为电信号进行测量和分析，以对电信号波形分析尤为重要.

一、实验目的

(1) 用 *RLC* 串联谐振方法将方波分解成基波和各次谐波，并测量它们的振幅与相位关系.

(2) 了解傅里叶分析的物理含义和分析方法.

二、实验仪器

HLD-ZDF-Ⅱ型周期电信号的傅里叶分析仪.

三、实验原理

任何具有周期为 T 的波函数 $f(t)$ 都可以表示为三角函数所构成的级数之和，即

$$f(t) = \frac{1}{2}a_0 + \sum_{n=1}^{\infty}(a_n \cos n\omega t + b_n \sin n\omega t) \tag{1.18.1}$$

其中，T 为周期，ω 为角频率，$\omega = \dfrac{2\pi}{T}$；第一项 $\dfrac{a_0}{2}$ 为直流分量.

所谓周期性函数的傅里叶分解就是将周期性函数展开成直流分量、基波和所有 n 阶谐波的叠加，可以写成

$$f(t) = \begin{cases} h & \left(0 \leqslant t < \dfrac{T}{2}\right) \\ -h & \left(-\dfrac{T}{2} \leqslant t < 0\right) \end{cases} \tag{1.18.2}$$

此方波为奇函数，它没有常数项.

数学上可以证明此方波可表示为

$$\begin{aligned} f(t) &= \frac{4h}{\pi}\left(\sin\omega t + \frac{1}{3}\sin 3\omega t + \frac{1}{5}\sin 5\omega t + \frac{1}{7}\sin 7\omega t + \cdots\right) \\ &= \frac{4h}{\pi}\sum_{n=1}^{\infty}\left(\frac{1}{2n-1}\right)\sin[(2n-1)\omega t] \end{aligned} \tag{1.18.3}$$

同样三角波也可以表示为

$$f(t) = \begin{cases} \dfrac{4h}{T}t & \left(-\dfrac{T}{4} \leqslant t < \dfrac{T}{4}\right) \\ 2h\left(1 - \dfrac{2t}{T}\right) & \left(\dfrac{T}{4} \leqslant t < \dfrac{3T}{4}\right) \end{cases} \tag{1.18.4}$$

$$\begin{aligned} f(t) &= \frac{8h}{\pi^2}\left(\sin\omega t - \frac{1}{3^2}\sin 3\omega t + \frac{1}{5^2}\sin 5\omega t - \frac{1}{7^2}\sin 7\omega t + \cdots\right) \\ &= \frac{8h}{\pi^2}\sum_{n=1}^{\infty}(-1)^{n-1}\frac{1}{(2n-1)^2}\sin(2n-1)\omega t \end{aligned} \tag{1.18.5}$$

1. 傅里叶级数的合成

本仪器提供振幅和相位可调的 1kHz、3kHz、5kHz、7kHz、9kHz 五组正弦波.

如果将这五组正弦波的初相位和振幅按一定要求调节好以后，输入到加法器，叠加后，就可以分别合成出方波、三角波等波形.

2. 周期性波形傅里叶分解的选频电路

我们用 RLC 串联谐振电路作为选频电路，对方波或三角波进行频谱分解. 在示波器上显示这些被分解的波形，测量它们的相对振幅. 我们还可以用一参考正弦波与被分解出的波形构成李萨如图形，确定基波与各次谐波的初相位关系.

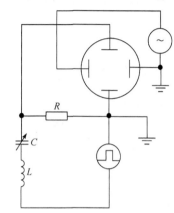

本仪器具有 1kHz 的方波和三角波供做傅里叶分解实验，方波和三角波的输出阻抗低，可以保证顺利地完成分解实验.

实验线路图如图 1.18.1 所示. 这是一个简单的 RLC 电路，其中 R、C 是可变的.L 一般取 $0.1\sim1H$ 范围.

当输入信号的频率与电路的谐振频率相匹配时，此电路将有最大的响应. 谐振频率 ω_0 为

图 1.18.1　波形分解的 RLC 串联电路

$$\omega_0 = \frac{1}{\sqrt{LC}} \tag{1.18.6}$$

这个响应的频带宽度以 Q 值来表示

$$Q = \frac{\omega_0 L}{R} \tag{1.18.7}$$

当 Q 值较大时，在 ω_0 附近的频带宽度较狭窄，所以实验中我们应该选择 Q 值足够大，大到足够将基波与各次谐波分离出来.

如果我们调节可变电容 C，在 $n\omega_0$ 频率谐振，我们将从此周期性波形中选择出这个单元. 它的值为

$$V(t) = b_n \sin n\omega_0 t$$

这时电阻 R 两端的电压为

$$V_R(t) = I_0 R \sin(n\omega_0 t + \varphi) \tag{1.18.8}$$

式中，$\varphi = \arctan\dfrac{X}{R}$，$X$ 为串联电路感抗和容抗之和；$I_0 = \dfrac{b_n}{Z}$，Z 为串联电路的总阻抗.

在谐振状态 $X=0$，此时，阻抗

$$Z = r + R + R_L + R_C = r + R + R_L$$

其中，r 为方波(或三角波)电源的内阻；R 为取样电阻；R_L 为电感的损耗电阻；R_C 为标准电容的损耗电阻(R_C 值常因较小而忽略).

电感用良导体缠绕而成，由于趋肤效应，R_L 的个数将随频率的增加而增加. 实验证明碳膜电阻及电阻箱的阻值在 1～9kHz 范围内，阻值不随频率变化.

四、实验内容

1. 傅里叶级数合成

1) 对方波

$$f(x) = \frac{4h}{\pi}\left(\sin\omega t + \frac{1}{3}\sin 3\omega t + \frac{1}{5}\sin 5\omega t + \frac{1}{7}\sin 7\omega t + \cdots \right)$$

由上式可知，方波由一系列正弦波(奇函数)合成. 这一系列正弦波振幅比为 $1:\frac{1}{3}:\frac{1}{5}:\frac{1}{7}$，它们的初相位为同相.

实验步骤如下：

(1) 把 1kHz、3kHz、5kHz、7kHz、9kHz 正弦波调成同相位. 此时，基波和各阶谐波初相位相同.

(2) 调节 1kHz、3kHz、5kHz、7kHz、9kHz 正弦波振幅比为 $1:\frac{1}{3}:\frac{1}{5}:\frac{1}{7}$.

(3) 将 1kHz、3kHz、5kHz、7kHz、9kHz 正弦波逐次输入加法器，观察合成波形变化，最后可看到近似方波图形.

1kHz、3kHz、5kHz 正弦波叠加方波合成过程如图 1.18.2 所示.

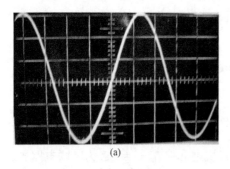
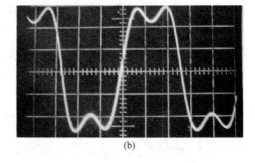

(a)　　　　　　　　　　　　(b)

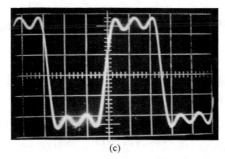

(c)

图 1.18.2　不同频率正弦波叠加合成方波

(a) 1kHz 正弦波；(b) 1kHz、3kHz 正弦波叠加；(c) 1kHz、3kHz、5kHz 正弦波叠加

从傅里叶级数叠加过程可以得出：

(1) 合成的方波的振幅与它的基波振幅比为 $1:\dfrac{4}{\pi}$；

(2) 基波上叠加谐波越多，越趋近于方波.

(3) 学生可观察到的叠加谐波越多，合成方波的前沿、后沿越陡直.

2) 三角波的合成

可看到合成的三角波图形如图 1.18.3 所示.

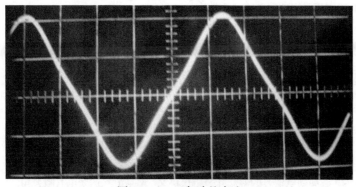

图 1.18.3　三角波的合成

三角波傅里叶级数表示式

$$f(t) = \frac{8h}{\pi^2}\left(\frac{\sin \omega t}{1^2} - \frac{\sin 3\omega t}{3^2} + \frac{\sin 5\omega t}{5^2} - \frac{\sin 7\omega t}{7^2} + \cdots\right)$$

三角波合成步骤：

(1) 把 1kHz、5kHz、7kHz 正弦波调成同相位. 把 3kHz、9kHz 正弦波调成反相位.

(2) 调节基波和各阶谐波振幅比为 $1:\dfrac{1}{3^2}:\dfrac{1}{5^2}:\dfrac{1}{7^2}$.

(3) 将基波和各阶谐波输入加法器，输出接示波器，可看到合成的三角波图形.

2. 方波的傅里叶分解(选做实验，电感、电容箱、电阻箱自备)

(1) 求 RLC 串联电路对 1kHz、3kHz、5kHz 正弦波谐振时的电容值 C_1、C_3、C_5，并与理论值进行比较.

实验中，要求学生观察在谐振状态时，电源总电压与电阻两端电压的关系. 学生可从李萨如图为一直线，说明此时电路显示电阻性.

(2) 将 1kHz 方波进行频谱分解，测量基波和 n 阶谐波的相对振幅和相对相位.

将 1kHz 方波输入到 RLC 串联电路. 然后调节电容值至 C_1、C_3、C_5 值附近，可以从示波器上读出只有可变电容调在 C_1、C_3、C_5 时产生谐振，且可测得振幅分别为 b_1，b_3，b_5；而调节到其他电容值时，却没有谐振出现.

(3) 不同频率电流通过电感损耗电阻的测定.

对 1H 空心电感可采用 Q5 型品质因素测量仪(低频 Q 表)测量.

五、思考题

(1) 学生可有意识地增加串联电路中的电阻 R 的值，将 Q 值减小，观察电路的选频效果，从中理解 Q 值的物理意义.

(2) 良导体的趋肤效应是怎样产生的？如何测量不同频率时，电感的损耗电阻？如何校正傅里叶分解中各次谐波振幅测量的系统误差？

(3) 用傅里叶合成方波过程证明，方波的振幅与它的基波振幅之比为 $1:\dfrac{4}{\pi}$.

参考资料

[1] 贾玉润, 王公治, 凌佩玲. 大学物理实验. 上海: 复旦大学出版社, 1987
[2] 沈元华, 陆申龙. 基础物理实验. 北京: 高等教育出版社, 2003
[3] HLD-ZDF-Ⅱ型周期电信号的傅立叶分析仪讲义. 南京恒立达光电有限公司, 2020

实验 1.19　毕奥–萨伐尔实验

1820 年，奥斯特发现电流磁效应后不久，毕奥和萨伐尔用实验方法得出长直电流对磁极的作用力同距离成反比. 不久，拉普拉斯把载流回路对磁极的作用看成是其各个电流元的作用的矢量和，从他们的实验结果推出电流元的磁场公式. 由于该定律的主要实验工作由毕奥、萨伐尔完成，所以通常称它为毕奥–萨伐尔定律. 差不多同时，安培设计了四个精巧的实验来研究恒定电流回路之间的相互作用. 安培把这种作用看成是电流元之间作用力的叠加，从理论上推得了普遍表达式.

　　载流导体的磁场分布是电磁学中的一个较为典型的问题，但因其值太小，在一般实验室难以定量测出. 由于载流圆环的磁场与载流线圈的匝数成正比，因而可以通过测量整个线圈的磁场，然后换算成载流单圈圆环的磁场. 由于载流导体磁场与电流成正比，要想测出载流直导体的磁场必须增加电流，这样会给实验带来危险，所以比较少用，往往采用定性的演示方式. 本实验采用新型弱磁传感器，直接给出磁场值，并且能消除地磁场的影响. 该方法操作简单、测量准确、速度快、形象直观、安全可靠. 将该方法引入物理实验教学中，有助于丰富教学内容.

一、实验目的

　　(1) 测定直导体和圆形导体环路激发的磁感应强度与导体电流的关系.
　　(2) 测定直导体激发的磁感应强度与距导体轴线距离的关系.
　　(3) 测定圆形导体环路导体激发的磁感应强度与环路半径以及距环路距离的关系.

二、实验仪器

　　毕-萨实验仪(图 1.19.1)，电流源，待测圆环，待测直导线，黑色铝合金槽式导轨及支架.

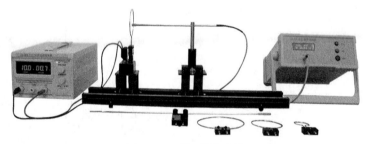

图 1.19.1　毕-萨实验仪

三、实验原理

　　根据毕奥-萨伐尔定律，导体所载电流强度为 I 时，在空间 P 点处，由导体线元产生的磁感应强度 $\boldsymbol{B}$ 为

$$\mathrm{d}\boldsymbol{B} = \frac{\mu_0}{4\pi} \cdot \frac{I}{r^2} \cdot \mathrm{d}\boldsymbol{s} \times \frac{\boldsymbol{r}}{r} \tag{1.19.1}$$

其中，真空磁导率 $\mu_0 = 4\pi \cdot 10^{-7} \dfrac{\mathrm{V \cdot s}}{\mathrm{A \cdot m}}$；线元长度、方向由矢量 $\mathrm{d}\boldsymbol{s}$ 表示；从线元到空间 P 点的方向矢量由 $\boldsymbol{r}$ 表示(图 1.19.2).

　　计算总磁感应强度意味着积分运算. 只有当导体具有确定的几何形状时，才

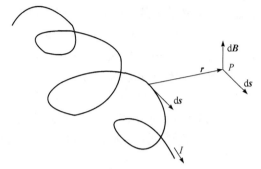

图 1.19.2　导体线元在空间 P 点所激发的磁感应强度

能得到相应的解析解. 例如: 一根无限长导体, 在距轴线 r 的空间产生的磁场为

$$B = \frac{\mu_0}{4\pi} \cdot I \cdot \frac{2}{r} \tag{1.19.2}$$

其磁力线为同轴圆柱状分布(图 1.19.3).

半径为 R 的圆形导体回路在沿圆环轴线距圆心 x 处产生的磁场为

$$B = \frac{\mu_0}{4\pi} \cdot I \cdot 2\pi \cdot \frac{R^2}{(R^2 + x^2)^{\frac{3}{2}}} \tag{1.19.3}$$

其磁力线平行于轴线(图 1.19.4).

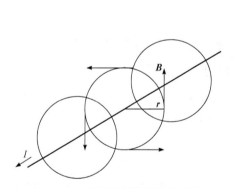

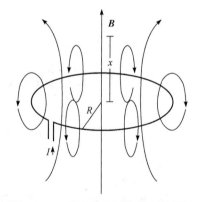

图 1.19.3　无限长导体激发的磁场　　　　图 1.19.4　圆形导体回路激发的磁场

本实验中, 上述导体产生的磁场将分别利用轴向以及切向磁感应强度探测器来测量. 磁感应强度探测器件非常薄, 对于垂直其表面的磁场分量响应非常灵敏. 因此, 不仅可以测量出磁场的大小, 也可以测量其方向. 对于直导体, 实验测定了磁感应强度 B 与距离 r 之间的关系; 对于圆形环导体, 测定了磁感应强度 B 与轴向坐标 x 之间的关系. 另外实验还验证了磁感应强度 B 与电流强度 I 之间的关系.

四、实验内容

1. 直导体激发的磁场

(1) 将直导线插入支座上.
(2) 直导体接至恒流源.
(3) 将磁感应强度探测器与毕-萨实验仪连接, 方向切换为垂直方向, 并调零.
(4) 将磁感应强度探测器与直导体中心对准.
(5) 向探测器方向移动直导体, 尽可能使其接近探测器(距离 $s = 0$).
(6) 从 0 开始, 逐渐增加电流强度 I, 每次增加 1A, 直至 8A. 逐次记录测量到的磁感应强度 B 的值.
(7) 令 $I = 8A$, 逐步向右移动磁感应强度探测器, 测量磁感应强度 B 与距离 s 的关系, 并记录相应数值.

2. 圆形导体环路激发的磁场

(1) 将直导体换为 $R = 40mm$ 的圆环导体.
(2) 圆环导体接至恒流源.
(3) 将磁感应强度探测器与毕-萨实验仪连接, 方向切换为水平方向, 并调零.
(4) 调节磁感应强度探测器的位置至导体环中心.
(5) 从 0 开始, 逐渐增加电流强度 I, 每次增加 1A, 直至 8A. 逐次记录测量到的磁感应强度 B 的值.
(6) 令 $I = 8A$, 逐步向右及向左移动磁感应强度探测器, 测量磁感应强度 B 与坐标 x 的关系, 记录相应数值.
(7) 将 40mm 导体环替换为 80mm 及 120mm 导体环, 分别测量磁感应强度 B 与坐标 x 的关系.

3. 设计性实验

(1) 测量所在位置的地磁场.
(2) 确定自己所处的方位.
(3) 测量磁导率.
(4) 测量手机辐射的电磁场.

五、数据处理

1. 直导体激发的磁场

由表 1.19.1 绘出直导体激发的磁场 B-I 关系曲线.

由表 1.19.2 绘出直导体激发的磁场 B-r 关系曲线和 $1/B$-r 关系曲线.

2. 圆形导体回路激发的磁场

由表 1.19.3 绘出圆形导体回路(直径 40mm)激发的磁场 B-I 关系曲线.
由表 1.19.4 绘出不同半径的圆形导体回路激发的磁场 B-x 关系曲线.

3. 实验结论

由实验曲线给出实验结论并分析.
给出地磁场的大小及方向,确定自己的方位.
评估手机辐射的大小.

六、注意事项

(1) 确认导线正确连接,电流值逆时针调到最小后再开关电源;
(2) 磁场探测器的导线请勿用力拽;
(3) 最大电流最好不要超过 8A;
(4) 禁止带电插拔待测导体.

附:数据记录表

1. 直导体激发的磁场

表 1.19.1　长直导体激发的磁场 B 与电流 I 的关系($s = 0\text{mm}$)

I/A	B/mT
0	
1	
2	
3	
4	
5	
6	
7	
8	

表 1.19.2　长直导体激发的磁场 B 与距离 r 的关系($I = 8\text{A}$)

r/mm	B/mT
5.2	
6.2	
7.2	

续表

r/mm	B/mT
8.2	
10.2	
14.2	
17.2	
21.2	
26.2	
37.2	
55.2	

2. 圆形导体回路激发的磁场

表 1.19.3 $R=40\text{mm}$ 圆形导体回路激发的磁感应强度 B 与电流 I 的关系($x=0$)

I/A	B/mT
0	
1	
2	
3	
4	
5	
6	
7	
8	

表 1.19.4 圆形导体回路激发的磁感应强度 B 与坐标 x 的关系

x/cm	B/mT ($R=20\text{mm}$)	B/mT ($R=40\text{mm}$)	B/mT ($R=60\text{mm}$)
−10			
−7.5			
−5.0			
−4.0			
−3.0			
−2.5			
−2.0			
−1.5			
−1.0			

x/cm	B/mT (R=20mm)	B/mT (R=40mm)	B/mT (R=60mm)
−0.5			
0.0			
0.5			
1.0			
1.5			
2.0			
2.5			
3.0			
4.0			
5.0			
7.5			
10.0			

实验 1.20　　电磁感应实验

电磁感应现象的发现已有100多年的历史. 它是电磁学中最重大的发现之一, 它揭示了电与磁相互联系和转化的本质特征. 它的发现促进了电磁技术的飞速发展和人类文明的显著进步. 基于电磁感应定律, 人们发明了由电驱动的电动机以获得机械动力和由机械驱动的发电机以获得电力, 它们成为现代社会的基本动力来源. 其中永磁体与非磁性运动导体间的相互作用是一种经典的电磁感应现象, 它的效应被广泛应用在磁制动、磁悬浮列车和磁悬浮轴承等领域. 了解其相互作用过程及原理, 学习相关实验研究方法, 有助于我们加深理解电磁感应现象的物理本质, 并能将其应用于解决实际问题.

一、实验目的

(1) 了解磁体与非磁性运动导体相互作用的原理;

(2) 观察磁体与非磁性运动导体相互作用产生的水平拽力、磁悬浮力和转动力矩等现象;

(3) 利用实验仪器测量该相互作用产生的升力、拉力和转矩, 并研究其大小和方向随导体运动速度及方向变化的规律.

二、实验仪器

"电磁感应现象的实验研究" 实验仪整体装置见图 1.20.1, 分为控制采集计算机(上)、控制机箱(中)和实验台(右). 控制箱面板上从左至右五个窗口记录的实验数据组序号(1~100)、磁体垂直方向受力、水平方向受力、磁体转动角速度(转/秒)、导体运动速度(显示的是脉冲数/秒，除以 21 为导体的转速，乘 3.14×0.1 即得导体表面运动速度，单位为米/秒). 下方左边的调节旋钮用于选择控制箱功能和对力传感器清零，右侧的调节旋钮用于校正力传感器，设置实验参数、查询数据和手动调节导体的转速.

图 1.20.1 实验控制箱与实验台

实验台主要部件包括了电机驱动的铝圆柱体、测速用的光电门、转动导向开关和测量磁体受力的力传感器. 仪器的操作使用方法详见实验操作指南.

三、实验原理

1. 电磁感应的定性分析

考虑如图 1.20.2 所示的两个相互作用物体，上方的是一个长方体形状的永磁铁，近似认为其磁感强度在长方形区域内是均匀的，大小为 B_0，方向朝下；下方是一个绕中心轴旋转的非磁性金属(铝)圆柱体，旋转角速度为 ω. 旋转的铝圆柱体内会产生涡旋电场，因而也会产生新的磁场，电场和磁场会重新分布.

设磁感强度为 $\boldsymbol{B}$，电场强度为 $\boldsymbol{E}$，圆柱体中的电流分布为 $\boldsymbol{J}$，这些量满足麦克斯韦方程组

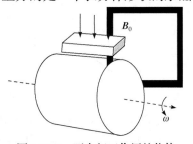

图 1.20.2 两个相互作用的物体

$$\nabla \cdot \boldsymbol{E} = \frac{\rho}{\varepsilon_0}, \quad \nabla \times \boldsymbol{E} = -\frac{\partial \boldsymbol{B}}{\partial t}$$

$$\nabla \cdot \boldsymbol{B} = 0, \quad \nabla \times \boldsymbol{B} = \mu_0 \boldsymbol{J} + \mu_0 \varepsilon_0 \frac{\partial \boldsymbol{E}}{\partial t} \tag{1.20.1}$$

$$\boldsymbol{J} = \sigma \left(\boldsymbol{E} + \boldsymbol{v} \times \boldsymbol{B} \right)$$

其中，最后一个方程是考虑洛伦兹力之后的欧姆定律. 确定好边界条件，解这个方程组就能得到电磁场的分布. 但这个方程组除了少数对称性极高的情形外很难得到解析解，所以我们用另外一种方式来分析这个问题.

旋转铝圆柱体中的电子在洛伦兹力的作用下将会使电荷重新分布，产生涡旋电场和涡电流；而涡流又会产生磁场，叠加在原来的均匀磁场上；新产生的磁场又会导致新的涡流产生，涡流变化又会使得磁场变化. 从已知的物理量出发(即 B_0 和 ω)，一步一步地进行迭代，分析其物理过程，从而得到最后的结果.

如图 1.20.3(a)(侧视图)所示，在均匀外场 B_0 中旋转的铝圆柱体内将会产生涡流 J_1，涡流所在的平面平行于 yz 平面. 可以这样理解：将圆柱体切分为一系列平行于 yz 平面的薄片，在每个薄片内左半部分电流向上、右半部分电流向下形成涡流，所以圆柱体内的涡流总是按顺时针方向流动的.

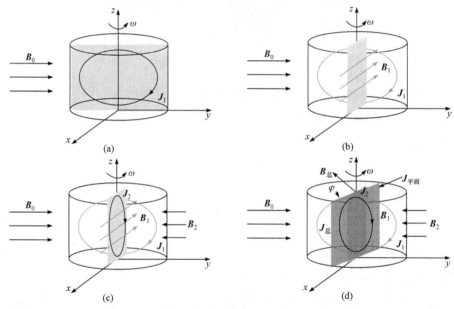

图 1.20.3　利用迭代过程分析电磁感应的物理图像

如图 1.20.3(b)所示，J_1 将会产生一个磁场 B_1，B_1 平行于 xz 平面，指向 $-x$ 方向.

在 B_1 的作用下，圆柱体内将产生位于 xz 平面内的涡流 J_2，如图 1.20.3(c)所示；同时 J_2 又会产生平行于 yz 平面的磁场 B_2，指向 $-y$ 方向. 这个迭代过程可以一直进行下去，注意到 B_2 与 B_0 的方向相反，再下一级的涡流将会很小，因此这个过程是负反馈，因而后续迭代中所产生的影响要小得多，我们可以只考虑 B_1 和 B_2 的作用.

根据上面的分析，如图 1.20.3(d)所示，总的涡旋电流 $J_总 = J_1 + J_2$ 所在平面(称之为 J 平面)相对于 yz 平面旋转了一个角度 φ，圆柱体内的总磁场 $B_总 = B_1 + B_2$ 的

指向也将垂直于 J 平面. 因为 $J_1 \propto \omega$, $J_2 \propto \omega^2$, 所以随着角速度 ω 的增加, J_2 增加得更快, 因此 J 平面偏转的角度 φ 将会增大, 总磁场 $B_\text{总}$ 的指向亦会随之偏转.

2. 磁体与导体相互作用的定性分析

导体圆柱中产生了涡流, 因此会有发热现象; 根据楞次定律, 圆柱体的旋转将会受到阻碍, 或者说它会感受到一个与 ω 方向相反的阻尼力矩. 另一方面, 磁体也会受到作用力, 是由变化的电磁场施加在磁体上的. 下面我们来分析磁体所受到的作用力.

如图 1.20.4(正视图)所示, 上方是永磁体, 可以看作是一个恒定电流的矩形线圈; 下方是涡旋电流形成的磁场的磁力线分布. 线圈中的电流在磁场中受到安培力, 左边电流所受力为 F_1, 右边为 F_2, 二者的方向是不同的(分别垂直于电流所在处的磁力线方向).

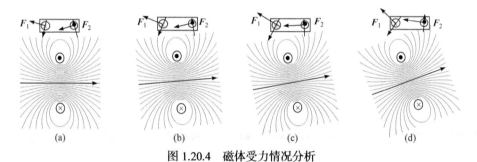

图 1.20.4　磁体受力情况分析

图 1.20.4(a)是转速很小的情况, 此时 J_2 很小, J 平面的偏转角 φ 也很小, 可以忽略, 我们看到磁体总的受力情况(F_1+F_2)为: 水平方向受到向左的拽力(与圆柱体上表面运动方向一致), 就好像磁体被下方导体拖拽一样; 在垂直方向的合力为零, 但存在一个绕线圈对称轴的力矩.

图 1.20.4(b)是转速稍大的情况, 此时 F_1 和 F_2 都增加了, 因 J_2 增加得更多, J 平面偏转了一个小角度 φ, 因此线圈电流处的磁力线方向也有了偏转, 故线圈电流所受安培力也有了变化: 水平方向所受合力仍是向左的拽力, 而且变得更大; 垂直方向的合力不再为零, 有了一个向上的升力, 即磁悬浮力; 力矩仍旧存在.

图 1.20.4(c)是转速更大的情况, 此时 J 平面的偏转角 φ 更大, 线圈电流所受安培力的变化是相似的: 水平方向所受合力仍是向左的拽力, 但其增加的幅度放缓了; 垂直方向的合力(磁悬浮力)增加较快.

图 1.20.4(d)是转速很大的情况, 此时 J 平面的偏转角 φ 进一步加大, 线圈电流在水平方向所受合力仍是向左的拽力, 但有变小的趋势; 垂直方向的合力仍在稳步增加.

从这些力分析图可以观察到，随着ω的增加，涡流产生的磁场的磁力线密度在增加，方向也在旋转，导致F_1和F_2的大小在增加，方向也随之旋转. 水平方向与垂直方向的合力的变化趋势是：随着ω的增加，水平方向的力总是向左，先是稳步增加，然后增速放缓，最后还有下降的趋势；垂直方向的力从零开始，逐渐出现稳步增加的升力，而且不像水平力一样会出现下降的趋势.

3. 磁体受力情况的实验研究

使用电机驱动铝圆柱体旋转，转速可调. 在磁体的固定架上加装力传感器，即可测出磁体所受的力. 利用多个力传感器，可以分别测出磁体左边与右边的水平受力以及垂直受力的大小. 测量数据直接存入文件，可导入数据分析软件来进行处理.

典型的测量结果如图 1.20.5 所示.

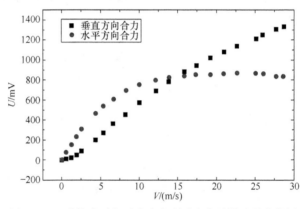

图 1.20.5　磁体水平与垂直方向所受合力随转速的变化图
横轴是转速(已换算为表面线速度)

实验者可以分别对测量结果进行分析，对 F_1 的水平分力与垂直分力、F_2 的水平分力与垂直分力的变化趋势进行讨论，并与上文中的分析过程进行对比，包括曲线变化的趋势，以及各个特征点的位置.

进一步，还可以直接测量导体表面附近的磁感强度，随着导体转速的增加，磁感强度的大小会产生变化，其峰值对应的速度会随着导体转速增加而移动.

对于有相关经验的实验者，可以对实验装置进行建模和数值计算，并将计算结果与测量结果进行比较.

四、实验内容

(1) 连接好主控箱和仪器电缆，首先打开计算机电源，再打开主控制箱电源，点击 Administrator 账户等待计算机启动完毕. 点击磁悬浮实验仪软件图标进入实验数据采集界面.

(2) 进行磁体受力与导体运动速度的实验测量.

将力传感器固定在实验台的立柱上，使磁体下表面离圆柱体顶点位置约为 8mm. 在屏幕左下侧位置设置好正确的通信端口，建立上位计算机与控制箱单片机的通信连接. 设置滤波次数为 5~9 次(最大不超过 16 次)，设置定点采集的数据组数(最大不超过 100). 设置导体最大转速(先用手动模式将电极速度调到最高，设置的最大转速不能超过手动调节能达到的最高转速)，点击自动测量图标启动实验数据采集，控制箱将自动控制铝圆柱体的转速，并按设定的最大转速和数据组数以等速度间隔完成实验数据的采集. 采集完成后点击上传定点数据图标，屏幕显示 100 组(或设定的组数)顶点测量的 F-V 数据. 在数据文件下拉菜单中选择保留定点数据，并选择路径和文件名，将采集的实验数据保存为 ASCⅡ格式的数据文件，可直接导入到 Origin 中进行后续绘图、求导等处理. 分别作出磁体在水平与垂直方向受力的 F-V 曲线和 dF/dV 曲线.

(3) 测量磁体距离铝圆柱体不同高度时，垂直方向力和水平方向力与导体转动速度的关系，每升高 2mm 测一组数据，测 7~10 组数据，获得不同高度 h 时垂直方向力与水平方向力相同所对应的速度有何变化，作出 h-V 曲线.

(4) 测量带转轴的磁体转动角速度与导体转动速度的关系，绘出 ω-V 曲线.

(5) 测量在距磁体不同位置处磁感应强度随导体转动速度变化的关系.

(6) 进行转动磁体受力与导体运动速度的实验测量：方法与(2)同，可测量磁体在转动状态下垂直方向受力、水平方向受力及磁体转动速度与导体运动线速度的关系.

五、注意事项

请实验者自行准备 U 盘或手机数据线，将实验数据拷贝回去再行处理.

六、思考题

(1) 为什么磁体在水平方向和垂直方向的受力会表现出不同的特征？

(2) 本实验表现出来的电磁感应效应有可能在哪些方面获得应用？

第 2 章　综合性实验

实验 2.1　三用电表的设计、制作和校正

万用电表是一种多功能、多量程的电学仪表，它可在几个不同量程测量直流电流、直流与交流电压，还可测电阻等. 由于它功能较多，在实验中获得广泛应用，但也有不足，就是准确度较低. 本实验组装三用电表(测直流电流、直流电压、电阻)，分两次实验完成，为的是让学生在使用万用电表方面打下一个基础，也作为一个设计性实验的一种训练.

一、实验目的

(1) 了解磁电式电表的结构与其主要符号的意义；

(2) 学会测量表头内阻的一种(或两种)方法；

(3) 初步了解三用电表基本原理并进行设计；

(4) 学习三用电表的组装与校正.

二、实验仪器

100μA 表头直流电流表，电阻箱，滑线电阻器，直流稳压电源，单刀开关(或单刀双掷开关)2 个，导线若干.

三、实验原理

(一) 表头内阻的测定和三用电表的设计

1. 三用电表的构成

万用电表功能虽多，但归纳起来主要功能有三个：测电流、测电压、测电阻. 本实验所制作的三用电表是以一个磁电型微安表(亦称表头)为核心组装而成. 学习与练习以微安表为显示器的三用电表(直流电流表、直流电压表、欧姆表)的设计与组装.

上述三种功能如果分开孤立地设计是比较容易的，如图 2.1.1(a)、(b)、(c)所示. 由图可知，设计直流电流计就是计算分流电阻 R 值；设计直流电压计就是计算串联电阻 R' 值；欧姆计就是直流电压计加一直流电源，当在欧姆计两端 A、B 接入一电阻 R_x 时，表头指针偏转的大小来测量待测电阻 R_x 值.

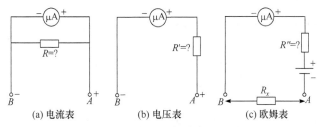

(a) 电流表   (b) 电压表   (c) 欧姆表

图 2.1.1 分立电表设计原理图

2. 表头内阻的测定

要实现三用电表的正确设计、制作，首先要准确测定表头的内阻. 测表头内阻的方法较多，常用的有半值法与替代法，线路如图 2.1.2 与图 2.1.3 所示.

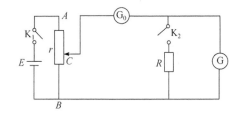

图 2.1.2 半值法测电表内阻

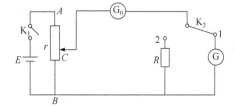

图 2.1.3 替代法测电表内阻

采用半值法测量表头内阻的线路如图 2.1.2 所示，图中Ⓖ是待测量的表头(100μA)，Ⓖ₀是监控电表(0~150μA)，r 是滑线电阻，R 是电阻箱，E 是直流稳压电源. 闭合开关 K_1，断开 K_2，Ⓖ₀与Ⓖ是串联回路，此时调滑动电阻器，滑动头 C 逐渐向 A 点移动(使输出电压增大)，使Ⓖ满度(或某一个定值). 显然，流过Ⓖ与Ⓖ₀的电流相等，记下它们的读数后闭合 K_2，此时整个电路的电阻发生变化，Ⓖ₀与Ⓖ表的读数不会相等，调节滑线电阻的大小，使Ⓖ₀的读数保持原值不变，同时调节电阻箱 R 的大小，使Ⓖ的读数为原值的一半. 这时，流过电阻箱 R 上的电流与流过表头Ⓖ的电流相等，则电阻箱 R 的值$=R_g$.

替代法测表头内阻的线路如图 2.1.3 所示，先将开关 K_2 倒向 1 端，再闭合 K_1，调节 C 点位置，使Ⓖ满度(或某一定值)，此时记下Ⓖ₀的读数，而后把 K_2 倒向 2 端(先调 R，使 R 约有 5000Ω)，再调 R 的值，使Ⓖ₀保持原值不变，此时电阻箱读数 $R=R_g$.

3. 电表的基本误差与校正

用任何电表测量都会产生误差，电表误差常用绝对误差、相对误差和最大引用误差(又称电表的基本误差)等表示.

绝对误差是电表示值 A_i 与被测量的实际值 A_0(一般用电表准确度等级较高的标准表的示值给出)的差值, 即 $\Delta_i = A_i - A_0$; 相对误差是绝对误差与 A_0 的比值, 通常是以百分数表示, 即 $E = \dfrac{\Delta}{A_0} \times 100\%$.

引用误差 η 是绝对误差与电表量限 A_m 的比值, 即

$$\eta = \frac{\Delta}{A_m} \times 100\% \tag{2.1.1}$$

由于电表上各点的绝对误差差别不大, 因而各点的引用误差也有些差异, 但其差异较小, 而各点的相对误差由于测量值有较大变化致使差异很大, 所以用引用误差比用相对误差更有利于表示电表的准确度等级, 即

$$K = \frac{\Delta_{max}}{A_m} \times 100 + K_0 \tag{2.1.2}$$

其中, K_0 为标准表的准确度等级. 并把 K 取为系列值(0.1、0.2、0.5、1.0、1.5、2.5 及 5.0 级)之一.

电表经过改装或经过长期使用后, 必须进行校正, 其方法是将待校电表和一个准确度等级较高的标准表同时测量一定的电流或电压, 令待校表各刻度值为 A_i, 标准表所对应的值为 A_0, 则各刻度的绝对误差 $\Delta_i = A_i - A_0$, 找出其中最大的绝对误差 Δ_{max}, 可利用式(2.1.2)计算出待校电表的准确度等级 K.

如果以 A_i 为横坐标, 以 Δ_i 为纵坐标可画出电表的校正曲线, 两个校正准点之间用直线连接, 整个图形是折线状, 如图 2.1.4 所示.

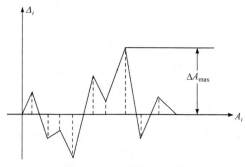

图 2.1.4　电流校正曲线

(二) 三用电表的组装与校正

三用电表主要由磁电型测量机构(即表头)和转换开关控制的测量电路组成. 实际上, 它是根据改装电表的原理, 将一个表头分别连接各种测量电路而改成多

量程的电流表、电压表与欧姆表.

我们设计组装的三用电表要求是：直流电流 3 挡，直流电压 3 挡，欧姆表 1 挡，设计的参考电路如图 2.1.5 所示.

1. 直流电流挡的设计

图中表头的量程为 100μA，现在设计将量程扩大到 1mA、15mA、60mA，从图中摘出与这三个量限有关的电路，如图 2.1.6 所示. 对于量限为 60mA 的表头设计，我们把电路改绘成如图 2.1.7 所示的电路. 从图中可以看出，关键在于算出 R_1 的值，设通过表头的电流是满量程电流 I_0，则另一支路(即通过 R_1)的电流为 $0.06-I_0$，于是

$$I_0(R_3+R_2+R_g) = (0.06-I_0)R_1 \qquad (2.1.3)$$

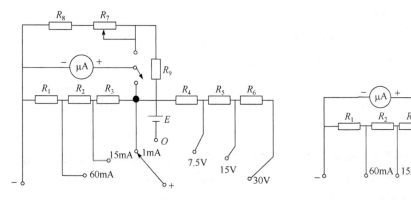

图 2.1.5 设计参考电路　　　　图 2.1.6 电流挡设计电路

对于量限 1mA 的表头设计，见图 2.1.8. 依照上述情况可画类似如图 2.1.8 所示的电路图，同样可得出如下的方程：

$$I_0R_g = (0.001-I_0)(R_1+R_2+R_3) \qquad (2.1.4)$$

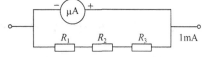

图 2.1.7 60mA 电流挡电路　　　　图 2.1.8 1mA 电流挡电路

对于 15mA 的量限，也可列出如下的方程：

$$I_0(R_g+R_3)=(0.015-I_0)(R_1+R_2) \qquad (2.1.5)$$

上面三个方程联立，即可获得 R_1、R_2、R_3 的值.

2. 直流电压挡的设计

从图 2.1.6 中摘出测量电压的电路如图 2.1.9 所示. R_1、R_2、R_3 已经算出，故可以把虚线框看成一个等效表头的内阻，因为等效表头的总电流为 1mA，这样，据扩程的电压量程，可分别算出 R_4、R_5 与 R_6 的值.

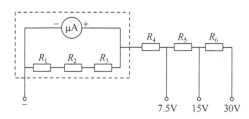

图 2.1.9　三用电表直流电压挡部分电路

3. 欧姆挡的设计

此项设计比前两个问题复杂，以下分三步讨论.

1) 欧姆表的不均匀分度与中心阻值

本实验一中图 2.1.1(c)是欧姆表的基本原理图. 表头、电池 E、可变电阻 R'' 及待测电阻 R_x 串联构成回路，电流 I 通过表头即可使表头指针偏转，其值为

$$I = \frac{E}{R_g + R'' + R_x} \tag{2.1.6}$$

当 E 一定的条件下(一般为 1.5V)，指针偏转和回路的总电阻成反比. 当 R_x 改变时，电流就变化，被测电阻 R_x 越大，I 越小；当 R_x 为无穷大时，表头指针为零，因此，欧姆表的标尺刻度与电流表、电压表的标尺刻度相反，由于 I 与被测电阻 R_x 不是正比关系，所以电阻的标度尺的分度是不均匀的.

令 $R_g + R'' = R_内$，则上式可改写为

$$I = \frac{E}{R_内 + R_x} \tag{2.1.7}$$

当 $R_x = 0$ 时，调 $R_内$ 使表头指针在满刻度 I_0 处，令此时的 $R_内 = R_K$，则 $I_0 = \dfrac{E}{R_K}$；

当 $I = \dfrac{I_0}{2}$ 时，代入式(2.1.7)，可得 $R_K = R_x$，此时，指针刚好位于度盘中心，因而将此阻值称为欧姆表的中心阻值，记作 R_K (又称欧姆中心)，它是欧姆表的一个重要参量.

我们把欧姆表的中心阻值 R_K 称作这个欧姆表的内阻，由于欧姆表测量电阻时主要用度盘右半边和中心附近，因而中心阻值 R_K 就是这个欧姆表的最大测量

范围(即量限).

2) 调零电阻 R_7 与限流电阻 R_8

图 2.1.10 是从总图中摘出的测量电阻的电路.

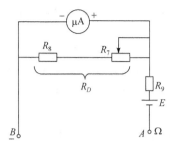

图 2.1.10 欧姆挡设计电路

欧姆表中电源为一节干电池，其电动势在 1.5V 左右，新的可能接近 1.65V，旧的要低些，在这个设计中取电压最低值为 1.25V，为了适应电池电压变化以及在 $R_x = 0$ 时，表头指针指向满刻度，图中设置了调零电阻 R_7 与限流电阻 R_8.

3) R_7、R_8 与 R_9 的计算

设 A、B 两端短接时(即 $R_x = 0$)，表头指针在满度(即 I_0)位置. 忽略电池内阻，则有下式：

$$\frac{E - I_0 R_g}{R_9} = I_0 + \frac{I_0 R_g}{R_D} \tag{2.1.8}$$

当待测电阻 $R_x = R_K$ (欧姆表中心阻值)时，表头指针恰好在 $\frac{I_0}{2}$ 处，同理有下式：

$$\frac{E - \frac{I_0}{2} R_g}{R_9 + R_K} = \frac{I_0}{2} + \frac{\frac{I_0}{2} R_g}{R_D} \tag{2.1.9}$$

式中，$R_D = R_7 + R_8$.

解以上两个方程，可得 $R_9 = R_K - \frac{I_0 R_g R_K}{E}$.

先取 $E = 1.5$V，R_K 已知(由设计要求给出)可求 R_9，然后由式(2.1.8)求出 R_D.

R_7 的计算：用以下的方法估算，先求欧姆表回路的工作电流，因为 $E = 1.5$V，而欧姆表的内阻为 R_K (即欧姆表中心阻值)，所以 $I = \frac{1.5}{R_K}$.

先取 $E = 1.65$V，回路总电阻为 $\frac{1.65}{R_K}$.

又取 $E = 1.25$V，则回路总电阻为 $\frac{1.25}{R_K}$.

它们的差值可近似为 R_7 的变化量.

四、实验内容

(一) 表头内阻的测定和三用电表的设计

(1) 测定表头内阻. 用半值法测表头内阻，接线如图 2.1.2 所示，先断开 K_2，合上 K_1，调节滑线变阻器 r 使 G 满度，记下 G_0 与 G 的读数，而后合上 K_2，调节

电阻箱 R 的阻值，并同时调节 r 的大小，使 $\textcircled{G}_0$ 保持原值，而 $\textcircled{G}$ 的读数为原值的一半，此时 $R = R_g$.

注意：表头所能通过的电流是很微小的，因此，在调节 r 时，滑动表头 C 要先放在输出电压最小处(滑动表头 C 应放在 B 端！)，而后慢慢增大，不能使电流超过额定值，更不允许电流反向.

由于表头内阻对三用电表的组装影响大，建议用另一种方法测表头内阻，最后取满意的值或平均值作为设计值.

(2) 参阅本实验二中三用电表的参考电路(图 2.1.6)以及有关电路进行设计. 设计时，要看懂电路图；要了解实验室提供的表头的主要性能(内阻、量限等)；而后逐个计算各个 R 值.

(3) 对照三用电表插线板，初步了解各元件位置、转换形状的作用及线图布置.

(4) 写出你的设计报告.

(二) 三用电表的组装与校正

(1) 将 100μA 表头改装成如下规格的三用电表.

直流电流：1mA、15mA、60mA.

直流电压：7.5V、15V、30V.

欧姆表：中心阻为 12kΩ.

参照有关电路，算出 $R_1 \sim R_9$ 的阻值.

注：表头的内阻要测准！

(2) 选择符合上述计算值的电阻(一般均能在插线板上找到)，若找不到合用的，可用可变电阻(即电位器)调成所需的阻值.

(3) 参照图 2.1.6，将各元件及表头引线插到接线板上，连好电路.

(4) 检验直流电路、直流电压挡.

检验电路自己设计.

校验时，以整数刻度(各个量程都要)校验 5 个点，被校表选整数读数，读出标准表的相应读数.

(5) 求组装表(电流、电压各 3 挡)的准确度等级.

准确度等级

$$K = \frac{|\text{最大误差}|}{\text{量程}} \times 100 + K_0$$

其中，K_0 为标准表的准确度等级. 并把 K 取为系列值(0.1、0.2、0.5、1.0、1.5、2.5 及 5.0 级)之一.

(6) 检验调零电阻的效果.

(7) 以电阻箱为准, 检查欧姆表中心阻值是多少, 是否符合设计要求(求百分误差).

(8) 讨论与评价你的设计与制作工作.

五、思考题

(1) 为什么欧姆表要设置调零电阻? 如何计算它的阻值? 我们接线板上的调零电阻是分压式还是限流(即制流)式?

(2) 为什么不宜用欧姆表测量表头内阻? 能否用欧姆计测量电源内阻?

(3) 若用 15mA 直流挡去测量直流电压 15V, 将会产生什么后果? 为什么?

(4) 通过设计、组装、校正, 总结一下万用电表使用时应注意哪些点?

实验 2.2　磁致伸缩实验

磁场强度的变化, 导致诸如铁、镍等不同磁性材料的尺寸伸缩, 磁性材料按各自不同的规律发生形变. 本实验应用迈克耳孙干涉仪系统, 将这一微小的伸缩变化, 通过干涉环的"冒"与"缩", 非常清晰地表现出来, 其伸缩量可根据干涉环变化的多少, 环的"冒出"或是"缩进"精确地进行判断和测量. 自从发现物质的磁致伸缩效应后, 人们就一直想利用这一物理效应来制造有用的功能器件与设备, 为此人们研究和发展了一系列磁致伸缩材料, 在电声换能器技术、海洋探测与开发技术、微位移驱动、减振与防振、减噪与防噪系统、智能机翼、机器人、自动化技术等高技术领域有广泛的应用前景.

一、实验目的

(1) 理解磁致伸缩实验原理.
(2) 了解迈克耳孙干涉仪的使用及光路原理.

二、实验仪器

直流稳压电源, 激光器 S, 扩束镜, 分光板 G, 固定镜 M_1, 移动镜 M_2, 螺线管, 测试棒(铁棒、镍棒).

三、实验原理

迈克耳孙干涉仪是一种分振幅双光束的干涉仪, 光路如图 2.2.1 所示. 从光源 S 发出的光被平面玻璃板 G_1(分光板)的半反射镜面 A(镀有一层银膜)分成相互垂直的两部分光束 I 和 II, 分别经过平面镜 M_1 和 M_2 反射, 再通过 A 形成相互平行的两束光，复合起来互相干涉，在 E 处成像于透镜焦平面上或进入观察者的眼睛. 应该指出的是，经过 M_1 反射的光束 I 在 G_1 中通过了三次，而经过 M_2 镜反射的光束 II 在 G_1 中仅通过了一次. 为了弥补这一光程差，把一块材料和厚度与 G_1 完全相同的平面平行玻璃板 G_2(补偿板)，以与 G_1 严格平行的位置加到光束 II 的光路上. G_2 使两臂上任何波长的光在 G_1 都有相同的光程，于是白光也能产生干涉. G_2 的加入使得在计算光束 I 和光束 II 的光程差时，只需考虑二者在空气中的几何路程差，无需计算它们在分光板中的光程. 观察者在 E 处向 G_1 看，不仅能看到 M_1 镜，还能看到被 G_1 反射的 M_2 的虚像 M'_2. 光束 II 就好像是从 M'_2 反射而来的. 显然，光线经过 M'_2 反射到达 E 点的光程与经过 M_2 反射到达 E 点的光程严格相等，故在 E 处观察到干涉现象可以认为是由于存在于 M_1 和 M'_2 之间的空气薄膜产生的.

　　从以上简介可以看到迈克耳孙干涉仪有两个优点：第一，两相干光束分离甚远，互不相扰，便于在一支光路中布置其他光学部件以进行特殊实验；第二，M'_2 不是实际物体，M_1 和 M'_2 的空气层可以任意调节，甚至完全重合.

　　等倾干涉的产生和单色光波长的测量.

　　当 M_1 和 M'_2 平行时(也就是 M_1 与 M_2 垂直时)，扩展光源 S 发出入射角为 θ 的光线经 M_1 和 M_2 反射形成的光束 I 和光束 II 相互平行，在无穷远处相交(图 2.2.2). 若在 E 处置一凸透镜(或用眼睛观看)，两束光会聚在焦平面上而形成干涉图像. 这两条光束的光程差为

$$\Delta = 2d\cos\theta \tag{2.2.1}$$

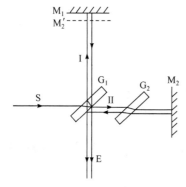

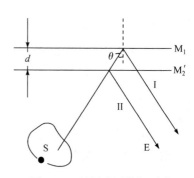

图 2.2.1　迈克耳孙干涉仪的基本光路　　　　图 2.2.2　扩展光源等倾干涉

　　由式(2.2.1)知，当 M_1 和 M'_2 的距离 d 一定时，所有入射角相同的光束都具有相同的光程差，干涉情况完全相同. 由扩展光源 S 发出的相同倾角的光线将会聚于焦平面且以光轴为中心的圆周上，从而形成等倾干涉条纹，由于光源发出各种

倾角的发散光, 因而在焦平面上形成明暗相间的同心圆环. 当光程差等于半波长的偶数倍时, 形成明条纹; 光程差等于半波长的奇数倍时, 形成暗条纹. 第 m 级明环的形成条件是

$$2d\cos\theta = m\lambda \tag{2.2.2}$$

当 d 一定时, θ 愈小, $\cos\theta$ 愈大, 级数 m 就愈大, 干涉条纹的级数就愈高. 干涉条纹的圆心处是平行于透镜光轴的光的会聚点, $\theta = 0$, 由上式得知, 其干涉条纹具有最高的级数, 由圆心向外逐次降低.

$$d = m\lambda / 2 \tag{2.2.3}$$

如图 2.2.1 所示, 从光源 S 发出的一束光, 射向分光板 G, 分光板 G 一面镀半透膜, 光束在半透膜面上反射和透射, 分成互相垂直的两束光. 这两束光分别射向互相垂直的固定反射镜 M₁ 和移动反射镜 M₂. 经 M₁、M₂ 反射后, 又会于分光板 G, 最后光束朝着 E 方向射出, 在 E 处就能观察到清晰的干涉条纹. 移动反射镜 M₂ 与圆柱形试棒紧连, 改变螺线管电流, 磁场强度发生变化, 试棒长度出现微量改变(伸长或缩短或不变), 这一微量变化导致干涉条纹变化, 我们可利用干涉条纹的变化量来测定试棒的伸缩量.

四、实验内容

1. 粗调

(1) 将仪器各组件按图 2.2.2 布局, 放置在坚实平整的实验平台上, 以保持实验全过程稳定、可靠.

(2) 测试棒拆装. 松开螺线管架锁紧螺钉, 将整个螺线管旋转 90°, 松开测试棒锁紧螺钉取出测试棒, 旋下反光镜, 将反光镜装到待测测试棒上, 插进螺线管并锁紧测试棒锁紧螺钉, 螺线管转回原位, 拧紧螺线管架锁紧螺钉, 测试棒拆装完成.

(3) 目视检查所有调节螺钉是否处在中间位置, 如果不是, 将它们调整到中间位置, 这将便于此后调整和固定.

(4) 检查 M₁ 到 G 分光面之间的距离大致与 M₂ 到 G 分光面之间的距离相等. 如果不是, 可松开测试棒锁紧螺钉前后移动测试棒.

2. 几何调整

几何调整是通过调整光路中各光学元器件相对几何位置, 获得可观察的干涉条纹.

开启激光器, 将扩束镜移开, 激光从激光器前小孔射出, 调整激光器方位. 使激光束经 G 中心反射到 M₁ 中心, 调整 M₁ 镜架后调节螺丝, 使光束原路返回, 并

与激光器前段小孔重合，在调整从 G 射向 M_2 中心光束，使反射光到达 G 时恰好与 M_1 的反射光相遇. 此时，从光屏 E 处观察，可以看到两个系统的光点. 细调 M_1 镜架后两调节螺丝，并选取最大最亮的两个光点严格重合，此时 M_1 和 M_2 镜面基本垂直. 将扩束镜移入光路中，调整上下左右位置，使其共轴，这时在屏上可观察到干涉条纹.

3. 测量

开启直流电源将电压旋钮调至最大，电流旋钮调至最小，接入螺线管. 将镍测试棒装入螺线管，根据步骤 2. 几何调整调出干涉条纹. 逐步加大电流记录下圈数与电流值.

4. 计算

根据迈克耳孙干涉仪波长计算公式 $\lambda=2\Delta l/m$，λ 为已知 He-Ne 激光器波长 632.8nm，m 为干涉条纹条纹"吞进"或"吐出"变化数，可求出测试棒的磁致伸缩量 Δl；磁致伸缩系数为 $\Delta l/l$ 填入表 2.2.1 和表 2.2.2 中.

表 2.2.1　镍棒实验数据记录

电流/A	干涉环圈数	测试棒伸缩量Δl/m	磁致伸缩系数Δl/0.15
	1		
	2		
	⋮		
	10		

表 2.2.2　铁棒实验数据记录

电流/A	干涉环圈数	测试棒伸缩量Δl/m	磁致伸缩系数Δl/l
1.5			
2			
2.5			
⋮			
5			

五、拓展与思考

(1) 除迈克耳孙干涉法测磁致伸缩量 Δl，另外再设计一种或多种 Δl 的测量方法，给出设计方案并进行实验测试.

(2) 通过实验比较分析各种 Δl 测量方法的结果.

参考资料

[1] 磁致伸缩实验仪讲义. 杭州光电科技有限公司, 2020
[2] 何光宏, 汪涛, 韩忠. 大学物理实验. 北京: 科学出版社, 2019

实验 2.3　巨磁电阻及应用实验

2007 年诺贝尔物理学奖授予了巨磁电阻(giant magneto resistance，GMR)效应的发现者——法国物理学家阿尔贝·费尔(Albert Fert)和德国物理学家彼得·格伦贝格尔(Peter Grunberg). 诺贝尔奖委员会说明：这是一次好奇心导致的发现，但其随后的应用却是革命性的，因为它使计算机硬盘的容量从几百兆、几千兆，一跃而提高几百倍，达到几百 G 乃至上千 G. 1988 年巴黎十一大学固体物理实验室物理学家阿尔贝·费尔的小组将铁、铬薄膜交替制成几十个周期的铁-铬超晶格，也称为周期性多层膜. 他们发现，当改变磁场强度时，超晶格薄膜的电阻下降近一半，即磁电阻比率达到 50%. 他们称这个前所未有的电阻巨大变化现象为巨磁电阻，1990 年斯图尔特·帕金(S. P. Parkin)发现，除了铁-铬超晶格，钴-钌和钴-铬超晶格也具有巨磁电阻效应. 在随后的几年，又找到了 20 种左右具有巨磁电阻振荡现象的不同体系. 帕金的发现在技术层面上特别重要. 首先，他的结果为寻找更多的 GMR 材料开辟了广阔空间，最后人们的确找到了适合硬盘的 GMR 材料，1997 年制成了 GMR 磁头；其次，帕金采用较普通的磁控溅射技术，代替精密的分子束外延(material balance equation，MBE)方法制备薄膜，目前这已经成为工业生产多层膜的标准，磁控溅射技术克服了物理发现与产业化之间的障碍. 使巨磁电阻成为基础研究快速转换为商业应用的国际典范. 同时，巨磁电阻效应也被认为是纳米技术的首次真正应用.

GMR 作为自旋电子学的开端具有深远的科学意义. 传统的电子学是以电子的电荷移动为基础的，电子自旋往往被忽略了. 巨磁电阻效应表明，电子自旋对于电流的影响非常强烈，电子的电荷与自旋两者都可能载运信息. 自旋电子学的研究和发展，引发了电子技术与信息技术的一场新的革命. 目前计算机、音乐播放器等各类数码电子产品中所装备的硬盘磁头，基本上都应用了巨磁电阻效应. 利用巨磁电阻效应制成的多种传感器，已广泛应用于各种测量和控制领域. 除利用铁磁膜-金属膜-铁磁膜的 GMR 效应外，由两层铁磁膜夹一极薄的绝缘膜或半导体膜构成的隧穿磁阻(TMR)效应，已显示出比 GMR 效应更高的灵敏度. 除在多层膜结构中发现 GMR 效应，并已实现产业化外，在单晶、多晶等多种形态的钙钛矿结构的稀土锰酸盐中，以及一些磁性半导体中，都发现了巨磁电阻效应.

一、实验目的

(1) 了解 GMR 效应的原理.

(2) 测量 GMR 模拟传感器的磁电转换特性曲线.

(3) 测量 GMR 的磁阻特性曲线.

(4) 测量 GMR 开关(数字)传感器的磁电转换特性曲线.

(5) 用 GMR 传感器测量电流.

(6) 用 GMR 梯度传感器测量齿轮的角位移，了解 GMR 转速(速度)传感器的原理.

(7) 通过实验了解磁记录与读出的原理.

二、实验仪器

1. 实验仪

图 2.3.1 所示为实验系统的实验仪前面板图.

区域 1——电流表部分：作为一个独立的电流表使用.

两个挡位：2mA 挡和 20mA 挡，可通过电流量程切换开关选择合适的电流挡位测量电流.

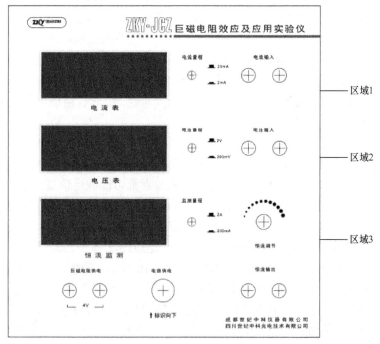

图 2.3.1　巨磁阻实验仪操作面板

区域 2——电压表部分：作为一个独立的电压表使用.

两个挡位：2V 挡和 200mV 挡，可通过电压量程切换开关选择合适的电压挡位.

区域 3——恒流源部分：可变恒流源.

提供一个励磁电流源，并实时显示输出电流值的大小.

实验仪还提供 GMR 传感器工作所需的 4V 电源和运算放大器工作所需的±8V 电源.

2. 基本特性组件

基本特性组件(图 2.3.2)由 GMR 模拟传感器、螺线管线圈及比较电路、输入输出插孔组成. 用以对 GMR 的磁电转换特性、磁阻特性进行测量.

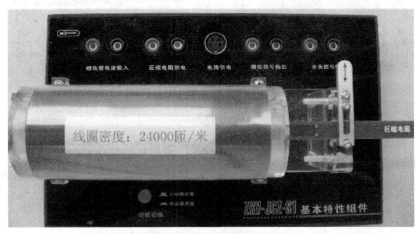

图 2.3.2　基本特性组件

GMR 传感器置于螺线管的中央.

螺线管用于在实验过程中产生大小可计算的磁场，由理论分析可知，无限长直螺线管内部轴线上任一点的磁感应强度为

$$B = \mu_0 n I \tag{2.3.1}$$

式中，n 为线圈密度，I 为流经线圈的电流强度，$\mu_0 = 4\pi \times 10^{-7}$H/m 为真空中的磁导率. 采用国际单位制时，由上式计算出的磁感应强度单位为 T(1T=10000Gs).

3. 电流测量组件

电流测量组件(图 2.3.3)将导线置于 GMR 模拟传感器近旁，用 GMR 传感器测量导线通过不同大小电流时导线周围的磁场变化，就可确定电流大小. 与一般测量电流需将电流表接入电路相比，这种非接触测量不干扰原电路的工作，具有特殊的优点.

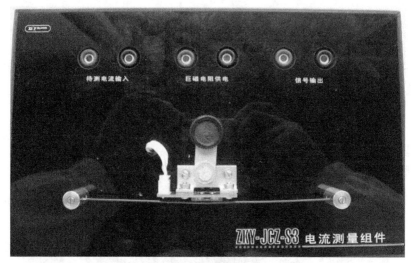

图 2.3.3　电流测量组件

4. 角位移测量组件

角位移测量组件(图 2.3.4)用巨磁阻梯度传感器作传感元件，铁磁性齿轮转动时，齿牙干扰了梯度传感器上偏置磁场的分布，使梯度传感器输出发生变化，每转过一齿，就输出类似正弦波一个周期的波形. 利用该原理可以测量角位移(转速，速度). 汽车上的转速与速度测量仪就是利用该原理制成的.

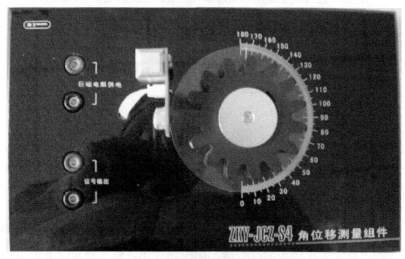

图 2.3.4　角位移测量组件

5. 磁读写组件

磁读写组件(图 2.3.5)用于演示磁记录与读出的原理. 磁卡做记录介质, 磁卡通过写磁头时可写入数据, 通过读磁头时将写入的数据读出来.

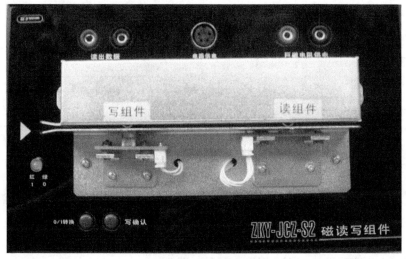

图 2.3.5　磁读写组件

三、实验原理

根据导电的微观机理, 电子在导电时并不是沿电场直线前进, 而是不断和晶格中的原子产生碰撞(又称散射), 每次散射后电子都会改变运动方向, 总的运动是电场对电子的定向加速与这种无规则散射运动的叠加. 称电子在两次散射之间走过的平均路程为平均自由程, 电子散射概率小, 则平均自由程长, 电阻率低. 电阻定律 $R=\rho l/S$ 中, 把电阻率 ρ 视为常数, 与材料的几何尺度无关, 这是因为通常材料的几何尺度远大于电子的平均自由程(例如铜中电子的平均自由程约 34nm), 可以忽略边界效应. 当材料的几何尺度小到纳米量级, 只有几个原子的厚度时(例如, 铜原子的直径约为 0.3nm), 电子在边界上的散射概率大大增加, 可以明显观察到厚度减小, 电阻率增加的现象.

电子除携带电荷外, 还具有自旋特性, 自旋磁矩有平行或反平行于外磁场两种可能取向. 早在 1936 年, 英国物理学家、诺贝尔奖获得者 Mott 指出: 在过渡金属中, 自旋磁矩与材料的磁场方向平行的电子, 所受散射概率远小于自旋磁矩与材料的磁场方向反平行的电子. 总电流是两类自旋电流之和; 总电阻是两类自旋电流的并联电阻, 这就是所谓的两电流模型.

在图 2.3.6 所示的多层膜 GMR 结构中, 无外磁场时, 上下两层磁性材料是反平行(反铁磁)耦合的. 施加足够强的外磁场后, 两层铁磁膜的方向都与外磁场方向一致，外磁场使两层铁磁膜从反平行耦合变成了平行耦合. 电流的方向在多数应用中是平行于膜面的.

图 2.3.7 是图 2.3.6 结构的某种 GMR 材料的磁阻特性. 由图可见，随着外磁场增大，电阻逐渐减小，其间有一段线性区域. 当外磁场已使两铁磁膜完全平行耦合后，继续加大磁场，电阻不再减小，进入磁饱和区域. 磁阻变化率$\Delta R/R$达百分之十几，加反向磁场时磁阻特性是对称的. 注意到图 2.3.7 中的曲线有两条，分别对应增大磁场和减小磁场时的磁阻特性，这是因为铁磁材料都具有磁滞特性.

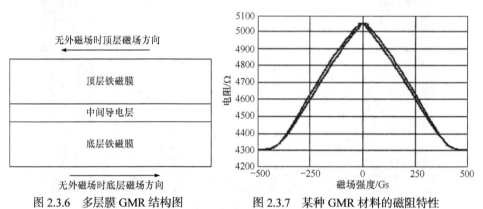

图 2.3.6　多层膜 GMR 结构图　　　图 2.3.7　某种 GMR 材料的磁阻特性

有两类与自旋相关的散射对巨磁电阻效应有贡献.

其一，界面上的散射. 无外磁场时，上下两层铁磁膜的磁场方向相反，无论电子的初始自旋状态如何，从一层铁磁膜进入另一层铁磁膜时都面临状态改变(平行-反平行或反平行-平行)，电子在界面上的散射概率很大，对应于高电阻状态. 有外磁场时，上下两层铁磁膜的磁场方向一致，电子在界面上的散射概率很小，对应于低电阻状态.

其二，铁磁膜内的散射. 即使电流方向平行于膜面，由于无规散射，电子也有一定的概率在上下两层铁磁膜之间穿行. 无外磁场时，上下两层铁磁膜的磁场方向相反，无论电子的初始自旋状态如何，在穿行过程中都会经历散射概率小(平行)和散射概率大(反平行)两种过程，两类自旋电流的并联电阻相似两个中等阻值的电阻的并联，对应于高电阻状态. 有外磁场时，上下两层铁磁膜的磁场方向一致，自旋平行的电子散射概率小，自旋反平行的电子散射概率大，两类自旋电流的并联电阻相似一个小电阻与一个大电阻的并联，对应于低电阻状态.

多层膜 GMR 结构简单，工作可靠，磁阻随外磁场线性变化的范围大，在制作模拟传感器方面得到广泛应用. 在数字记录与读出领域，为进一步提高灵敏度，发展了自旋阀结构的 SV-GMR，如图 2.3.8 所示.

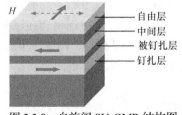

图 2.3.8　自旋阀 SV-GMR 结构图

　　自旋阀结构的 SV-GMR(spin valve GMR)由钉扎层、被钉扎层、中间导电层和自由层构成. 其中，钉扎层使用反铁磁材料，被钉扎层使用硬铁磁材料，铁磁和反铁磁材料在交换耦合作用下形成一个偏转场，此偏转场将被钉扎层的磁化方向固定，不随外磁场改变. 自由层使用软铁磁材料，它的磁化方向易于随外磁场转动. 这样，很弱的外磁场就会改变自由层与被钉扎层磁场的相对取向，对应于很高的灵敏度. 制造时，使自由层的初始磁化方向与被钉扎层垂直，磁记录材料的磁化方向与被钉扎层的方向相同或相反(对应于 0 或 1)，当感应到磁记录材料的磁场时，自由层的磁化方向就向与被钉扎层磁化方向相同(低电阻)或相反(高电阻)的方向偏转，检测出电阻的变化，就可确定记录材料所记录的信息，硬盘所用的 GMR 磁头就采用这种结构.

　　本实验的实验仪器，GMR 材料的多层结构是基于一个 Ni-Fe-Co 磁性层和 Cu 间隔层.

四、实验内容

1. GMR 模拟传感器的磁电转换特性测量

　　在将 GMR 构成传感器时，为了消除温度变化等环境因素对输出的影响，一般采用桥式结构，图 2.3.9 是某型号传感器的结构.

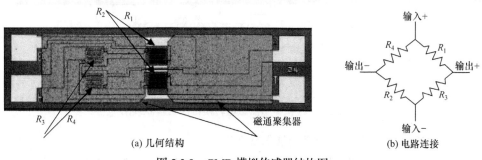

(a) 几何结构　　　　　　　　　　　(b) 电路连接

图 2.3.9　GMR 模拟传感器结构图

　　对于电桥结构，如果 4 个 GMR 电阻对磁场的响应完全同步，就不会有信号输出. 图 2.3.9(b)中，将处在电桥对角位置的两个电阻 R_3、R_4 覆盖一层高磁导率的材料，如坡莫合金，以屏蔽外磁场对它们的影响，而 R_1、R_2 阻值随外磁场改变. 设无外磁场时 4 个 GMR 电阻的阻值均为 R，R_1、R_2 在外磁场作用下电阻减小 ΔR，简单分析表明，输出电压

$$U_{\text{OUT}} = U_{\text{IN}}\Delta R/(2R-\Delta R) \tag{2.3.2}$$

　　屏蔽层同时设计为磁通聚集器, 它的高导磁率将磁力线聚集在 R_1、R_2 电阻所在的空间, 进一步提高了 R_1、R_2 的磁灵敏度.

　　从图 2.3.9(a) 的几何结构还可见, 巨磁电阻被光刻成微米宽度迂回状的电阻条, 以增大其电阻至 kΩ, 使其在较小工作电流下得到合适的电压输出.

　　图 2.3.10 是某 GMR 模拟传感器的磁电转换特性曲线. 图 2.3.11 是磁电转换特性的测量原理图.

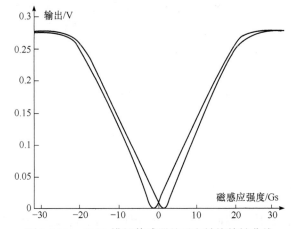

图 2.3.10　GMR 模拟传感器的磁电转换特性曲线

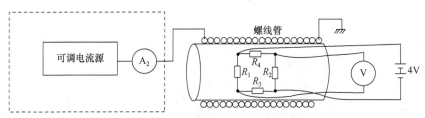

图 2.3.11　模拟传感器磁电转换特性实验原理图

　　实验装置: 巨磁阻实验仪, 基本特性组件.

　　将 GMR 模拟传感器置于螺线管磁场中, 功能切换按钮切换为 "传感器测量". 实验仪的 4V 电压源接至基本特性组件 "巨磁电阻供电", 恒流源接至 "螺线管电流输入", 基本特性组件 "模拟信号输出" 接至实验仪电压表.

　　按表 2.3.1 数据, 调节励磁电流, 逐渐减小磁场强度, 记录相应的输出电压于表格 "减小磁场" 列中. 由于恒流源本身不能提供负向电流, 当电流减至 0 后, 交换恒流输出接线的极性, 使电流反向. 再次增大电流, 此时流经螺线管的电流与磁感应强度的方向为负, 从上到下记录相应的输出电压.

表 2.3.1　GMR 模拟传感器磁电转换特性的测量　　　　　电桥电压：4V

磁感应强度/Gs		输出电压/mV	
励磁电流/mA	磁感应强度/Gs	减小磁场	增大磁场
100			
90			
80			
70			
60			
50			
40			
30			
20			
10			
5			
0			
−5			
−10			
−20			
−30			
−40			
−50			
−60			
−70			
−80			
−90			
−100			

电流至−100mA 后，逐渐减小负向电流，电流到 0 时同样需要交换恒流输出接线的极性. 从下到上记录数据于"增大磁场"列中.

理论上讲，外磁场为零时，GMR 传感器的输出应为零，但由于半导体工艺的限制，四个桥臂电阻值不一定完全相同，导致外磁场为零时输出不一定为零，在有的传感器中可以观察到这一现象.

根据螺线管上标明的线圈密度，由式(2.3.1)计算出螺线管内的磁感应强度 B.以磁感应强度 B 为横坐标，电压表的读数为纵坐标做出磁电转换特性曲线.

不同外磁场强度时输出电压的变化反映了 GMR 传感器的磁电转换特性，同一外磁场强度下输出电压的差值反映了材料的磁滞特性.

2. GMR 磁阻特性测量

为加深对巨磁电阻效应的理解，我们对构成 GMR 模拟传感器的磁阻进行测量. 将基本特性组件的功能切换按钮切换为"巨磁阻测量"，此时被磁屏蔽的两个电桥电阻 R_3、R_4 短路，而 R_1、R_2 并联. 将电流表串联进电路中，测量不同磁场时回路中电流的大小，就可计算磁阻. 测量原理如图 2.3.12 所示.

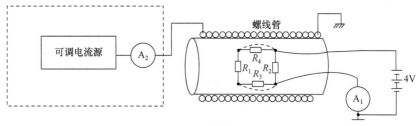

图 2.3.12　磁阻特性测量原理图

实验装置：巨磁阻实验仪，基本特性组件.

将 GMR 模拟传感器置于螺线管磁场中，功能切换按钮切换为"巨磁阻测量"实验仪的 4V 电压源串连电流表后接至基本特性组件"巨磁电阻供电"，恒流源接至"螺线管电流输入".

按表 2.3.2 数据，调节励磁电流，逐渐减小磁场强度，记录相应的磁阻电流于表格"减小磁场"列中. 由于恒流源本身不能提供负向电流，当电流减至 0 后，交换恒流输出接线的极性，使电流反向. 再次增大电流，此时流经螺线管的电流与磁感应强度的方向为负，从上到下记录相应的输出电压.

表 2.3.2　　GMR 磁阻特性的测量　　　　　　　　磁阻两端电压：4V

磁感应强度/Gs		磁阻/Ω			
		减小磁场		增大磁场	
励磁电流/mA	磁感应强度/Gs	磁阻电流/mA	磁阻/Ω	磁阻电流/mA	磁阻/Ω
100					
90					
80					
70					

续表

| 磁感应强度/Gs | | 磁阻/Ω | | | |
| | | 减小磁场 | | 增大磁场 | |
励磁电流/mA	磁感应强度/Gs	磁阻电流/mA	磁阻/Ω	磁阻电流/mA	磁阻/Ω
60					
50					
40					
30					
20					
10					
5					
0					
−5					
−10					
−20					
−30					
−40					
−50					
−60					
−70					
−80					
−90					
−100					

　　电流至−100mA 后，逐渐减小负向电流，电流到 0 时同样需要交换恒流输出接线的极性. 从下到上记录数据于"增大磁场"列中.

　　根据螺线管上标明的线圈密度，由式(2.3.1)计算出螺线管内的磁感应强度 B.

　　由欧姆定律 $R=U/I$ 计算磁阻.

　　以磁感应强度 B 为横坐标，磁阻为纵坐标做出磁阻特性曲线. 应该注意，由于模拟传感器的两个磁阻是位于磁通聚集器中，与图 2.3.2 相比，我们做出的磁阻曲线斜率大了约 10 倍，磁通聚集器结构使磁阻灵敏度大大提高.

　　不同外磁场强度时磁阻的变化反映了 GMR 的磁阻特性，同一外磁场强度下磁阻的差值反映了材料的磁滞特性.

3. GMR 开关(数字)传感器的磁电转换特性曲线测量

将 GMR 模拟传感器与比较电路,晶体管放大电路集成在一起,就构成 GMR 开关(数字)传感器,结构如图 2.3.13 所示.

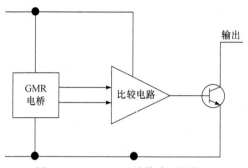

图 2.3.13　GMR 开关传感器结构图

比较电路的功能是,当电桥电压低于比较电压时,输出低电平;当电桥电压高于比较电压时,输出高电平. 选择适当的 GMR 电桥并结合调节比较电压,可调节开关传感器开关点对应的磁场强度.

图 2.3.14 是某种 GMR 开关传感器的磁电转换特性曲线. 当磁场强度的绝对值从低增加到 12Gs 时,开关打开(输出高电平);当磁场强度的绝对值从高减小到 10Gs 时,开关关闭(输出低电平).

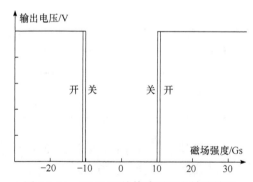

图 2.3.14　GMR 开关传感器磁电转换特性

实验装置:巨磁阻实验仪,基本特性组件.

将 GMR 模拟传感器置于螺线管磁场中,功能切换按钮切换为"传感器测量". 实验仪的 4V 电压源接至基本特性组件"巨磁电阻供电","电路供电"接口接至基本特性组件对应的"电路供电"输入插孔,恒流源接至"螺线管电流输入",基本特性组件"开关信号输出"接至实验仪电压表.

从 50mA 逐渐减小励磁电流,输出电压从高电平(开)转变为低电平(关)时记录相应的励磁电流于表 2.3.3"减小磁场"列中. 当电流减至 0 后，交换恒流输出接线的极性，使电流反向. 再次增大电流，此时流经螺线管的电流与磁感应强度的方向为负，输出电压从低电平(关)转变为高电平(开)时记录相应的负值励磁电流于表 2.3.3"减小磁场"列中. 将电流调至−50mA.

表 2.3.3　GMR 开关传感器的磁电转换特性测量

高电平=＿＿V　低电平=＿＿V

减小磁场			增大磁场		
开关动作	励磁电流/mA	磁感应强度/Gs	开关动作	励磁电流/mA	磁感应强度/Gs
关			关		
开			开		

逐渐减小负向电流，输出电压从高电平(开)转变为低电平(关)时记录相应的负值励磁电流于表 2.3.3"增大磁场"列中，电流到 0 时同样需要交换恒流输出接线的极性. 输出电压从低电平(关)转变为高电平(开)时记录相应的正值励磁电流于表 2.3.3"增大磁场"列中.

根据螺线管上标明的线圈密度，由式(2.3.1)计算出螺线管内的磁感应强度 B.

以磁感应强度 B 为横坐标，电压读数为纵坐标做出开关传感器的磁电转换特性曲线.

利用 GMR 开关传感器的开关特性已制成各种接近开关，当磁性物体(可在非磁性物体上贴上磁条)接近传感器时就会输出开关信号. 广泛应用在工业生产及汽车、家电等日常生活用品中，控制精度高，恶劣环境(如高、低温，振动等)下仍能正常工作.

4. 用 GMR 模拟传感器测量电流

从图 2.3.10 可见，GMR 模拟传感器在一定的范围内输出电压与磁场强度是线性关系，且灵敏度高，线性范围大，可以方便地将 GMR 制成磁场计，测量磁场强度或其他与磁场相关的物理量. 作为应用示例，我们用它来测量电流.

由理论分析可知，通有电流 I 的无限长直导线，与导线距离为 r 的一点的磁感应强度为

$$B = \mu_0 I/(2\pi r) = 2I \times 10^{-7}/r \tag{2.3.3}$$

在 r 不变的情况下，磁场强度与电流成正比.

在实际应用中，为了使 GMR 模拟传感器工作在线性区，提高测量精度，还常常预先给传感器施加一个固定已知磁场，称为磁偏置，其原理类似于电子电路中的直流偏置.

实验装置: 巨磁阻实验仪, 电流测量组件(图 2.3.15).

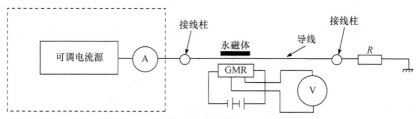

图 2.3.15　模拟传感器测量电流实验原理图

实验仪的 4V 电压源接至电流测量组件"巨磁电阻供电", 恒流源接至"待测电流输入", 电流测量组件"信号输出"接至实验仪电压表.

将待测电流调节至 0.

将偏置磁铁转到远离 GMR 传感器, 调节磁铁与传感器的距离, 使输出约 25mV.

将电流增大到 300mA, 按表 2.3.4 数据逐渐减小待测电流, 从左到右记录相应的输出电压于表格"减小电流"行中. 由于恒流源本身不能提供负向电流, 当电流减至 0 后, 交换恒流输出接线的极性, 使电流反向. 再次增大电流, 此时电流方向为负, 记录相应的输出电压.

表 2.3.4　用 GMR 模拟传感器测量电流

		待测电流/mA	300	200	100	0	−100	−200	−300
输出电压 /mV	低磁偏置 (约 25mV)	减小电流							
		增加电流							
	适当磁偏置 (约 150mV)	减小电流							
		增加电流							

逐渐减小负向待测电流, 从右到左地记录相应的输出电压于表格"增加电流"行中. 当电流减至 0 后, 交换恒流输出接线的极性, 使电流反向. 再次增大电流, 此时电流方向为正, 记录相应的输出电压.

将待测电流调节至 0.

将偏置磁铁转到接近 GMR 传感器, 调节磁铁与传感器的距离, 使输出约 150mV. 用低磁偏置时同样的实验方法, 测量适当磁偏置时待测电流与输出电压的关系.

以电流读数为横坐标, 电压表的读数为纵坐标作图, 分别做出四条曲线.

由测量数据及所为图形可以看出, 适当磁偏置时线性较好, 斜率(灵敏度)较高. 由于待测电流产生的磁场远小于偏置磁场, 磁滞对测量的影响也较小, 因此根据输出电压的大小就可确定待测电流的大小.

用 GMR 传感器测量电流不用将测量仪器接入电路，不会对电路工作产生干扰，既可测量直流，也可测量交流，具有广阔的应用前景.

5. GMR 梯度传感器的特性及应用

将 GMR 电桥两对对角电阻分别置于集成电路两端，四个电阻都不加磁屏蔽，即构成梯度传感器，如图 2.3.16 所示.

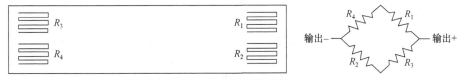

图 2.3.16 GMR 梯度传感器结构图

这种传感器若置于均匀磁场中，由于四个桥臂电阻的阻值变化相同，电桥输出为零. 如果磁场存在一定的梯度，各 GMR 电阻感受到的磁场不同，磁阻变化不一样，就会有信号输出. 图 2.3.17 以检测齿轮的角位移为例，说明其应用原理.

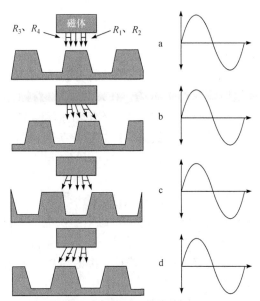

图 2.3.17 用 GMR 梯度传感器检测齿轮位移

将永磁体放置于传感器上方，若齿轮是铁磁材料，永磁体产生的空间磁场在相对于齿牙不同位置时，产生不同的梯度磁场. a 位置时，输出为零. b 位置时，R_1、R_2 感受到的磁场强度大于 R_3、R_4，输出正电压. c 位置时，输出回归零. d 位置时，R_1、R_2 感受到的磁场强度小于 R_3、R_4，输出负电压. 于是，在齿轮转动过程中，每转过一个齿牙便产生一个完整的波形输出. 这一原理已普遍应用于转速

(速度)与位移监控, 在汽车及其他工业领域得到广泛应用.

实验装置: 巨磁阻实验仪、角位移测量组件.

将实验仪 4V 电压源接角位移测量组件"巨磁电阻供电", 角位移测量组件"信号输出"接实验仪电压表.

逆时针慢慢转动齿轮, 当输出电压为零时记录起始角度, 以后每转 3°记录一次角度与电压表的读数. 转动 48°齿轮转过 2 齿, 输出电压变化 2 个周期, 列出测量表格如表 2.3.5.

表 2.3.5   齿轮角位移的测量

转动角度/(°)										
输出电压/mV										

以齿轮实际转过的度数为横坐标, 电压表的读数为纵坐标作图.

根据实验原理, GMR 梯度传感器能用于车辆流量监控吗?

6. 磁记录与读出

磁记录是当今数码产品记录与储存信息的最主要方式, 由于巨磁阻的出现, 存储密度有了成百上千倍的提高.

在当今的磁记录领域, 为了提高记录密度, 读写磁头是分离的. 写磁头是绕线的磁芯, 线圈中通过电流时产生磁场, 在磁性记录材料上记录信息. 巨磁阻读磁头利用磁记录材料上不同磁场时电阻的变化读出信息. 磁读写组件用磁卡做记录介质, 磁卡通过写磁头时可写入数据, 通过读磁头时将写入的数据读出来.

同学可自行设计一个二进制码, 按二进制码写入数据, 然后将读出的结果记录下来.

实验装置: 巨磁阻实验仪, 磁读写组件, 磁卡.

实验仪的 4V 电压源接磁读写组件"巨磁电阻供电", "电路供电"接口接至基本特性组件对应的"电路供电"输入插孔, 磁读写组件"读出数据"接至实验仪电压表. 同时按下"0/1 转换"和"写确认"按键约 2s 将读写组件初始化, 初始化后才可以进行写和读.

将需要写入与读出的二进制数据记入表 2.3.6 第 2 行.

表 2.3.6   二进制数字的写入与读出

十进制数字								
二进制数字								
磁卡区域号	1	2	3	4	5	6	7	8
读出电平								

将磁卡有刻度区域的一面朝前，沿着箭头标识的方向插入划槽，按需要切换写 "0" 或写 "1"(按 "0/1 转换" 按键，当状态指示灯显示为红色表示当前为 "写1" 状态，绿色表示当前为 "写 0" 状态). 按住 "写确认" 按键不放，缓慢移动磁卡，根据磁卡上的刻度区域线，确认写 "0" 或写 "1" 的起点及终点. 注意：为了便于后面的读出数据更准确，写数据时应以磁卡上各区域两边的边界线开始和结束. 即在每个标定的区域内，磁卡的写入状态应完全相同.

完成写数据后，松开 "写确认" 按键，此时组件就处于读状态了，将磁卡移动到读磁头处，根据刻度区域在电压表上读出的电压，记录于表 2.3.6 中.

此实验演示了磁记录与磁读出的原理与过程.

注：由于测试卡区域的两端数据记录可能不准确，因此实验中只记录中间的1~8 号区域的数据.

五、注意事项

(1) 由于巨磁阻传感器具有磁滞现象，因此，在实验中，恒流源只能单方向调节，不可回调. 否则测得的实验数据将不准确. 实验表格中的电流只是作为一种参考，实验时以实际显示的数据为准.

(2) 测试卡组件不能长期处于 "写" 状态.

(3) 实验过程中，实验仪器不得处于强磁场环境中.

六、思考题

对铁、铬组成的复合膜，当膜层厚度是 1.7nm 时，这种复合膜电阻是否具有巨磁电阻效应，为什么？

参考资料

[1] ZKY-JCZ 巨磁电阻效应及应用实验仪实验指导及操作说明书. 四川世纪中科光电技术有限公司, 2018

实验 2.4 磁耦合无线电能传输实验

无线电能传输技术是指无需导线或其他物理接触，直接将电能转换成电场、磁场、电磁波、光波、声波等形式，通过空间将能量从电源传递到负载的电能传输技术. 该技术现已用于电动汽车充电、无线家用电器、医学仪器和航空航天等领域. 根据传输特点差异，研究和应用主要集中在三个方向：电磁感应式、磁耦合谐振式、微波式无线电能传输技术.

该实验研究的是磁耦合谐振无线电能传输技术，它是 2007 年由麻省理工学院(MIT)教授 Marin Soljacic 所在团队实践成功的(2006 年 11 月理论提出). 该技术利用近场低频电磁波的共振现象——非辐射性磁耦合谐振原理——来进行较远距离的能量传输. 作为新型无线电能传输方式，它具有中等传输间距、低辐射性、安全性、穿透性、无方向性等特点，具有广阔的应用前景.

一、实验目的

(1) 了解耦合模理论在磁耦合谐振式无线电能传输中的应用；

(2) 掌握等效电路方法分析磁耦合谐振式无线电能传输的原理；

(3) 掌握磁耦合谐振式无线电能传输的特点；

(4) 掌握磁耦合谐振式无线电能传输的影响因素.

二、实验仪器

1. 仪器组成

ZKY-PEH0101 磁耦合无线电能传输实验仪组成如图 2.4.1 所示.

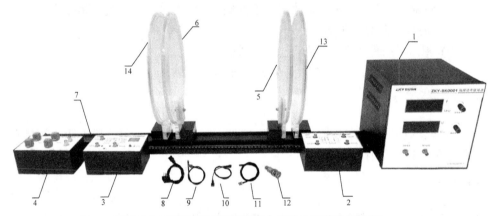

图 2.4.1　ZKY-PEH0101 磁耦合无线电能传输实验仪

1—频功率信号源；2—发射线圈适配器；3—接收线圈适配器；4—电阻箱；5—谐振线圈；6—谐振线圈；
7—导轨；8—电源线；9—同轴线；10—同轴线；11—同轴线；12—匹配电阻；13—线圈；14—线圈

仪器组成如图 2.4.1 所示，由高频功率信号源、发射线圈适配器、接收线圈适配器、电阻箱、谐振线圈(多匝，发射/接收各 1)、线圈(单匝，发射/接收各 1)、导轨，以及线材等组成.

2. 性能特性

(1) 高频功率信号源：正弦波信号；频率 2.000～4.000MHz，4 位数显，调节步进 0.001MHz；幅度 1.00～10.00V_{rms}，4 位数显，调节步进 0.01V_{rms}，稳幅输出；输出阻抗 50Ω.

(2) 谐振线圈：外径 30cm，谐振频率 3MHz.

(3) 发射线圈适配器：输入/输出阻抗 50Ω，电流取样电阻 1Ω.

(4) 线圈(单匝)：外径 30cm，单匝.

(5) 接收线圈适配器：白光 LED 灯 8 只.

(6) 变阻箱：4 挡位，调节范围 0.1~999.9Ω.

(7) 导轨：长度 1m，标尺精度 0.001m.

为保证数据采集的方便性，及避免示波器自带寄生参数的影响，建议每套仪器配备两台数字示波器. 若实验环境限制，单套仪器只能配备一台数字示波器，可在实验中依次测量各个物理量，但必须用这一示波器同时测试输入端的电压 U_V 及取样电阻电压 U_i，以便测得二者的相位差 $|\Phi|$.

另外接收线圈适配器的 LED 负载，可使用示波器或万用表测量其电压、电流，此时万用表也属于自备设备.

三、实验原理

1. 磁耦合谐振式无线电能传输的物理基础

磁耦合谐振式无线电能传输技术利用的是"近场磁耦合"而非"远场电磁辐射". 在"近场区"(间距小于 $\lambda/(2\pi)$)能量并不会像"远场区"那样辐射出去，十分有利于能量的传输.

作为基本单元的谐振线圈可视为电感和电容构成的回路. 其中线圈电感对应的是磁场储能及释放，因此线圈之间能量传输的媒介是时变磁场，传输方式属于磁耦合方式. 另外，电场主要收敛在电容中，因此对人体及环境危害小、安全性高. 当两谐振线圈之间存在一定的距离时，一般情况下，两者只存在弱的电磁耦合，但当两线圈固有频率一致，发生谐振时，系统阻抗最小，能量耦合将得到加强. 此时若发射端线圈存在稳定的电源激励，接收端存在一定的损耗输出，即实现了无线电能传输. 整个传输过程中，强调的是谐振，因此称之为磁耦合谐振无线电能传输. 它具有以下特点：

(1) 采用共振原理，在相对较远的距离仍能得到较高的效率和较大的功率；

(2) 传输媒介是时变磁场，而非电场，对人体危害小(人体是非磁性物质)；

(3) 具有良好的穿透性，传输不受空间非磁性障碍物的影响；

(4) 近场传输，能量只往有谐振对象的方向传输，对周围物体影响小；

(5) 无严格方向性，通过适当的设计甚至可以做到无方向性.

磁耦合谐振式无线电能传输是电磁学、电力电子学、控制理论、高频电子、耦合理论等多学科基础知识的综合，针对不同角度可选取不同方式对无线电能传输系统进行分析，采用适当的模型和合理、准确的分析方法是解决问题的前提. 最常用的方法是等效电路理论和耦合模理论.

　　常见的磁耦合谐振式无线电能传输有两线圈结构和四线圈结构，该实验中，选用的是四线圈结构，其结构组成如图 2.4.2 所示.

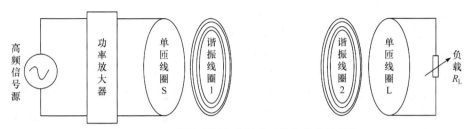

图 2.4.2　四线圈磁耦合谐振式无线电能传输结构
"单匝线圈 S/L" 对应成套件清单中"线圈(PD0006/PD0007)"；
"谐振线圈 1/2" 对应成套件清单中"谐振线圈(PD0004/PD0005)"

　　四线圈无线电能传输系统在两谐振线圈的基础上，在功率源与谐振线圈之间，谐振线圈和负载之间增加了发射环路和接收环路. 这两个环路一般由单匝线圈构成. 引入单匝线圈与电源或负载构成的环路，能够提供低损耗、高比率的阻抗变换，能够进行电源匹配和负载阻抗匹配；同时还能隔离电源和负载对谐振线圈的影响.

　　不考虑功率放大器，该结构可简单地看为由 4 个 RLC 回路单元及相互之间的耦合组成. 由于单匝线圈和谐振线圈间距较近，各自频率特性差异较大，其间能量是通过直接感应的方式进行传递的. 中间的谐振线圈 1 和谐振线圈 2 之间，是我们需要研究的磁耦合谐振无线电能传输，因此接下来通过耦合模理论分析中间两谐振线圈间的磁耦合谐振过程.

　　2. 耦合模理论分析

　　耦合模本质是一种微扰法，可避开复杂物理模型，直接对物体间的能量耦合进行分析，更能表现传输过程中的物理本质，但表达求解相对复杂. 耦合模理论解决问题的基本思路是：将复杂的系统分解为一定数量的独立部分或单元；然后分别求解每个单元的约束方程，得到的解用该单元的"简正模"表示；最后可以理解为：用这些相互独立的单元来表示原有的复杂耦合系统，这种孤立单元间的弱耦合会对每个单元产生微扰，原本复杂耦合系统由相互存在弱耦合的孤立单元微扰叠加而成.

　　在能量传输过程中，假定存在两个单元，且对应地只存在两个独立模 $a_1(t)$ 和 $a_2(t)$，当不存在耦合时，这两个模都是按照 $e^{j\omega_{1,2}t}$ 演化的. 在传输过程中，由于模 $a_1(t)$ 的自身演化，将导致的变化为

$$\Delta a_1 = \frac{\partial a_1}{\partial t}\Delta t = j\omega_1 \Delta t a_1$$

其中，ω_1 为固有频率. 当考虑模 $a_2(t)$ 对 $a_1(t)$ 存在微扰时，Δt 时间内，由于是微扰作用，可假设其满足线性关系，并可通过定义耦合率 K_{12} 来表征，此时可以得到

如下关系：

$$\Delta a_1 = K_{12}\Delta t a_2$$

当 $\Delta t \rightarrow 0$ 时，对以上两部分求和，可以得到

$$\frac{\mathrm{d}a_1}{\mathrm{d}t} = \mathrm{j}\omega_1 a_1 + K_{12}a_2$$

同样对模 $a_2(t)$ 进行分析可以得到整个耦合模方程

$$\begin{cases} \dfrac{\mathrm{d}a_1}{\mathrm{d}t} = \mathrm{j}\omega_1 a_1 + K_{12}a_2 \\[2mm] \dfrac{\mathrm{d}a_2}{\mathrm{d}t} = \mathrm{j}\omega_2 a_2 + K_{21}a_1 \end{cases} \tag{2.4.1}$$

更广泛地，当考虑两个单元中存在损耗(对应的损耗系数分别为 $\varGamma_1$ 和 $\varGamma_2$)，以及存在激励源(对应的表示为 $F_1(t)$ 和 $F_1(t)$)时，耦合模方程(2.4.1)将变为

$$\begin{cases} \dfrac{\mathrm{d}a_1}{\mathrm{d}t} = (\mathrm{j}\omega_1 - \varGamma_1)a_1 + K_{12}a_2 + F_1(t) \\[2mm] \dfrac{\mathrm{d}a_2}{\mathrm{d}t} = (\mathrm{j}\omega_2 - \varGamma_2)a_2 + K_{21}a_1 + F_2(t) \end{cases} \tag{2.4.2}$$

1) LC 振荡的模式方程

首先针对最基本的独立单元: 单个谐振线圈, 其等效电路如图 2.4.3 所示, 其基本的电路方程如下:

$$\begin{cases} \dfrac{\mathrm{d}}{\mathrm{d}t}i = -\dfrac{1}{L}u \\[2mm] \dfrac{\mathrm{d}}{\mathrm{d}t}u = \dfrac{1}{C}i \end{cases}$$

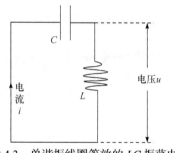

图 2.4.3　单谐振线圈等效的 LC 振荡电路

做转换 $\begin{cases} a = \dfrac{1}{2}\sqrt{L}(i + \mathrm{j}\omega_0 Cu) \\[2mm] a^* = \dfrac{1}{2}\sqrt{L}(i - \mathrm{j}\omega_0 Cu) \end{cases}$ ($\omega_0 = 1/\sqrt{LC}$ 代表固有频率), 可得基本独立单元的模式方程

$$\frac{\mathrm{d}}{\mathrm{d}t}a = \mathrm{j}\omega_0 a \quad (\text{或写为} \frac{\mathrm{d}}{\mathrm{d}t}a^* = -\mathrm{j}\omega_0 a^*)$$

其解的形式或者说该基本独立单元的"简正模"为 $a \sim \mathrm{e}^{\mathrm{j}\omega_0 t}$. 另外令

$$W = |a|^2 + |a^*|^2 = \frac{1}{2}(Cu^2 + Li^2) = 2|a|^2$$

可见 $|a|^2$ 代表系统的能量. 当损耗系数 $\varGamma \neq 0$ 时(如存在电阻), 由式(2.4.2), 可得

到模式方程为

$$\frac{\mathrm{d}a}{\mathrm{d}t} = \mathrm{j}\omega_0 a - \Gamma a$$

损耗系数 Γ 直接由环路的电参数决定，可写为品质因数 Q 的关系

$$\Gamma = \omega_0 / (2Q) \tag{2.4.3}$$

2) 两无损耗 LC 振荡系统

根据上面的讨论，如图 2.4.4 所示的两无损耗振荡系统，外部激励函数为 0，其耦合模方程由式(2.4.2)可以得到

$$\begin{cases} \dfrac{\mathrm{d}a_1}{\mathrm{d}t} = \mathrm{j}\omega_1 a_1 + K_{12}a_2 \\[2mm] \dfrac{\mathrm{d}a_2}{\mathrm{d}t} = \mathrm{j}\omega_2 a_2 + K_{21}a_1 \end{cases} \tag{2.4.4}$$

其中，ω_1、ω_2 分别为两回路的固有频率，方程(2.4.4)是常系数线性齐次微分方程组，其解析解为

$$\begin{cases} a_1(t) = \left[a_1(0)\left(\cos \Lambda t + \mathrm{j}\dfrac{\omega_1 - \omega_2}{2\Lambda}\sin \Lambda t \right) + a_2(0)\dfrac{K_{12}}{\Lambda}\sin \Lambda t \right]\cdot \mathrm{e}^{\mathrm{j}\frac{\omega_1+\omega_2}{3}t} \\[3mm] a_2(t) = \left[a_2(0)\left(\cos \Lambda t + \mathrm{j}\dfrac{\omega_2 - \omega_1}{2\Lambda}\sin \Lambda t \right) + a_1(0)\dfrac{K_{21}}{\Lambda}\sin \Lambda t \right]\cdot \mathrm{e}^{\mathrm{j}\frac{\omega_1+\omega_2}{3}t} \end{cases} \tag{2.4.5}$$

其中，$\Lambda = \sqrt{\left(\dfrac{\omega_1 - \omega_2}{2}\right)^2 + K_{21}K_{12}}$，为简单，考虑对称 $K_{12}=K_{21}=K$，且假设 $t=0$ 时系统能量为 "1"，且全都存在于模 a_1 中($a_1(0)=1$, $a_2(0)=0$). 此时有

$$\begin{cases} \left|a_1(t)\right|^2 = \cos^2 \Lambda t + \dfrac{\Lambda^2 - K^2}{\Lambda^2}\sin^2 \Lambda t \\[3mm] \left|a_2(t)\right|^2 = \dfrac{K^2}{\Lambda^2}\sin^2 \Lambda t \\[3mm] \left|a_1(t)\right|^2 + \left|a_2(t)\right|^2 = 1 \end{cases} \tag{2.4.6}$$

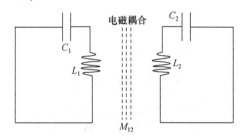

图 2.4.4　两无损耗 LC 振荡系统

式(2.4.6)分别代表两个谐振单元的能量以及系统总能量，其代表的能量转换关系如图 2.4.5 所示.

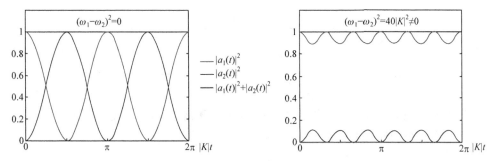

图 2.4.5　无损耗的两 LC 回路之间的能量转换关系

可见，当且仅当$\omega_1=\omega_2$时，理论上两个线圈之间能量转化为 100%，因此对于磁耦合无线电能传输系统，设计上需要使两线圈自身的固有谐振频率满足

$$\omega_1=\omega_2=\omega_0 \tag{2.4.7}$$

3) 有损耗有激励时的耦合模方程

如图 2.4.6 所示，其他不变，考虑线圈回路上存在电阻损耗Γ_1、Γ_2(对应的回路电阻分别为 R_1、R_2)，且 a_1 上存在持续的在谐振点附近($\omega\sim\omega_0$)的激励模 $A_S\mathrm{e}^{\mathrm{j}\omega t}$ (外加电源)时，根据式(2.4.2)，此时耦合模方程为

$$\begin{cases} \dfrac{\mathrm{d}a_1}{\mathrm{d}t}=(\mathrm{j}\omega_1-\Gamma_1)a_1+K_{12}a_2+A_S\mathrm{e}^{\mathrm{j}\omega t} \\[2mm] \dfrac{\mathrm{d}a_2}{\mathrm{d}t}=(\mathrm{j}\omega_2-\Gamma_2)a_2+K_{21}a_1 \end{cases} \tag{2.4.8}$$

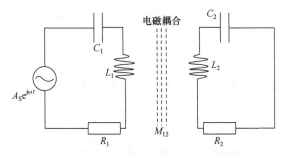

图 2.4.6　有损耗有激励时两线圈无线电能传输系统

同样考虑两振荡器对称，且为保证最好的能量转换，根据式(2.4.7)有

$$K_{12}=K_{21}=K$$

$$\omega_1 = \omega_2 = \omega_0$$

此时方程(2.4.8)的解为

$$
\begin{cases}
a_1(t) = \dfrac{(\Gamma_1 + \Gamma_2) - (\omega - \omega_0)}{-K^2 + \Gamma_1\Gamma_2 - (\omega - \omega_0)^2 + \mathrm{j}(\omega - \omega_0)(\Gamma_1 + \Gamma_2)} \cdot A_\mathrm{S}\mathrm{e}^{\mathrm{j}\omega t} \\[4mm]
a_2(t) = \dfrac{-K}{-K^2 + \Gamma_1\Gamma_2 - (\omega_0 - \omega)^2 + \mathrm{j}(\omega_0 - \omega)(\Gamma_1 + \Gamma_2)} \cdot A_\mathrm{S}\mathrm{e}^{\mathrm{j}\omega t}
\end{cases}
\tag{2.4.9}
$$

回路 2 的损耗电阻 R_2 为线圈寄生电阻 R_{20} 和负载 R_L 的和，一般情况下 $R_\mathrm{L} \gg R_{20}$，此时可将负载的损耗系数 Γ_L 近似为 Γ_2，因此可以得到负载功率：

$$P_\mathrm{L} = 2\Gamma_2 |a_2|^2 \tag{2.4.10}$$

(1) 简单起见，先考虑谐振特性，令 $\omega \equiv \omega_0$，其中耦合率 K 和两线圈互感耦合系数 k 之间满足关系

$$K = \mathrm{j}\omega_0 k / 2$$

同时根据式(2.4.3)，$\Gamma = \omega_0 / (2Q)$，因此式(2.4.9)的 a_2 模可简化为

$$a_2(t) = \frac{-K}{-K^2 + \Gamma_1\Gamma_2} \cdot A_\mathrm{S}\mathrm{e}^{\mathrm{j}\omega_0 t} = -\frac{2}{\omega_0} \cdot \frac{\mathrm{j}k}{k^2 + \dfrac{1}{Q_1 Q_2}} \cdot A_\mathrm{S}\mathrm{e}^{\mathrm{j}\omega_0 t}$$

代入式(2.4.10)负载功率 P_L 中，并对耦合系数 k 求偏导，且令 $\dfrac{\partial P_\mathrm{L}}{\partial k} = 0$，可以得到耦合系数为

$$k^2 = \frac{1}{Q_1 Q_2} \tag{2.4.11}$$

因此，磁耦合谐振无线电能传输谐振特性为：负载功率 P_L 随耦合系数 k 为单峰曲线，在 $k^2 = \dfrac{1}{Q_1 Q_2}$ 处取谐振负载功率最大值，其中 $k^2 = \dfrac{1}{Q_1 Q_2}$ 为谐振功率最值点.

(2) 普遍地考虑整个频率范围，对式(2.4.10)负载功率 P_L 求偏导，并令 $\dfrac{\partial P_\mathrm{L}}{\partial \omega} = 0$，可以得到

$$(\omega_0 - \omega)\left[(\omega_0 - \omega)^2 + K^2 + \frac{\Gamma_1^2 + \Gamma_2^2}{2} \right] = 0 \tag{2.4.12}$$

代入 $K = \mathrm{j}\omega_0 k / 2$ 和 $\Gamma = \omega_0 / (2Q)$ 后，等效为

$$(\omega_0 - \omega)\left[(\omega_0 - \omega)^2 + \frac{1}{4}\omega_0^2\left(\frac{1}{2Q_1^2} + \frac{1}{2Q_2^2} - k^2 \right) \right] = 0 \tag{2.4.13}$$

(a) 当 $k^2 \leqslant \dfrac{1}{2Q_1^2} + \dfrac{1}{2Q_2^2}$ 时，可以得到

$$\omega = \omega_0$$

也就是说耦合系数较小时，负载功率 P_L 随频率 ω 变化为单峰，极大值对应谐振频率 ω_0；

(b) 当 $k^2 > \dfrac{1}{2Q_1^2} + \dfrac{1}{2Q_2^2}$ 时，可以得到

$$\begin{cases} \omega_{1,2} = \omega_0 \pm \dfrac{\omega_0}{2}\sqrt{k^2 - \dfrac{1}{2Q_1^2} + \dfrac{1}{2Q_2^2}} \\ \omega_3 = \omega_0 \end{cases} \qquad (2.4.14)$$

其中，$\omega_{1,2}$ 对应的是负载功率的极大值，ω_3 对应极小值. 也就是说耦合系数较大时，负载功率 P_L 随频率 ω 变化存在双峰一谷，这是磁耦合谐振式无线电能传输的重要特性之一——"频率分裂现象". 其中 $k^2 = \dfrac{1}{2Q_1^2} + \dfrac{1}{2Q_2^2}$ 为频率分裂临界点.

(3) 当且仅当线路完全对称 $Q_1 = Q_2 = Q$ 时，根据式(2.4.11)和式(2.4.14)，此时频率分裂临界点和谐振功率最值点重合：$k = 1/Q$. 因此 $Q_1 = Q_2 = Q$ 时：

(a) 临界耦合点位置可以直接由系统的 Q 值得到；

(b) 常规测试中，临界点附近分裂程度很小，很难通过测试分裂程度来判断临界分裂点位置，此时可以通过测量谐振情况下的负载功率最大点来得到频率分裂临界点.

图 2.4.7 是设 $Q_1 = Q_2 = Q = 30$ 时，由式(2.4.9)、(2.4.10)模拟得到的负载功率随耦合系数和角频率的关系：

(a) 当耦合系数 $k > 1/Q$ 时，出现频率分裂现象，存在两个极大值 $\omega_{1,2}$ 和一个极小值 ω_3，且在该分裂范围内，负载功率 P_L 极大值随耦合系数变化基本不变，为强耦合区域；

(b) 当 $k < 1/Q$ 时，负载功率随频率变化为单峰，极大值对应谐振频率 ω_0，且随耦合系数的减小负载功率 P_L 迅速减小，为欠耦合区域.

(c) 当 $k = 1/Q$ 时，在尽量提高传输距离的前提下，负载有功功率有最大值，因此该点也称为无线电能传输的临界耦合点或最佳工作点，表征能量距离的传输能力.

同时由图 2.4.7 可得到：为保证负载端得到尽量大的能量，应满足频率分裂的条件，或者说磁耦合无线电能传输中，需要满足的条件为

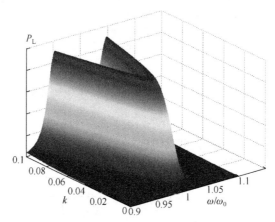

图 2.4.7　负载功率 P_L 随耦合系数 k 和角频率 ω/ω_0 的关系

(a) 两线圈固有频率一致($\omega_1=\omega_2=\omega_0$);

(b) 系统谐振线圈的 Q 值足够高$\left(k^2>\dfrac{1}{2Q_1^2}+\dfrac{1}{2Q_2^2}\right)$.

若令 $\Delta\omega=|\omega_1-\omega_2|$,由式(2.4.14)耦合系数为

$$k=\sqrt{\left(\frac{\Delta\omega}{\omega_0}\right)^2+\frac{1}{2Q_1^2}+\frac{1}{2Q_2^2}}\xleftarrow{Q_1=Q_2=Q}\sqrt{\left(\frac{\Delta\omega}{\omega_0}\right)^2+\frac{1}{Q^2}} \tag{2.4.15}$$

当 Q 值较高时,耦合系数可近似为

$$k=\frac{\Delta\omega}{\omega_0} \tag{2.4.16}$$

明显式(2.4.15)、式(2.4.16)只适用于强耦合区域到临界耦合点的情况.

4) 等效电路理论分析及 MATLAB 模拟

相对于耦合模理论,等效电路分析简单便于理解,电路参数意义明确,方便建模分析. 该方法是在线圈电参数上进行的,因此需要确切地知道线圈的电阻 R、电感 L、电容 C、电路中存在的调节器件及线圈间的互感系数 M,这些参数和材料、形状、尺寸、匝数等相关. 为讨论简便,在谐振频率附近($\omega\sim\omega_0$),忽略上述各个参数随频率的变化,都近似为谐振点 ω_0 时的值,视为常数.

该实验磁耦合谐振无线电能传输等效电路模型及各个参数如图 2.4.8 所示.

考虑系统完全对称时,其中设电源电压为 V_S,激励角频率为 ω,电源内阻等于负载电阻 $R_L=R_S$,R_0 是实验中用于测试电流的取样电阻;单匝线圈 $R_{L0}=R_{S0}$,$C_L=C_S$,$L_S=L_L$;谐振线圈 $R_{10}=R_{20}$,$C_1=C_2$,$L_1=L_2$;互感系数 $M_{S1}=M_{2L}$;则谐振线圈回路的固有频率有 $\omega_1=\omega_2$;谐振线圈 1 和谐振线圈 2 之间的互感系数为 M;另外设四个回路的电流按图 2.4.8 依次为 I_S、I_1、I_2、I_L;V_{int}、V_L 分别为线圈网络输入、输出电压. 则此时图 2.4.8 所示的基尔霍夫方程为

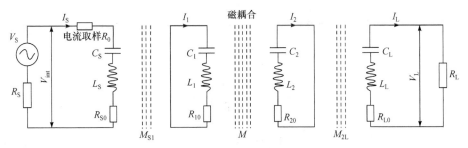

图 2.4.8　磁耦合谐振无线电能传输等效电路图

$$\begin{cases} V_S = I_S\left(j\omega L_S + R_0 + R_{S0} + \dfrac{1}{j\omega C_S} + R_S\right) + I_1 j\omega M_{S1} \\[2mm] 0 = I_1\left(j\omega L_1 + R_{10} + \dfrac{1}{j\omega C_1}\right) + I_S j\omega M_{S1} + I_2 j\omega M \\[2mm] 0 = I_2\left(j\omega L_2 + R_{20} + \dfrac{1}{j\omega C_2}\right) + I_1 j\omega M + I_L j\omega M_{2L} \\[2mm] 0 = I_L\left(j\omega L_L + R_{L0} + \dfrac{1}{j\omega C_L} + R_L\right) + I_2 j\omega M_{2L} \end{cases}$$

对各个回路阻抗做简化

$$Z_S = j\omega L_S + R_0 + R_{S0} + \frac{1}{j\omega C_S} + R_S\;;\qquad Z_1 = j\omega L_1 + R_{10} + \frac{1}{j\omega C_1}$$

$$Z_2 = j\omega L_2 + R_{20} + \frac{1}{j\omega C_2}\;;\qquad Z_S = j\omega L_L + R_{L0} + \frac{1}{j\omega C_L} + R_L$$

且令

$$\begin{cases} Y_L = \dfrac{j\omega^3 M_{S1} M M_{2L}}{Z_S Z_1 Z_2 Z_L + \omega^2 M_{2L}^2 Z_S Z_1 + \omega^2 M^2 Z_S Z_L + \omega^2 M_{S1}^2 Z_2 Z_L + \omega^4 M_{S1}^2 M_{2L}^2} \\[4mm] Y_S = \dfrac{\omega^2 M^2 Z_L + \omega^2 M_{2L}^2 Z_1 + Z_1 Z_2 Z_L}{j\omega^3 M_{S1} M M_{2L}} \end{cases}$$

$$(2.4.17)$$

则有

$$\begin{cases} I_L = Y_L \times V_S \\ I_S = Y_S \times V_S \end{cases} \tag{2.4.18}$$

　　Y 的物理意义在这里可看为电导，当我们关心无线传输网络的传输效率时(不是整个系统的利用效率)，电源内阻的损耗不需要考虑，此时的网络输入有功功率 P_{int}、输出有功功率 P_{out} 以及传输效率 τ 分别为

$$\begin{cases} P_{\text{int}} = \text{Re}\left(V_{\text{int}} \times \tilde{I}_S\right) \\ P_{\text{out}} = \text{Re}\left(V_L \times \tilde{I}_L\right) = R_L V_S^2 \left|Y_L^2\right| \\ \tau = \dfrac{P_{\text{out}}}{P_{\text{int}}} = \dfrac{\left|Y_L^2\right|}{\left|Y_S^2\right|} \cdot \dfrac{R_L}{\text{Re}}\left(-R_S + 1/Y_S\right) \end{cases} \qquad (2.4.19)$$

其中，$\tilde{I}$ 表示电流的共轭. 接下来使用 MATLAB 对式(2.4.17)～(2.4.19)进行模拟，查看系统负载功率 P_L 以及传输效率 τ 的变化. 实验中线圈结构完全对称，谐振线圈为平面螺旋结构，具体参数如表 2.4.1 所示.

表 2.4.1　模拟线圈参数

谐振线圈			
线圈外径 $D_{\max}$	28.5cm	寄生电阻 $R_{10,20}$	0.365Ω
平均半径 r_{avg}	12.25cm	线圈电感 $L_{1,2}$	27μH
匝数 N	8	谐振频率 ω_0	3.0MHz
单匝线圈			
匝数 N	1	线圈外径 D	28.5cm
线圈电感 $L_{S,L}$	0.55μH	寄生电阻 $R_{S0,L0}$	0.053Ω
其他			
耦合系数 $k_{S1}=k_{2L}$	0.38	取样电阻 R_0	1Ω
电源内阻 R_S	50Ω	负载电阻 R_L	50Ω

　　线圈定型后，径向间距 d、角度偏移 θ 以及水平偏移 x 的变化，在本质上都是耦合系数 k 的变化(图 2.4.9). 为研究最佳传输距离，仅考虑线圈同轴放置时 $x=\theta=0$，线圈间互感系数可近似为

$$M = \frac{\mu_0 \pi N_1 N_2 r_{1\text{avg}}^2 r_{2\text{avg}}^2}{2\left(d^2 + r_{1\text{avg}}^2\right)^{1.5}} \qquad (2.4.20)$$

其中，$r_{1\text{avg}} \geqslant r_{2\text{avg}}$，下标的出现说明该式适用于不同线圈间的互感，对于相同的谐振线圈有 $N_1=N_2=N$，$r_{1\text{avg}}=r_{2\text{avg}}=r_{\text{avg}}$，$d$ 为两线圈同轴放置间距.

　　由式(2.4.20)可将耦合系数 k 转化为间距 d，因此由式(2.4.17)～(2.4.20)通过 MATLAB 模拟后如图 2.4.10 所示.

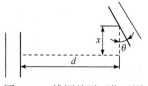

图 2.4.9　线圈的平面位置图

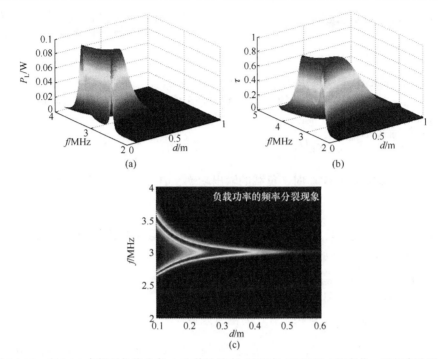

图 2.4.10　表 2.4.1 参数下负载功率 P_L 和传输效率 τ 随频率 f 和间距 d 的变化，及频率分裂现象

　　根据图中的频率分裂现象及表 2.4.1 所示参数，可知该无线传输系统的最佳传输间距(临界耦合点)约为 30cm.

四、实验内容

　　实验前准备：

　　(1) 线圈的放置：轨道标尺朝向实验人员；线圈滑块底座的刻度朝向轨道标尺；两组单匝线圈与谐振线圈能够通过滑块靠到最近(可参考图 2.4.2).

　　(2) 为使测试信号更好地读出，建议示波器触发信号选取"较大的信号".

　　(3) 该实验中相位差的测试主要用于功率计算，因此可不对"+、－"号做记录.

　　(4) 为方便计算，建议波形测试中电压的记录都采用"均方根值".

　　另外为记录方便，在后续实验步骤及其表格中，默认符号表示如下，且各个符号之间的计算也满足下列关系.

　　R_L：负载阻值，单位Ω.

　　d：两谐振线圈间距，单位 cm.

　　d_{S1}：单匝线圈 S 和谐振线圈 1 的间距，单位 cm.

　　d_{2L}：谐振线圈 2 和单匝线圈 L 的间距，单位 cm.

　　U_V：发射线圈适配器"电压测量"接口测得的输入电压(均方根值)，单位 V.

U_i：发射线圈适配器"电流测量"接口测得的采样电阻(1Ω)电压(均方根值)，单位 mV.

$|\Phi|$：U_V 和 U_i 相位差的绝对值，单位 rad.

U_L：负载电阻两端的电压(均方根值)，单位 V.

$U_{monitor}$：示波器监测得到的高频功率信号源实际输出电压(均方根值)，单位 V.

τ：传输效率，$\tau = \dfrac{1000U_L^2}{R_L U_V U_i \cos|\Phi|}$.

P_L：电源输出为 $5V_{rms}$ 时，负载的输出功率，$P_L = 1000\left(\dfrac{5U_L}{U_{monitor}}\right)^2 \Big/ R_L$ (单位：mW).

$P_{L(max)}$：改变频率，最大功率追踪的情况下，得到的该距离下最大功率.

Q：线圈所在回路的品质因数.

k：两个谐振线圈之间的耦合系数.

k_{S1}：单匝线圈 S 和谐振线圈 1 的耦合系数.

k_{2L}：谐振线圈 2 和单匝线圈 L 的耦合系数.

1. 基本传输特性测试($R_L=R_S=50\Omega$，发射、接收回路完全对称时，间距 d 与频率 f 的影响)

根据前面的理论分析，我们首先测试发射、接收完全对称时电能传输的基础特性，研究频率 f 和间距 d 对传输的影响.

负载可选用"电阻箱"或提供的"匹配电阻(50Ω)". 但由于电阻箱内部是由多个电阻通过串并联方式连接到波段旋钮上的，因此在 $2\sim4$MHz 的高频信号下，存在高频趋肤电阻以及寄生的电感、电容，会对实验系统产生影响，因此为得到更准确的基础实验数据，这里建议使用"匹配电阻(50Ω)". 线路连接请参照图 2.4.11.

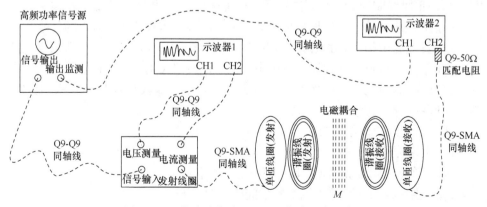

图 2.4.11　线路对称时($R_L=50\Omega$)实验电路连接图

发射、接收端的单匝线圈到相应的谐振线圈间的间距 d_{S1}、d_{2L} 在该实验中保证恒为 4cm.

另外，为保证数据的完整性及准确性，连接有"输出监测"信号口，以便得到准确的相同电源电压下的负载功率. 图 2.4.11 中"示波器 1"触发信号为"U_V"，"示波器 2"触发信号为 $U_{monitor}$.

测试技巧(后续实验一致)：

(1) 由于信号源可看为等幅输出，可以通过查看负载电压 U_L 的大小来判断负载功率 P_L，此时需要特别关注 U_L 为极值(极大和极小)附近的数据.

(2) 因此测试变量为频率时，可先通过调整频率，初步确定 U_L 的极值点频率，再根据这些频率点，适当地设计测试步距(极值点附近可多采样).

2. 数据测试积累：P_L、τ 随频率 f 和间距 d 的变化测试

(1) 线路连接好后，开机，设置信号源输出电压恒为 $5V_{rms}$.

(2) 将两谐振线圈距离调整为 10cm(单匝线圈同步移动)，将信号源频率调整为 2.2MHz，依次记录输入端 U_V、U_i 及二者的相位差的绝对值 $|\Phi|$(方法见本实验的附录 1)，同时记录输出端 50Ω电阻的电压 U_L，以及信号源输出监测 $U_{monitor}$ 到表 2.4.2 中.

表 2.4.2　实验数据记录表一

负载 R_1/Ω	间距 d/cm	f/MHz	U_V/V	U_i/mV	$|\Phi|$/rad	U_L/V	$U_{monitor}$/V	P_1/mW (V_{rms}=5V)	τ/%
50									

(3) 距离不变，设置频率测试步距，在 2.2～3.8MHz 的范围内的不同频率下，重复步骤(2). 步距的设置建议根据测试技巧进行，不要遗漏负载电压 U_L 的极值点附近数据.

(4) 将 10cm 距离下的数据进行处理，得到：

该距离下，输出功率 P_L 随频率 f 的变化曲线(电源电压 $5V_{rms}$)；

该距离下，传输效率 τ 随频率 f 的变化曲线.

(5) 依次将谐振线圈间距 d 设置为 10cm、14cm、18cm、20cm、22cm、24cm、

26cm、28cm、31cm、35cm、40cm、45cm，重复上面步骤(2)～(4)(可根据实际情况，适当增加减少测试间距，以及修改频率范围).

(6) 处理上述数据，将不同间距的实验结果，按照 P_L、τ 汇总为两个图，分别描述：

输出功率 P_L 随频率 f 和间距 d 的变化(电源电压 $5V_{rms}$)；

传输效率 τ 随频率 f 和间距 d 的变化.

(7) 根据前面的实验结果，了解系统的各个间距的耦合情况，初步了解频率分叉现象，同时根据 P_L 各个极值点频率得到谐振频率 f_0.

3. 谐振频率下，负载输出功率 P_L、传输效率 τ 随间距 d 的变化

(1) 根据实验 2 内容整理实验数据，当 $f=f_0$(谐振频率)时，得到不同间距 d 下，负载输出功率 P_L 和传输效率 τ，并填入表 2.4.3.

表 2.4.3　实验数据记录表二

R_L/Ω	$f=f_0/MHz$	d/cm	$P_L/mW(V_{rms}=5V)$	$\tau/\%$
		10		
		14		
		18		
		20		
		22		
		24		
50		26		
		28		
		31		
		35		
		40		
		45		

(2) 根据表 2.4.3 的数据，做出谐振频率 $f=f_0$ 时，负载输出功率 P_L、传输效率 τ 随间距 d 的变化曲线，并结合实验原理得到系统的最佳传输间距 d_{best}.

4. 最大功率跟踪下，负载输出功率 P_L 随间距 d 的变化，并对比谐振下的功率曲线

根据前面的实验数据，在近距离时，输出功率最大点并不在谐振频率上，因此为获得更大的输出能量，需要在实际中进行最大功率跟踪的调节，以保证在不同间距下，通过改变频率，系统都工作在最大输出功率点.

(1) 根据实验 2 内容整理实验数据，得到不同间距 d 下，负载输出功率 P_L 在

该距离下的最大值 $P_{L(max)}$(最大功率追踪)，并填入表 2.4.4.

表 2.4.4 不同间距下的负载输出功率

R_L/Ω	d/cm	$P_{L(max)}$/mW(V_{rms}=5V)
	10	
	14	
	18	
	20	
	22	
	24	
50	26	
	28	
	31	
	35	
	40	
	45	

(2) 根据表 2.4.4 的数据，做出该情况下负载输出功率 P_L 随间距 d 的变化曲线.

(3) 将该曲线与实验 2 内容中谐振下的功率曲线对比，并讨论.

5. 频率分叉现象

(1) 由实验内容 2 整理实验数据，得到不同间距 d 下负载输出功率 P_L 为该距离下的极大值时的工作频率点；

(2) 做出 P_L 极大值时的频率和间距 d 的关系图；

(3) 根据关系图，更进一步地了解频率分裂现象.

6. 耦合系数 k 随间距 d 的变化

(1) 整理出实验 2 内容中临界耦合点到强耦合区域内，间距 d 和频率分裂大小 Δf 的关系，并根据式(2.4.16)，由 Δf 计算出耦合系数 k，同时将数据填入表 2.4.5 中.

表 2.4.5 耦合系数随间距变化

f_0/MHz	d/cm	Δf/MHz	$k=\Delta f/f_0$

(2) 根据表 2.4.5 的数据，做出耦合系数 k 随间距 d 的变化关系.

注：对于耦合系数的计算公式(2.4.15)，此时品质因数 Q 不能只取为谐振线圈的 Q 值，而还应考虑单匝线圈反射到谐振线圈上的影响，但即使考虑这部分影响，四线圈的等效品质因数 Q' 也较高，因此简单起见直接使用式(2.4.16)近似(只能用于频率分裂区域，不可用于临界耦合点及其附近).

7. 扩展实验

1) 负载 R_L 的变化，对负载功率 P_L、传输效率 η 的影响(谐振频率下)

实际应用中电路不一定满足完全对称($R_S=R_L=50\Omega$)的情况，因此该部分研究负载变化对系统输出的影响. 选用负载为"电阻箱"，电路连接如图 2.4.12.

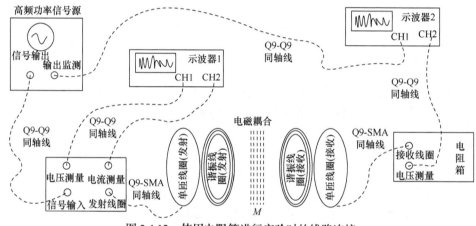

图 2.4.12　使用电阻箱进行实验时的线路连接

发射、接收端的单匝线圈到相应的谐振线圈间的间距 d_{S1}、d_{2L} 在该实验中保证恒为 4cm.

(1) 线连接好后，开机，频率设置为 f_0，设置信号源输出电压恒为 $5V_{rms}$.

(2) 将间距 d 设置为 10cm，改变负载 R_L(20～300Ω范围内：为避免寄生参数的影响，$R_L \geqslant 20\Omega$)，依次记录输入端 U_V、U_i 及相位差 $|\Phi|$，记录于表 2.4.6 中，同时记录负载电压 U_L，以及信号源 $U_{monitor}$.

表 2.4.6　实验数据记录表三

f/MHz	d/cm	R_L/Ω	U_V/V	U_i/mV	$|\Phi|$ /rad	U_L/V	$U_{monitor}$/V	P_L/mW (V_{rms}=5V)	η/%
f_0									

(3) 将 10cm 的数据进行处理，得到：

该间距下，输出功率 P_L 随频率 f 的变化曲线(电源电压 $5V_{rms}$)；

该间距下，传输效率 τ 随频率 f 的变化曲线.

(4) 将间距 d 依次变为 26cm、40cm，重复(2)、(3).

(5) 整理做出三种间距下，谐振频率下输出功率 P_L、传输效率 τ 随负载 R_L 的变化曲线.

2) 耦合系数 $k_{S1,2L}$ 对无线电能传输的影响

通过改变单匝线圈到谐振线圈间距 d_{S1}、d_{2L}，研究 $k_{S1,2L}$ 对无线电能传输的影响. 负载选用 "匹配电阻(50Ω)"，线路连接按照图 2.4.11 不变.

(1) 频率设置为谐振频率 f_0，信号源输出电压恒为 $5V_{rms}$.

(2) 将两谐振线圈间距 d 设为 27.5cm，将 d_{S1}、d_{2L} 设置为 1.5cm. 记录输出端电阻箱的电压 U_L，以及信号源 $U_{monitor}$，数据记录于表 2.4.7 中.

表 2.4.7　耦合系数对无线电能传输的影响

d/cm	$d_{S1}=d_{2L}$/cm	U_L/V	$U_{monitor}$/V	P_L/mW (V_{rms}=5V)
	1.5			
	2			
	2.5			
	3			
	4			
	5			
	6			
	8			
	10			
	12			
	15			

(3) 按照表 2.4.7，同步改变 d_{S1}、d_{2L}，重复步骤(2)操作，并填入表格.

(4) 将两谐振线圈间距 d 重新设置为 22cm，重复(2)、(3).

(5) 根据实验数据作图，分析不同情况下 $k_{S1,2L}$ 对无线电能传输的影响.

3) 无线电能传输应用演示_Led 负载及其 P_L、τ 测量(略)

选用负载为"接收线圈适配器"的 LED 负载，可根据需要选用 4LED 或 8LED. 建议信号源幅度调节为大于 $7.0V_{rms}$.

若只做演示时，可不接入示波器；若需要对 LED 进行测试时，也可使用万用表配合 2mm 插孔代替示波器 2.

最后，该项具体实验请根据自身需求，自行设计连线及实验步骤.

五、注意事项

(1) 为避免外界干扰，实验环境应有良好的接地措施，应远离变频、大功率设备.

(2) 该实验信号为高频信号，应使用配套线缆进行连接，请勿随意换用其他线缆.

(3) 数据测试中，应避免人手或大型金属等异物处于线圈之间.

(4) 线圈有机玻璃表面清洗时，请不要使用有机溶剂(如酒精等)进行清洗擦拭.

六、思考题

(1) 什么叫磁共振耦合？

(2) 为什么当振荡频率和 LC 电路的频率一样时，发射线圈能在周围产生大的交变磁场？

参考资料

[1] ZKY-PEH0101 磁耦合无线电能传输实验仪实验指导及操作说明书. 四川世纪中科光电技术有限公司, 2018

附录 1：示波器相位差的测试

示波器测试相位通常有两种方法：波形比较法和李萨如图法. 该实验建议使用波形比较法.

1. 波形比较法

当 CH1 波形 $\tilde{U}_S$ 和 CH2 波形 $\tilde{U}_0$ 在示波器上显示如附图 1 时，

$\tilde{U}_S$ 在前，相位差为 $\varphi_0 = \phi_0 - \phi_S = -2\pi\dfrac{\Delta T_1}{T} < 0$；

$\tilde{U}_S$ 在后，相位差为 $\varphi_0 = \phi_0 - \phi_S = 2\pi\dfrac{\Delta T_1}{T} > 0$.

注：

(1) 为更准确地测试波形相位差，一般在示波器上显示 1～2 个周期为宜.

(2) 由于实际波形会存在失真，因此为减小实验误差，建议将上述讨论中 ΔT_1 换为

$$\Delta T_1 \rightarrow \frac{\Delta T_1 + \Delta T_2}{2}$$

2. 李萨如图法

当 CH1 波形 $\tilde{U}_S$ 和 CH2 波形 $\tilde{U}_0$，使用示波器"X-Y 模式"得到的李萨如图如附图 2 时，$\tilde{U}_S = U\mathrm{e}^{\mathrm{i}(\omega t + \phi_S)}$ 对应竖直信号(y 轴)，$\tilde{U}_0 = U\mathrm{e}^{\mathrm{i}(\omega t + \phi_0)}$ 对应水平信号(x 轴)，

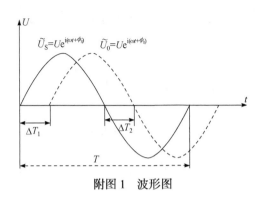

附图 1　波形图

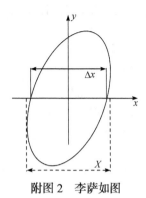

附图 2　李萨如图

此时

$$\varphi_0 = \phi_0 - \phi_S = -\arcsin\frac{x_0}{x}$$

注：通常由于示波器的水平放大器与垂直放大器的相移值在频率很高时相差较大，因此高频率时李萨如图法测得的相位差误差较大.

附录 2：基本传输特性测试(方法二)

线路连接仍然按照图 2.4.11 不变，电阻仍然为匹配电阻(50Ω)，各个测试物理量也与前面默认一致，也保证 $d_{S1}=d_{2L}=4\text{cm}$.

1. 远距离下，测试负载功率 P_L 和传输效率 τ 随频率 f 的变化(得到谐振频率 f_0)

(1) 线路连接好后，将 d 调整为 35cm 间距，开机，设置信号源输出电压恒为 $5V_{rms}$.

(2) 将信号源频率调整为 2.6MHz，依次记录输入端 U_V、U_i 及二者相位差的绝对值 $|\Phi|$(方法见附录 1)，同时记录输出端 50Ω负载的电压 U_L，以及信号源输出监测 $U_{monitor}$ 到附表 1 中.

附表 1　实验数据记录表一

负载 R_L/Ω	间距 d/cm	f/MHz	U_V/V	U_i/mV	$\mid\Phi\mid$ /rad	U_l/V	$U_{monitor}$/V	P_L/mW (V_{rms}=5V)	τ/%
50	35								

(3) 距离不变，根据情况设置频率步距，在 2.6～3.4MHz 的频率范围内的不同频率下，重复步骤(2). 步距的设置建议根据测试技巧进行，不要遗漏负载电压 U_L 的极值点附近数据.

(4) 处理数据，得到 35cm 间距下：

输出功率 P_L 随频率 f 的变化曲线(电源电压 $5V_{rms}$)；

传输效率 τ 随频率 f 的变化曲线.

(5) 了解曲线特性，根据 P_L 极值点频率得到该系统的谐振频率 f_0.

2. 测试谐振频率 f_0 下负载功率 P_L 和传输效率 τ 随间距 d 的变化(得到最佳传输间距 d_{best})

(1) 线路连接不变，开机，频率设置为谐振频率 f_0 不变，设置信号源输出电压恒为 $5V_{rms}$.

(2) 将谐振线圈间距 d 设置为 10cm，记录输入端 U_V、U_i 及二者的相位差的绝对值 $|\Phi|$(方法见附录 1)，同时记录输出端 50Ω 负载的电压 U_L，以及信号源输出监测 $U_{monitor}$ 到附表 2 中.

附表 2　实验数据记录表二

f/MHz	d/cm	U_V/V	U_i/mV	$\lvert\Phi\rvert$/rad	U_L/V	$U_{monitor}$/V	P_L/mW (V_{rms}=5V)	τ/%
$f=f_0=$_____MHz	10							
	14							
	18							
	20							
	22							
	24							
	26							
	28							
	31							
	35							
	40							
	45							

(3) 频率 f_0 不变，依次将间距 d 设置为 10cm、14cm、18cm、20cm、22cm、24cm、26cm、28cm、31cm、35cm、40cm、45cm，重复步骤(2).

(4) 处理数据，得到谐振频率 f_0 下：

输出功率 P_L 随间距 d 的变化曲线(电源电压 $5V_{rms}$)；

传输效率τ随间距d的变化曲线.

(5) 根据曲线研究系统能量传输的谐振特性，并结合实验原理得到系统最佳传输间距d_{best}，确认系统的欠耦合区域、临界耦合点、强耦合区域.

3. 近距离下，测试负载功率P_L和传输效率τ随频率f的变化(初步观察频率分裂现象)

(1) 线路连接不变，将间距d调整为10cm，设置信号源输出电压恒为$5V_{\text{rms}}$.

(2) 将信号源频率调整为2.2MHz，依次记录输入端U_V、U_i及二者相位差的绝对值$|\Phi|$(方法见附录1)，同时记录输出端50Ω负载的电压U_L，以及信号源输出监测U_{monitor}到附表3中.

附表3   实验数据记录表三

负载 R_L/Ω	间距 d/cm	f/MHz	U_V/V	U_i/mV	$|\Phi|/\text{rad}$	U_L/V	$U_{\text{monitor}}/\text{V}$	P_L/mW (V_{rms}=5V)	$\tau/\%$
50	10								

(3) 根据情况设置频率步距，在2.2～3.8MHz的频率范围内的不同频率下，重复步骤(2). 步距的设置建议根据测试技巧进行，不要遗漏负载电压U_L的极值点附近数据.

(4) 处理数据，得到10cm间距下：

输出功率P_L随频率f的变化曲线(电源电压$5V_{\text{rms}}$)；

传输效率τ随频率f的变化曲线.

(5) 根据最终实验曲线，初步观察输出功率P_L的频率分裂现象.

4. 根据不同间距下的极大值点测试，得到整个调整区域频率分裂现象的分叉图

(1) 线路连接不变，设置信号源输出电压恒为$5V_{\text{rms}}$.

(2) 将间距d调为10cm，改变频率，使负载电压U_L为极大值(频率调节时，极大点附近有先增大后减小的趋势)，记录此时的频率f、负载电压U_L、信号源输出监测U_{monitor}、间距d于附表4中.

附表 4 实验数据记录表四

R_L/Ω	d/cm	f/MHz	U_L极大值	$U_{monitor}$	$P_{L(极大)}$/mW $(V_{rms}=5V)$	备注
50	10					$d<d_{best}$时，单距离两个极大值点
	……					
						$d \geqslant d_{best}$时，单距离一个极大值点

(3) 依次调节间距 d 为 10cm、14cm、18cm、20cm、22cm、24cm、26cm、28cm、31cm、35cm、40cm、45cm，重复步骤(2)；

步骤(2)、(3)注意事项：以 2 中测得的最佳传输间距 d_{best} 为界.

(a) 强耦合区域，当 $d<d_{best}$ 时，应有两个极大值点(其间还有一个极小值点——忽略不做记录)，请不要遗漏此两个极大值点对应的频率；

(b) 强耦合区域，且处于 d_{best} 附近时，由于频率分裂间距很小，请仔细进行调节和记录；

(c) 欠耦合区域，当 $d>d_{best}$ 时，应有一个极大值点.

(4) 处理数据，根据数据做出极大值频率和间距的点图，得到整个调整区域频率分裂现象的分叉图.

5. 最大功率跟踪调节

根据前面的实验，我们已经知道，在近距离时，输出功率最大点并不在谐振频率上，因此为了获得更大的能量，需要在实际中进行最大功率跟踪的调节. 以保证在不同间距下，通过改变频率，使系统工作在该距离下的最大输出功率点.

(1) 同样整理步骤 4 中的数据，整理出不同间距 d 下的最大输出功率 P_L 到附表 5 中.

附表 5 实验数据记录表五

R_1/Ω	d/cm	$P_{L(max)}$/mW $(V_{rms}=5V)$
50		

(2) 分析得到的最大功率跟踪的趋势图.

(3) 与步骤 2 中得到的"谐振频率下输出功率 P_L 随间距 d 的变化曲线"比较.

6. 强耦合区域,谐振线圈间的耦合系数 k 随间距 d 的变化

(1) 整理步骤 4 中数据,得到强耦合区域到临界耦合点,间距 d 和频率分裂大小 Δf 的关系,并由式(2.4.15),用 Δf 计算出耦合系数 k,同时将数据填入附表 6 中.

附表 6 实验数据记录表六

f_0/MHz	d/cm	Δf/MHz	$k=\Delta\omega/\omega_0=\Delta f/f_0$

(2) 根据附表 6 做出耦合系数 k 随间距 d 的变化关系.

注: 对于耦合系数的计算公式(2.4.15),此时品质因数 Q 不能只取为谐振线圈的 Q,而还应考虑单匝线圈通过耦合反射到谐振线圈上的影响,但即使考虑这部分影响,四线圈的等效品质因数 Q' 也较高,因此简单起见直接使用式(2.4.16)近似(只用于频率分裂区域,不可用于临界耦合点附近).

附录 3:四线圈结果不对称说明

如附图 3 所示,值得注意的是:四线圈系统,当传输距离小到系统出现劈裂

后，前一个峰比后一个峰稍高一些，这是由于系统进入强耦合区后，存在分别对应两谐振线圈内电流同向与电流反向的两个模式，接收端谐振线圈 2 内所感应出的电流方向在两种不同模式下与发射端单匝线圈 S 内的电流方向不同. 例如，当谐振线圈 1 和谐振线圈 2 内的电流方向相同，根据电磁感应定律，单匝线圈 S 内的电流方向与谐振线圈 1 内电流方向相反，而 S 对谐振线圈 2 内的感应电流方向也相反，从而有抑制谐振线圈 2 建立感应电流作用，所以对应峰值会比临界耦合点低；反之，谐振线圈 1 和谐振线圈 2 的电流方向相反时，S 与谐振线圈 1 内的电流方向相反，从而和谐振线圈 2 内的电流方向相同，对谐振线圈 2 建立感应电流有促进作用，所以相应的效率要比临界耦合时的效率高一些. 总而言之，出现高低不平的模式劈裂的主要原因就是四线圈交叉耦合(cross-coupling).

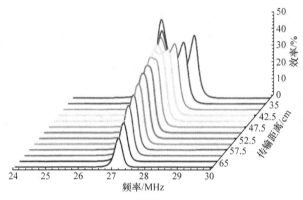

附图 3　频率、效率与传输距离的关系图

实验 2.5　*RLC* 电路特性与应用实验

在交流电路中，电阻 *R*、电容 *C* 和电感 *L* 是电路组成的基本元件. 其中，当线路接通正弦交流电源足够长时间后，电路中的信号发展到稳定状态，此时我们研究的是该电路的稳态特性，这些特性(特别是这些电路中的谐振现象)是构成放大、振荡、选频、滤波等功能电路的基础，广泛应用于无线电技术和电子电路中.

一、实验目的

(1) 各 *RLC* 电路的幅频/相频特性测试及理解；

(2) 各 *RLC* 电路的暂态过程测试及理解；

(3) 通过应用实验，初步了解 *RLC* 电路在实际工程中的应用；

(4) 熟悉掌握示波器的幅值、相位测量，以及信息储存等功能.

二、实验仪器

实验仪器如图 2.5.1 所示.

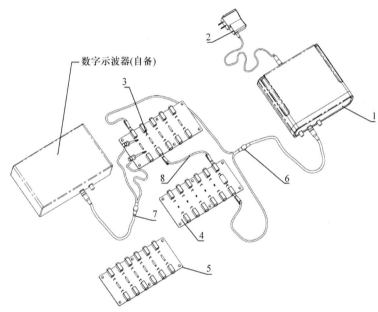

图 2.5.1 *RLC* 电路特性与应用实验仪

该仪器主要由信号源(1)、电源适配器(2)、*RLC* 实验板_01(3)、*RLC* 实验板_02(4)、*RLC* 实验板_03(5)、信号源连接线(6)、示波器连接线(7)以及香蕉插头线(8)等组成,同时备有收纳箱用于运输及实验完成后收纳实验部件,另外需要自备数字示波器.

面板与按键说明如图 2.5.2 和表 2.5.1 所示.

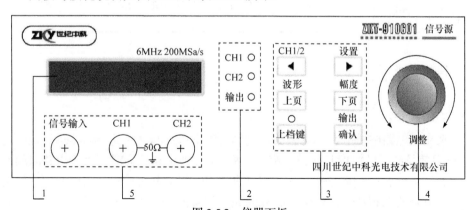

图 2.5.2 仪器面板

1—液晶显示屏;2—状态指示灯;3—操作按键;4—调节旋钮;5—输出接口

表 2.5.1　仪器面板按键说明

按键	说明
CH1/2 ◀	左移光标增加调节参数步进值
设置 ▶	右移光标减小调节参数步进值
波形 上页	功能选择向上翻页键
幅度 下页	功能选择向下翻页键
输出 确认	确定按钮
上档键 + CH1/2 ◀	通道切换(CH1\CH2)
上档键 + 设置 ▶	切换功能位置,当"×"在第一行时调节频率,当"×"第二行时调节功能选项
上档键 + 波形 上页	单击此组合按钮快速进入波形调节页面
上档键 + 幅度 下页	单击此组合按钮快速进入幅度调节页面
上档键 + 输出 确认	单击此组合按钮关闭或开启输出

三、实验原理

(一) RLC 稳态特性

在交流电路中,电容和电感的阻抗是与频率相关的,因此当回路达到稳态后(电路中信号波形的幅度和相位等都达到稳定时,或电路接通时间大于电路时间常数的 5~10 倍后),电路输出也是与频率相关的. 其中电信号幅度与电源频率的关系称为电路的幅频特性,相位与频率的关系称为相频特性.

为方便表述，这里全文统一设电路中各个器件的复数表示：

电源 S 电压表示：$\tilde{U} = U\mathrm{e}^{\mathrm{i}(\omega t + \phi_S)}$；

电阻 R 电压表示：$\tilde{U}_R = U_R\mathrm{e}^{\mathrm{i}(\omega t + \phi_R)}$，$\tilde{\varphi}_R = \phi_R - \phi_S$；

电容 C 电压表示：$\tilde{U}_C = U_C\mathrm{e}^{\mathrm{i}(\omega t + \phi_C)}$，$\tilde{\varphi}_C = \phi_C - \phi_S$；

电感 L 电压表示：$\tilde{U}_L = U_L\mathrm{e}^{\mathrm{i}(\omega t + \phi_L)}$，$\tilde{\varphi}_L = \phi_L - \phi_S$；

环路电流 I 表示：$\tilde{I} = I_0\mathrm{e}^{\mathrm{i}(\omega t + \phi_I)}$，$\tilde{\varphi}_I = \phi_R$.

实验中用到的电子元件主要是电阻、电容以及电感，无特殊说明时，均视为理想元件.

1. RC 串联电路

RC 串联电路如图 2.5.3 所示.

利用矢量图解法或复数解法可以得到

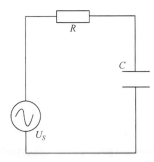

$$\begin{cases} \dfrac{U_R}{U_S} = \dfrac{1}{\sqrt{1 + \left(\dfrac{1}{\omega CR}\right)^2}}, & \varphi_R = \arctan\left(\dfrac{1}{\omega CR}\right) \\[4mm] \dfrac{U_C}{U_S} = \dfrac{1}{\sqrt{1 + \left(\omega CR\right)^2}}, & \varphi_C = -\dfrac{\pi}{2} + \arctan\left(\dfrac{1}{\omega CR}\right) \end{cases}$$

$$(2.5.1)$$

图 2.5.3　RC 串联电路图

其中，$\omega = 2\pi f$ 为角频率，当 $U_R = U_C$ 时，定义等幅频率如下：

$$f_{U_R = U_C} = \frac{1}{2\pi RC} \tag{2.5.2}$$

此时，$\varphi_R = \dfrac{\pi}{4}$，$\varphi_C = -\dfrac{\pi}{4}$，$U_R = U_C = \dfrac{U_S}{\sqrt{2}}$.

由于 U_R 随频率的增加而增大，因此可用于制作高通电路；相应地，U_C 随频率的增加而减小，可用于制作低通电路. 当把 $\dfrac{U_S}{\sqrt{2}}$ 视为高通或低通电路电压最低值时，等幅频率表示了高通滤波电路的频率下限和低通滤波电路的频率上限，因此也称 $f_{U_R = U_C}$ 为截止频率.

根据式(2.5.1)，使用 MATLAB 按照参数($R = 2000\Omega$, $C = 47\mathrm{nF}$)计算可得到图 2.5.4.

2. RL 串联电路

RL 串联电路如图 2.5.5 所示.

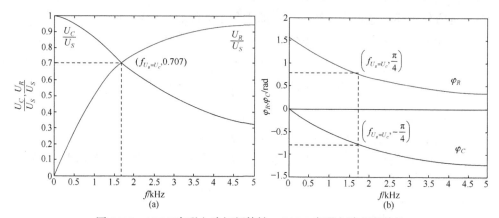

图 2.5.4 (a)RC 串联电路幅频特性；(b)RC 串联电路相频特性

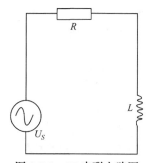

图 2.5.5 RL 串联电路图

利用矢量图解法或复数解法可以得到

$$\begin{cases} \dfrac{U_R}{U_S} = \dfrac{1}{\sqrt{1+\left(\dfrac{\omega L}{R}\right)^2}}, & \varphi_R = -\arctan\left(\dfrac{\omega L}{R}\right) \\[4mm] \dfrac{U_L}{U_S} = \dfrac{1}{\sqrt{1+\left(\dfrac{R}{\omega L}\right)^2}}, & \varphi_L = \dfrac{\pi}{2} - \arctan\left(\dfrac{\omega L}{R}\right) \end{cases} \tag{2.5.3}$$

相应地，有截止频率(等幅频率)如下：

$$f_{U_R=U_L} = \dfrac{R}{2\pi L} \tag{2.5.4}$$

此时， $\varphi_R = -\dfrac{\pi}{4}$ ， $\varphi_L = \dfrac{\pi}{4}$ ， $U_R = U_L = \dfrac{U_S}{\sqrt{2}}$.

根据式(2.5.3)，使用MATLAB按照参数(R=1000Ω, L=10mH)计算可得到图2.5.6.

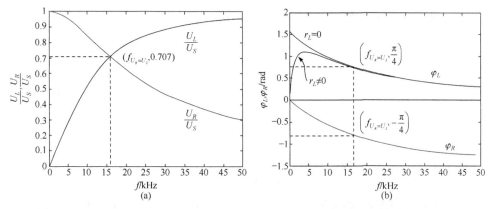

图 2.5.6　(a)*RL* 串联电路幅频特性；(b)*RL* 串联电路相频特性

　　实验中使用的是色环电感，在这里需要考虑的损耗电阻 r_L(视为串联入电路). 该电感是由绕制在铁芯的线圈组成，因此存在绕线的直流电阻、高频工作时的趋肤电阻(这里可忽略)、绕制的介质损耗、铁芯的磁滞和涡流损耗等. 显然该损耗是和频率相关的，但其最终是等效到热效应上的，应视为纯阻.

　　频率趋于 0 时，r_L 即可简单地认为是损耗中的直流电阻，此时 jωL 提供的阻抗很小，整个电感将偏向于电阻性(相位向 0 靠近)，ϕ_L 的实验曲线与 r_L=0 的理想曲线会有较大差别，使用 MATLAB 的结果见图 2.5.6(b)中 $r_L \neq 0$ 曲线.

3. *RLC* 串联电路

RLC 串联电路如图 2.5.7 所示.
利用矢量图解法或复数解法可以得到

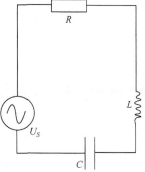

图 2.5.7　*RLC* 串联电路图

$$\left\{\begin{array}{l} \dfrac{U_R}{U_S} = \dfrac{1}{\sqrt{1 + \left(\dfrac{\omega L - \dfrac{1}{\omega C}}{R}\right)^2}}, \quad \varphi_R = -\arctan\left(\dfrac{\omega L - \dfrac{1}{\omega C}}{R}\right) \\[4em] \dfrac{U_L}{U_S} = \dfrac{\omega L}{\sqrt{1 + \left(\dfrac{\omega L - \dfrac{1}{\omega C}}{R}\right)^2}}, \quad \dfrac{U_C}{U_S} = \dfrac{1}{\omega C \sqrt{1 + \left(\dfrac{\omega L - \dfrac{1}{\omega C}}{R}\right)^2}} \end{array}\right. \tag{2.5.5}$$

根据幅频公式，当 $\omega_0 = \dfrac{1}{\sqrt{LC}} \left(f_0 = \dfrac{1}{2\pi\sqrt{LC}} \right)$ 时

$$
\begin{cases}
\dfrac{U_R}{U_S} = 1 = \max \\[2mm]
\varphi_R = 0 \\[2mm]
U_L = \dfrac{\omega_0 L}{R} U_S = \dfrac{1}{\omega_0 CR} U_S = U_C = QU_S \\[2mm]
Q = \dfrac{\omega_0 L}{R} = \dfrac{1}{\omega_0 CR}
\end{cases}
$$

此时，电阻 R 上电压最大(等于外加电压)；$\varphi_R = 0$，整个线路可看为纯电阻；L、C 上电压为外加电压的 Q 倍，且反相. 称 f_0 为谐振频率，称 Q 为品质因数.

根据式(2.5.5)，使用 MATLAB 按照参数(C=2.2nF，L=10mH，R 值见图 2.5.8 中)计算可得到图 2.5.8.

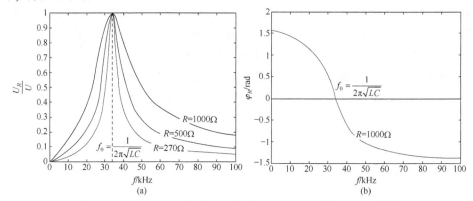

图 2.5.8　(a)RLC 串联电路幅频特性；(b)RLC 串联电路相频特性

另外根据式(2.5.5)及图 2.5.8(b)，当 $f<f_0$ 时，$\varphi_R>0$，呈现电容性(参考图 2.5.4(b)；当 $f>f_0$ 时，$\varphi_R<0$，呈现电感性(参考图 2.5.6(b)).

当不改变 L、C，只改变 R 值时，可以得到如图 2.5.8(a)所示的一组幅频曲线，此时谐振频率 f_0 不变，变化的是 Q 值，可见 Q 值越大，谐振曲线越尖锐，或者说电路的频率选择性越高. 实际电路设计中，Q 值是一个十分重要的参数，其物理意义简单介绍如下.

(1) 储能与耗能.

设电阻中损耗的能量为 W_R，在电容和电感之间来回振荡的能量为 W_{em}，根据交流电路功率的知识有

$$
Q = 2\pi \dfrac{W_{em}}{W_R}
$$

即 Q 值越高，存储的能量 W_{em} 相对于耗散的能量 W_R 越多，或者说储能效率越高.

(2) 频率选择性.

通常定义谐振峰两边等于 $0.707U_{max}$ 对应频率之间的宽度为频带宽度 Δf，有

$$\frac{\Delta f}{f_0} = \frac{1}{Q} \tag{2.5.6}$$

即 Q 值越高，幅频曲线越尖锐，谐振电路选择性越强.

(3) 电压的分配.

由于谐振时满足

$$U_L = U_C = QU_S \tag{2.5.7}$$

即电容电感上的电压是外加电压的 Q 倍. 当 Q 值很高时，C、L 两端电压可以很高，例如回旋加速器中，就是利用高 Q 值产生的高谐振电压对带电粒子进行加速. 这里需考虑损耗电阻. 若将整个回路中电感、电容以及线缆等提供的总损耗电阻设为 r(视为串联在回路中)，此时上述公式(2.5.5)中 R 需要换为 $R+r$，这将导致：

(1) 系统 Q 值降低(由于器件的选用，具体到该实验中，将看到，这种降低是十分明显的)；

(2) 另由于 r 的分压作用，U_R/U_S 在谐振点的峰值是小于 1 的，且随外加 R 的减小(Q 值增大)，r 分压越大，U_R/U_S 也是越来越小于 1 的.

4. RLC 并联电路

RLC 并联电路如图 2.5.9 所示.

r_L 为电感的损耗电阻，利用矢量图解法或复数解法可以得到效阻抗 Z 和电流相位 ϕ_I

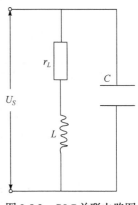

图 2.5.9　RLC 并联电路图

$$\begin{cases} Z = \sqrt{\dfrac{r_L^2+(\omega L)^2}{(1-\omega^2 LC)^2+(\omega Cr_L)^2}} \\ \varphi_I = -\arctan\dfrac{\omega L-\omega C\left[r_L^2+(\omega L)^2\right]}{r_L} \end{cases} \tag{2.5.8}$$

当 $\omega_0 = \sqrt{\dfrac{1}{LC}-\left(\dfrac{r_L}{L}\right)^2}$ 时$\left(\text{通常}\dfrac{1}{LC}\gg\left(\dfrac{r_L}{L}\right)^2，\text{因此}\omega_0\cong\sqrt{\dfrac{1}{LC}}\right)$，对比于 RLC 串联电路，此时阻抗 Z 有极大值，线路电流 I 最小；$\varphi_I=0$，线路呈现纯电阻性；L、C 上的电流 I_L、I_C 等幅反相，为总电流 I 的 Q 倍($Q=\omega_0 L/R$)，当 Q 值较大时，L、

C 闭合回路中有很大电流在其中循环，能量在 L、C 之间来回振荡，而外部电源电路中几乎没有电流.

根据式(2.5.8)，使用 MATLAB 按照参数($C=22$nF，$L=10$mH，r_L 设为 100Ω)计算可得到图 2.5.10.

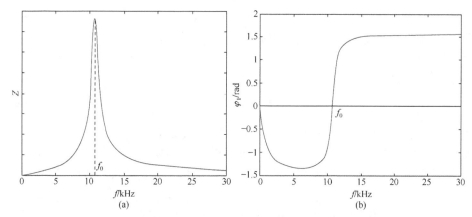

图 2.5.10　(a)RLC 并联电路幅频特性；(b)RLC 并联电路相频特性

对比于 RLC 串联电路，可以发现二者相频特性相反. 当 $f<f_0$ 时，$\phi_R<0$，呈现电感性；当 $f>f_0$ 时，$\phi_R>0$，呈现电容性.

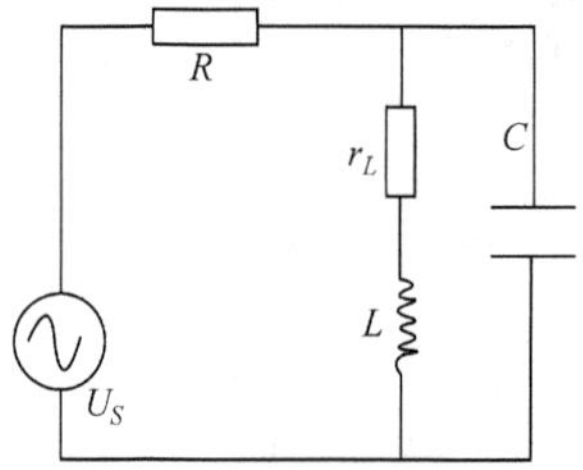

当使用非电流源驱动时，上述电路 Z、U_S、I 都不方便测量，因此需要在上述串联电路之上再串联一测量电阻 R，此时电路如图 2.5.11 所示.

图 2.5.11　RLC 并联测试电路

根据基尔霍夫方程，绕环路一周，电势降落为 0，可以建立两个方程

$$\begin{cases}\tilde{U}_S=\tilde{I}_R R+\tilde{I}_L\left(r_L+i\omega L\right)\\ 0=\dfrac{\tilde{I}_C}{i\omega C}-\tilde{I}_L\left(r_L+i\omega L\right)\end{cases}\xrightarrow[\substack{\tilde{U}_R=\tilde{I}_R R\\ \varphi_R=\phi_R-\phi_S}]{\tilde{I}_R=\tilde{I}_L+\tilde{I}_C}\begin{cases}\left|\dfrac{U_R}{U_S}\right|=\left|\dfrac{R}{R+\dfrac{1}{i\omega C+\dfrac{1}{r_L+i\omega L}}}\right|\\ \varphi_R=\arg\dfrac{R}{R+\dfrac{1}{i\omega C+\dfrac{1}{r_L+i\omega L}}}\end{cases}\quad(2.5.9)$$

根据式(2.5.9)，使用 MATLAB 按照参数(C=22nF，L=10mH，r_L 设为 100Ω，R=1000Ω)计算可得到图 2.5.12.

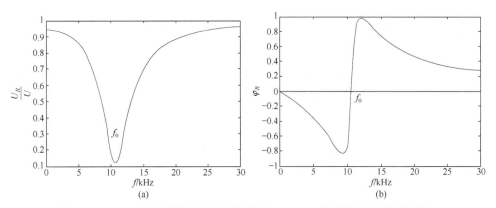

图 2.5.12　(a)RLC 并联测试电路幅频特性；(b)RLC 并联测试电路相频特性

(二) RLC 暂态过程

由于电容 C 的充放电，以及电感 L 对电流的抑制作用，在阶跃电压下，电路中的信号并不会瞬时变化，这里称阶跃电压的下电路从一个平衡态趋变为另一个平衡态的过程为暂态过程. 通常暂态过程持续一定时间，变化不快，可以看为准恒的，因此欧姆定律和基尔霍夫方程组都是适用的，它们是解决暂态问题的理论基础.

为方便后续描述，这里统一定义阶跃电压如下：

$$\xi(t) = \begin{cases} 0, & t>0 \\ U_0, & t<0 \end{cases} \quad \text{上升过程}$$

$$\xi(t) = \begin{cases} U_0, & t>0 \\ 0, & t<0 \end{cases} \quad \text{下降过程}$$

1. RC 串联电路的暂态过程

电路图见图 2.5.13，当开关置 1 时，电容充电，开关置 2 电容放电.

设电容 C 上电荷量为 q，则其上电压为 $U_C = q/C$，根据基尔霍夫方程组有

$$\xi(t) = \frac{q}{C} + iR \xrightarrow{\ i=\frac{\mathrm{d}q}{\mathrm{d}t}\ } R\frac{\mathrm{d}q}{\mathrm{d}t} + \frac{1}{C}q = \xi(t)$$

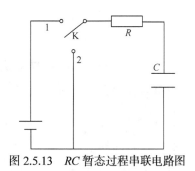

图 2.5.13　RC 暂态过程串联电路图

相应的初始条件是：$q(0)=0$ 充电过程；$q(0)=CU_0$ 放电过程.

在上述条件下求解一阶常微分方程可以得到

充电过程：　$q(t)=CU_0\left(1-\mathrm{e}^{\frac{1}{RC}t}\right)$，　$U_C(t)=U_0\left(1-\mathrm{e}^{\frac{1}{RC}t}\right)$　　　(2.5.10)

放电过程：　　　　　$q(t)=CU_0\mathrm{e}^{\frac{1}{RC}t}$，　$U_C(t)=U_0\mathrm{e}^{\frac{1}{RC}t}$　　　(2.5.11)

上述函数图形如图 2.5.14 所示.

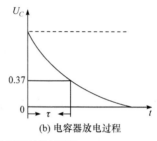

(a) 电容器充电过程　　　　　　(b) 电容器放电过程

图 2.5.14　RC 串联电路暂态过程图

可以看出充、放电过程满足指数关系，充、放电快慢可以使用 $\tau=RC$ 表征，τ 越大，充、放电过程越慢. 当 $t=\tau$ 时，无论充电过程还是放电过程，电容上电压变化量为 $0.632U_0$；当 $t=5\tau$ 时，$U_C=0.994U_0$，可以认为暂态过程结束，电路达到稳定. 因此 τ 也称为电路的时间常数.

作为暂态过程的应用，这里简单地介绍 RC 微分、积分电路.

1) 微分电路($\tau\ll T$)

设输入波形宽度为 T 的矩形脉冲 $\xi(t)$，输出波为 $u_0(t)$，电路如图 2.5.15(a)所示.

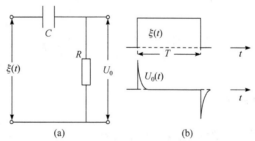

(a)　　　　　　　　　(b)

图 2.5.15　(a)RC 暂态微分电路；(b)RC 暂态微分电路输入输出波形

电路方程为

$$\begin{cases} \xi(t)=\dfrac{q}{C}+iR \xrightarrow{\tau=RC} \xi(t)=R\left(\dfrac{q}{\tau}+i\right) \xrightarrow{\tau\ll T\to0} q\cong C\xi(t) \\[2mm] u_0(t)=iR \xrightarrow{i=\frac{\mathrm{d}q}{\mathrm{d}t}} u_0(t)=R\dfrac{\mathrm{d}q}{\mathrm{d}t} \end{cases} \Rightarrow u_0(t)\cong RC\dfrac{\mathrm{d}\xi(t)}{\mathrm{d}t}$$

即输出 $u_0(t)$正比于输入 $\xi(t)$的微分. 对应的输入输出波形如图 2.5.15(b).

2) 积分电路($\tau \gg T$)

设输入脉冲宽度为 T 的矩形脉冲 $\xi(t)$，输出波为 $u_0(t)$，电路如图 2.5.16(a)所示.

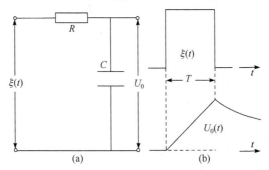

图 2.5.16 (a)RC 暂态积分电路；(b)RC 暂态积分电路输入输出波形

电路方程为

$$\begin{cases} \xi(t) = \dfrac{q}{C} + iR \xrightarrow{\tau = RC} \xi(t) = R\left(\dfrac{q}{\tau} + i\right) \xrightarrow{\tau \gg T} i \cong \xi(t)/R \\ u_0(t) = q/C \xrightarrow{q = \int_0^t i\mathrm{d}t} u_0(t) = \dfrac{1}{C}\int_0^t i\mathrm{d}t \end{cases} \Rightarrow u_0(t) \cong \dfrac{1}{RC}\int_0^t \xi(t)\mathrm{d}t$$

即输出 $u_0(t)$正比于输入 $\xi(t)$的积分. 对应的输出积分波形如图 2.5.16(b)的上升段. 其中图 2.5.16(b)下降段是由于电源输出电压变为 0V 后，电容放电造成的.

2. RL 串联电路的暂态过程

电路图见图 2.5.17，当开关置 1 时，线路电流逐渐增大，开关置 2 时，线路电流逐渐减小.

设电感 L 上通过电流为 i，则其上电压为 $U_L = -L\mathrm{d}i/\mathrm{d}t$，同样根据基尔霍夫方程组有

图 2.5.17 RL 暂态过程串联电路图

$$\xi(t) = L\frac{\mathrm{d}i}{\mathrm{d}t} + iR$$

相应的初始条件是：$i(0) = 0$ 开关置 1；$i(0) = U_0/R$ 开关置 2.

在上述条件下求解一阶常微分方程可以得到

开关置 1，电流增加：$i(t) = \dfrac{U_0}{R}\left(1 - \mathrm{e}^{-\frac{R}{L}t}\right)$，$U_R(t) = U_0\left(1 - \mathrm{e}^{-\frac{R}{L}t}\right)$ 　　(2.5.12)

开关置 2，电流减小：$i(t) = \dfrac{U_0}{R}\mathrm{e}^{\frac{R}{L}t}$，$U_R(t) = U_0\mathrm{e}^{\frac{R}{L}t}$ 　　(2.5.13)

上述函数图形如图 2.5.18 所示.

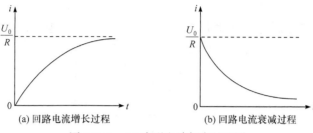

(a) 回路电流增长过程　　　　　　　(b) 回路电流衰减过程

图 2.5.18　RL 串联电路暂态过程图

可以看出电流的变化满足指数规律，类比于 RC 串联电路，$\tau = L/R$ 也就是 RL 电路的时间常数，表征电流变化的快慢.

3. RLC 串联电路的暂态过程

电路图见图 2.5.19，当开关置 1 时，电容充电，开关置 2，电容放电.

与 RL、RC 电路类似，考虑电感和电容上的电势，由基尔霍夫方程，可得到电路满足

$$\xi(t) = L\frac{\mathrm{d}i}{\mathrm{d}t} + iR + \frac{q}{C} \xrightarrow{i=\frac{\mathrm{d}q}{\mathrm{d}t}} \xi(t) = L\frac{\mathrm{d}^2 q}{\mathrm{d}t^2} + R\frac{\mathrm{d}q}{\mathrm{d}t} + \frac{q}{C}$$

为方便这里仅说明放电过程，此时的初始条件是

$$\begin{cases} q(0) = CU_0 \\ i(t) = 0 \end{cases}$$

在上述条件下求解二阶常微分方程可以得到如下结论。

(1) 当 $R^2 < 4L/C$ 时(欠阻尼振荡)，方程的解是

$$U_C(t) = \frac{q}{C} = U_0 \mathrm{e}^{-\frac{t}{\tau}} \cos(\omega t + \varphi) \tag{2.5.14}$$

其中，$\tau = 2L/R$ 是振幅衰减的时间常数，振荡圆频率为 $\omega = \dfrac{1}{\sqrt{LC}}\sqrt{1 - \dfrac{R^2 C}{4L}}$ ，即是电容放电所余电量做振幅按指数衰减的来回振荡，其函数图形如图 2.5.20 中曲线 1 所示.

(2) 当 $R^2 > 4L/C$ 时(过阻尼)，方程的解是

$$U_C(t) = \frac{q}{C} = U_0 \mathrm{e}^{-\frac{t}{\tau}} \mathrm{ch}(\omega t + \varphi) \tag{2.5.15}$$

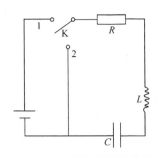

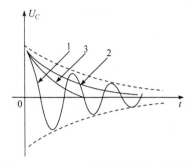

图 2.5.19　RLC 暂态过程串联电路图　　　图 2.5.20　RLC 串联电路暂态过程图

其中，$\tau = 2L/R$，$\omega = \dfrac{1}{\sqrt{LC}}\sqrt{\dfrac{R^2 C}{4L}-1}$，值得说明，由于双曲余函数与三角余函数性质完全不同，τ 与 ω 不能再理解为时间常数和圆频率. 具体见图 2.5.20 中曲线 2 所示.

(3) 当 $R^2 = 4L/C$ 时(临界阻尼)，方程的解是

$$U_C(t) = \frac{q}{C} = U_0 \mathrm{e}^{-\frac{t}{\tau}}\left(1 + \frac{t}{\tau}\right) \tag{2.5.16}$$

过程见图 2.5.20 曲线 3，它是欠阻尼和过阻尼间的暂态过程，故称 $R = 2\sqrt{L/C}$ 为临界电阻.

4. RLC 暂态过程中通、断的实现

由于实验电路暂态过程都很短暂，使用手动开关 K 是很难观测的，因此这里使用适合频率的方波的高、低电平来代替手动开关的通、断，同时使用示波器显示波形及测量. 特别值得注意的是，当计算时间常数等物理量时，由于非纯元件的存在，线路中增加的电阻 R 可能不再远大于电源内阻 r_S 及电感的直流电阻 r_L(由于具体到暂态实验中频率都较低，电路中的损耗电阻只考虑为电感的直流电阻)，因此在该部分统一将这些电阻纳入实验电路分析计算，即须将上述公式中 R 替换为 $R+r_S+r_L$. 此时含方波电源的电路如图 2.5.21 所示.

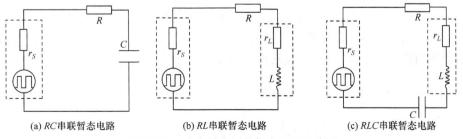

(a) RC串联暂态电路　　　　(b) RL串联暂态电路　　　　(c) RLC串联暂态电路

图 2.5.21　含方波电源的暂态过程电路图

(三) *RLC* 应用拓展实验

1. 整流滤波电路(交流转直流)

为方便电能的传输以及其在电机电器等中的运用, 实际生活中我们使用的电源一般都是交流电源. 但是在电解、电镀等行业, 以及具体的电路设计中, 很多情况是需要使用直流供电的, 这就需要我们将常用的交流电源转为直流电源.

一般情况下交流转直流的整个电路的转化过程包含三个部分, 具体见图 2.5.22.

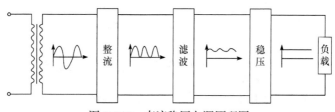

图 2.5.22　直流稳压电源原理图

(1) 整流: 整流是利用二极管等具有单向导通性的器件, 将交流电转化为脉动较大的直流电;

(2) 滤波: 利用电容、电感的等贮能器件, 将整流后信号中的脉动"过滤", 使输出更为平滑;

(3) 稳压: 为保持输出电压的稳定, 使电压不随电网的波动而变化, 最简单的就是直接使用稳压二极管进行该操作.

由于该实验主要说明 *RLC* 电路, 以及方便原理的介绍, 这里不考虑稳压部分. 实验选择上, 选用最常见的半波整流和桥式整流.

1) 半波整流电路

电路见图 2.5.23, 交流电压经过二极管 *D* 后, 由于二极管的单向导通性, 只有正半周期信号能够通过, 流向负载 *R*; 电容 *C* 并联在 *R* 两端, 当电压升高时, *C* 能把部分能量存储起来, 而当电压降低时, 就把能量释放出来, 因此起到滤波的效果, 能够使负载的输出更为平滑.

2) 桥式整流电路

电路见图 2.5.24, 在交流电的正半周期, D_2、D_3 导通, D_1、D_4 断开; 在交流电的负半周期, D_2、D_3 断开, D_1、D_4 导通, 相较于半波整流, 该电路将信号源的整个周期都利用了起来. 电容滤波作用不变.

2. *LC* 三阶低通滤波电路(方波转正弦)

假设周期 *T* 幅度为 *A* 的方波函数可表示如下:

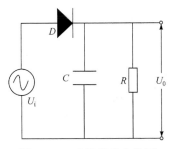

图 2.5.23　半波整流电路图

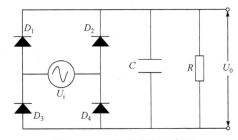

图 2.5.24　桥式整流电路图

$$x(t) = \begin{cases} -A & \left(-\dfrac{T}{2} < t < 0\right) \\ A & \left(0 < t < \dfrac{T}{2}\right) \end{cases}$$

按照傅里叶分析，可将其展开为正弦信号的叠加，具体如下：

$$x(t) = \frac{4A}{\pi} \sum_{k=0}^{\infty} \frac{1}{2k+1} \cos\left[(2k+1)\omega_0 t - \frac{\pi}{2}\right]$$

$$\left(\omega_0 = \frac{2\pi}{T}, \quad k = 0,1,2,3,\cdots\right)$$

因此可以说方波函数是一系列频率为 ω_0 奇数倍、幅度按一定规律减小的正弦信号的叠加，当该函数是电信号时，我们可以通过滤波手段将高于 ω_0 的高次谐波过滤掉，就可得到和方波同频率的正弦信号. 相关滤波方案在电路设计上有多种，这里我们仅简单地介绍 LC 三阶低通滤波电路(巴特沃思低通滤波电路)，其电路如图 2.5.25 所示. 其中，两个电容完全一致，根据基尔霍夫方程，可以建立三个方程：

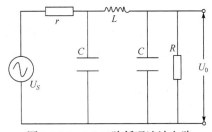

图 2.5.25　LC 三阶低通滤波电路

$$\begin{cases} \tilde{U}_S = \tilde{I}_r r + \dfrac{\tilde{I}_r - \tilde{I}_L}{\mathrm{i}\omega C} \\ 0 = \dfrac{\tilde{I}_r - \tilde{I}_L}{\mathrm{i}\omega C} - \tilde{I}_L(\mathrm{i}\omega L) - \dfrac{\tilde{I}_L - \tilde{I}_R}{\mathrm{i}\omega C} \xrightarrow{\tilde{U}_R = \tilde{I}_R R} \dfrac{U_R}{U_S} \\ 0 = \dfrac{\tilde{I}_L - \tilde{I}_R}{\mathrm{i}\omega C} - \tilde{I}_R R \end{cases}$$

$$= \left| \frac{\cfrac{1}{\mathrm{i}\omega C + \cfrac{1}{\mathrm{i}\omega L + \cfrac{1}{\mathrm{i}\omega C + 1/R}}}}{r + \cfrac{1}{\mathrm{i}\omega C + \cfrac{1}{\mathrm{i}\omega L + \cfrac{1}{\mathrm{i}\omega C + 1/R}}}} \times \cfrac{\cfrac{1}{\mathrm{i}\omega C + 1/R}}{\mathrm{i}\omega L + \cfrac{1}{\mathrm{i}\omega C + 1/R}} \right| \tag{2.5.17}$$

使用 MATLAB 对式(2.5.17)按照参数(r=51Ω；L=1mH；C=47nF；R=270Ω)进行计算可以得到如图 2.5.26 的幅频特性.

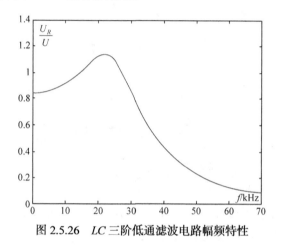

图 2.5.26　LC 三阶低通滤波电路幅频特性

可见当输入 25kHz 的方波信号后，75kHz、125kHz、175kHz…的高次谐波将被过滤掉，仅剩下 25kHz 的正弦波.

四、实验内容

(一) RLC 稳态特性

(1) 电源内阻说明.

由于电源内阻不为 0(本仪器是 50Ω)，分配给外电路的外加电压 $\tilde{U}_{\mathrm{int}}$ 严格来说并不是 $\tilde{U}_S$；且电路阻抗随频率变化，当频率变化时分配出的 $\tilde{U}_{\mathrm{int}}$ 也将发生变化，所以每次须使用示波器同时测试 $\tilde{U}_{\mathrm{int}}$ 电和 $\tilde{U}_{\mathrm{out}}$. 同时这样操作之后，最终计算 $\dfrac{\tilde{U}_{\mathrm{out}}}{U_S}$ 时，可以忽略电源内阻的影响.

(2) 示波器连接说明.

常用双通道示波器，两个通道是共地的，因此当需要使用示波器进行双通道测试时，示波器两表笔的接地端须对应电路同一点，否则会引起短路. 这里以 RC 串联电路为例说明(红：示波器红色挂钩；黑：示波器黑色挂钩)，见图 2.5.27.

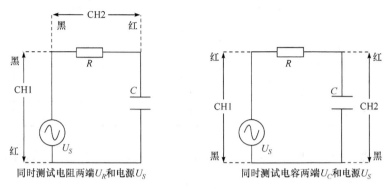

图 2.5.27　RC 串联电路示波器连接图

(3) 实验中波形可能会出现一定的畸变，因此相位测量请按照附录中"波形比较法"测试 ΔT_1、ΔT_2 和 T 得到.

1. RC 串联电路的幅频/相频特性测试

(1) 按照图 2.5.27 连接电路图，$R=2000\Omega$，$C=47\text{nF}$，电源波形设为正弦交流波；幅值设置为峰峰值 $5V_{\text{pp}}$.

(2) 按照图 2.5.27，CH1 通道用于测试电源两端电压信号 $\tilde{U}_S$，CH2 用于测试电阻两端电压信号 $\tilde{U}_R$.

(3) 改变频率，记录不同频率下电源输入电压的峰峰值 U_S、电阻两端电压峰峰值 U_R，以及 $\tilde{U}_R$ 与 $\tilde{U}_S$ 之间的相位差 φ_R(相位测试方法参见附录 2.)，最后汇总到表 2.5.2 中.

表 2.5.2　RC 串联电路电阻 R 实验数据表

f/kHz	0.3	0.6	0.9	1.2	1.5	1.6	1.7	1.8	2	2.4	3	3.6	4.2	5
U_R/V_{pp}														
U_S/V_{pp}														
U_R/U_S														
φ_R/rad														

(4) 连接示波器，CH1 通道用于测试电源两端电压信号 $\tilde{U}_S$，CH2 用于测试电容两端信号 $\tilde{U}_C$.

(5) 改变频率，根据示波器显示记录不同频率下电源输入电压的峰峰值 U_S、电容两端电压峰峰值 U_C 以及 $\tilde{U}_C$ 与 $\tilde{U}_S$ 之间的相位差 φ_C，最后汇总到表 2.5.3 中.

表 2.5.3　RC 串联电路电容 C 实验数据表

f/kHz	0.3	0.6	0.9	1.2	1.5	1.6	1.7	1.8	2	2.4	3	3.6	4.2	5
U_C/V_{pp}														
U_S/V_{pp}														
U_C/U_S														
φ_C/rad														

(6) 根据表 2.5.2 和表 2.5.3，做出 RC 串联电路的幅频特性和相频特性图，并与图 2.5.4 比较.

(7) 最后根据实验数据和图得到截止频率 $f_{\tilde{U}_R = \tilde{U}_C}$，并与理论值 $1/2\pi RC$ 比较，计算误差.

2. RL 串联电路的幅频/相频特性测试

(1) 按图 2.5.5 连接电路，$R=1000\Omega$，$L=10\text{mH}$(直流电阻 $r_L \sim 65\Omega$)，电源设为峰峰值 $5V_{pp}$ 的正弦交流波；

(2) 连接示波器，CH1 通道用于测试电源两端电压信号 $\tilde{U}_S$，CH2 用于测试电阻两端信号 $\tilde{U}_R$；

(3) 改变频率，根据示波器显示记录不同频率下电源输入电压的峰峰值 U_S、电阻两端电压峰峰值 U_R，以及 $\tilde{U}_R$ 与 $\tilde{U}_S$ 之间的相位差 φ_R，最后汇总到表 2.5.4 中；

表 2.5.4　RL 串联电路电阻 R 实验数据表

f/kHz	0.1	0.5	1	1.5	2	3	4	5	7	9	11	13	15	16	17	19	22	25	30	35	40
U_R/V_{pp}																					
U_S/V_{pp}																					
U_R/U_S																					
φ_R/rad																					

(4) 连接示波器，CH1 通道用于测试电源两端电压信号 $\tilde{U}_S$，CH2 用于测试电感两端信号 $\tilde{U}_L$；

(5) 改变频率，根据示波器显示记录不同频率下电源输入电压的峰峰值 U_S、电感两端电压峰峰值 U_L 以及 $\tilde{U}_L$ 与 $\tilde{U}_S$ 之间的相位差 φ_L，最后汇总到表 2.5.5 中；

表 2.5.5　RL 串联电路电感 L 实验数据表

f/kHz	0.1	0.5	1	1.5	2	3	4	5	7	9	11	13	15	16	17	19	22	25	30	35	40
U_L/V$_{pp}$																					
U_S/V$_{pp}$																					
U_L/U_S																					
φ_L/rad																					

(6) 根据表 2.5.4 和表 2.5.5，做出 RL 串联电路的幅频特性和相频特性图，并与图 2.5.4 比较；

(7) 最后根据实验数据和图得到截止频率 $f_{\tilde{U}_R=\tilde{U}_L}$，并与理论值 $R/2\pi L$ 比较，计算误差.

3. RLC 串联电路的幅频/相频特性测试，及 Q 值的测量

(1) 按图 2.5.5 连接电路，$R=1000\Omega$，$L=10$mH(直流电阻 $r_L\sim65\Omega$)，$C=2.2$nF，电源设为峰峰值 $5V_{pp}$ 的正弦交流波；

(2) 连接示波器，CH1 通道用于测试电源两端电压信号 $\tilde{U}_S$，CH2 用于测试电阻两端信号 $\tilde{U}_R$；

(3) 改变频率，根据示波器显示记录不同频率下电源输入电压的峰峰值 U_S、电阻两端电压峰峰值 U_R，以及 $\tilde{U}_R$ 与 $\tilde{U}_S$ 之间的相位差 φ_R，最后汇总到表 2.5.6 中.

表 2.5.6　RLC 串联电路电阻 R 实验数据表

f/kHz)	3	10	15	20	25	30	32	33	34	35	36	38	40	45	60	80	100
U_R/V$_{pp}$																	
U_S/V$_{pp}$																	
U_R/U_S																	
φ_R/rad																	

(4) 根据表 2.5.5，做出 RLC 串联电路的幅频特性和相频特性图，并与图 2.5.8 比较；

(5) 最后根据实验数据和图得到谐振频率 f_0，并与理论值 $\dfrac{1}{2\pi\sqrt{LC}}$ 比较，计算误差.

(6) 另外根据式(2.5.6)及实验数据得到此时的品质因数 Q，结合理论值，考虑损耗电阻对实验的影响. (需要注意的是：由于损耗电阻的存在，$\dfrac{U_R}{U_S}<1$，因此不能选择 $\dfrac{U_R}{U_S}=0.707$ 为临界点，而应该取 $\dfrac{U_R}{U_S}=0.707\left(\dfrac{U_R}{U_S}\right)_{max}$ 为临界点计算 Q)

4. 不同 Q 值下 RLC 串联电路的幅频特性测试

(1) 参考实验内容 3，更换电阻，其他条件不变，分别测试电阻为 500Ω 和 270Ω 时的幅频特性，并将其幅频数据和 $R=1000\Omega$ 幅频数据整理到表 2.5.7 中.

表 2.5.7　不同 Q 值下 RLC 串联电路的幅频特性数据表

R/Ω	f/kHz	3	10	15	20	25	30	32	33	34	35	36	38	40	45	60	80	100
270																		
500	U_R/U_S																	
1000																		

(2) 据表 2.5.6，做出不同电阻下 RLC 串联电路的幅频特性曲线图，并与图 2.5.8(a) 比较.

5. RLC 并联电路的幅频/相频特性测试

(1) 按图 2.5.11 连接电路，$R=1000\Omega$，$L=10\text{mH}$(直流电阻 $r_L\sim65\Omega$)，$C=22\text{nF}$，电源设为峰峰值 $5V_{pp}$ 的正弦交流波；

(2) 连接示波器，CH1 通道用于测试电源两端电压信号 $\tilde{U}_S$，CH2 用于测试电阻两端信号 $\tilde{U}_R$；

(3) 改变频率，根据示波器显示记录不同频率下电源输入电压的峰峰值 U_S、电阻两端电压峰峰值 U_R，以及 $\tilde{U}_R$ 与 $\tilde{U}_S$ 之间的相位差 φ_R，最后汇总到表 2.5.8 中；

表 2.5.8　RLC 并联电路电阻 R 实验数据表

f/kHz	1	3	5	7	9	10	11	12	14	17	20	25
U_R/V_{pp}												
U_S/V_{pp}												
U_R/U_S												
φ_R/rad												

(4) 根据表 2.5.7，做出 RLC 并联电路的幅频特性和相频特性图，并与图 2.5.16 比较；

(5) 最后根据实验数据和图得到谐振频率 f_0，并与理论近似值 $\dfrac{1}{2\pi\sqrt{LC}}$ 比较.

(二) RLC 暂态过程

1. RC 串联电路的暂态过程测试

(1) 按照图 2.5.21(a)所示连接电路，$R=2000\Omega$，$C=47\text{nF}$，电源内阻 $r_S=50\Omega$，

电源设为峰峰值 $5V_{pp}$ 的交流方波，频率建议设置为 1000Hz(为完整的显示暂态过程，一般要求方波周期 $T>10\tau$)；

(2) 连接示波器，CH1 通道用于测试电源两端电压信号 $\tilde{U}_S$，CH2 用于测试电容两端信号 $\tilde{U}_C$；

(3) 电路接通后，适当的调整示波器的电压、时间挡位，使波形显示完整，然后需要存储波形图片及相应的原始数据；

(4) 将存储的波形与图 2.5.14 比较；

(5) 调出原始数据，由于充放电在 τ 时间内电压变化 $0.632U_0$，测得时间常数 τ，并与理论值 $(R+r_S)C$ 比较，计算误差；

(6) 增大、减小方波频率，观察波形变化，分析相同 τ 值在不同频率时的波形变化情况.

2. RC 串联暂态过程在微分、积分电路中的应用

(1) 元件参数、电路连线与实验 1.中一致，示波器 CH1 通道用于测试电源两端电压信号 $\tilde{U}_S$，CH2 用于测试电阻两端电压信号 $\tilde{U}_R$；

(2) 信号源输入选择 100Hz 方波，直流偏置(OFFS)设定为±100%，此时可以通过调节占空比设定(DUTY)来得到不同脉冲宽度 T 的矩形脉冲源；

(3) 改变占空比，观察波形变化，分析相同时间常数 $\tau=RC$，不同脉冲宽度 T 时波形的变化情况；

(4) 当 CH2 波形与图 2.5.15(b)相似时，可看为微分电路，判断电路可看作微分电路时 T 与 τ 的关系；

(5) 示波器 CH1 通道用于测试电源两端电压信号 $\tilde{U}_S$，CH2 用于测试电容两端电压信号 $\tilde{U}_C$；

(6) 信号源输入选择 5kHz 方波，直流偏置(OFFS)设定为±100%，改变占空比，观察波形变化，分析相同 $\tau=RC$ 值不同脉冲宽度 T 时波形的变化情况；

(7) 当 CH2 波形与图 2.5.14(b)相似，可看为积分电路，判断电路可看作积分电路时 T 与 τ 的关系.

3. RL 串联电路的暂态过程测试

(1) 按照图 2.5.21(b)所示连接电路，$R=500\Omega$，$L=10\text{mH}$(直流损耗电阻 $r_L\sim$ 65Ω)，电源内阻 $r_S=50\Omega$，电源设为峰峰值 $5V_{pp}$ 的交流方波，频率建议设置为 5000Hz；

(2) 连接示波器，CH1 通道用于测试电源两端电压信号 $\tilde{U}_S$，CH2 用于测试电阻两端信号 $\tilde{U}_R$；

(3) 电路接通后，适当地调整示波器的电压、时间挡位，使波形显示完整，然

后需要存储波形图片及相应的原始数据；

(4) 将存储的波形与图 2.5.18 比较；

(5) 调出原始数据，由于电源跃变中，在 τ 时间内电压变化 $0.632U_0$，测得时间常数 τ，并与理论值 $L/(R+r_L+r_S)$ 比较，计算误差.

4. RLC 串联电路的暂态过程测试

1) 欠阻尼过程

(1) 按照图 2.5.21(c)所示连接电路，$R=51\Omega$，$C=47nF$，$L=10mH$(直流电阻 $r_L\sim$ 65Ω),电源内阻 $r_S=50\Omega$,电源设为峰峰值 $5V_{pp}$ 的交流方波,频率建议设置为 600Hz.

(2) 连接示波器，CH1 通道用于测试电源两端信号 $\tilde{U}_S$ ，CH2 用于测试电容两端信号 $\tilde{U}_C$.

(3) 电路接通后，适当地调整示波器的电压、时间挡位，使波形显示完整，然后需要存储波形图片及相应的原始数据.

(4) 将存储的波形与图 2.5.20 曲线 1 比较.

(5) 调出原始数据，计算振荡周期 T 及振幅衰减的时间常数 τ，并与理论值比较.

振幅衰减的时间常数 τ 的测试方法：

假设根据数据读出振荡曲线的两个相邻峰(谷)值对应的电压分别是 V_1、V_2，对应的时间是 t_1、t_2，那么由公式(2.5.14)，可以得到 $\tau_{实测} = \dfrac{t_2 - t_1}{\ln(V_2/V_1)}$.

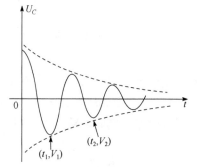

图 2.5.28　RLC 串联电路暂态过程图

(建议以第 1、2 个完整的峰(谷)作为测试点，如图 2.5.28 所示)

2) 过阻尼过程

(1) 按照图 2.5.21(c)所示连接电路，$R=3300\Omega$，$C=47nF$，$L=10mH$，电源内阻 $r_S=50\Omega$，电源设为峰峰值 $5V_{pp}$ 的交流方波，频率建议设置为 300Hz;

(2) 连接示波器，CH1 通道用于测试电源两端信号 $\tilde{U}_S$,CH2 用于测试电容两端信号 $\tilde{U}_C$;

(3) 电路接通后，调整示波器的电压、时间挡位，使波形显示完整，然后存储波形图片;

(4) 将存储的波形与图 2.5.18 曲线 2 比较.

3) 临界阻尼过程

由于该实验板为分立电阻，无法连续调节，使电路电阻刚好等于临界电阻，故该部分不做测试.

(三) *RLC* 应用拓展实验

1. 整流滤波电路(交流转直流)

1) 半波整流

根据图 2.5.23，按照表 2.5.9 依次连接电路，电源设为峰峰值 $5V_{pp}$ 的交流正弦波，频率建议设置为 100Hz，值得强调的是正弦波必须为双极性(中间值为 0，直流偏置 OFFS=0). 使用示波器 CH1 通道测试电阻两端电压，并存储波形图片，记录到表 2.5.9 中.

表 2.5.9 半波整流电路效果记录表

电路图			
元件值	R=1000Ω	R=1000Ω	R=1000Ω C=10μF	R=1000Ω C=100μF
输出波形图				

2) 桥式整流

根据图 2.5.24，按照表 2.5.10 依次连接电路，电源设为峰峰值 $5V_{pp}$ 的交流正弦波，频率建议设置为 100Hz，值得强调的是正弦波必须为双极性(中间值为 0，直流偏置 OFFS=0). 使用示波器 CH1 通道测试电阻两端电压，并存储波形图片，记录到表 2.5.10 中.

表 2.5.10 桥式整流电路效果记录表

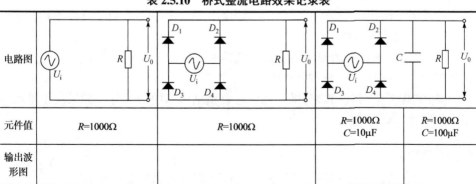

电路图			
元件值	R=1000Ω	R=1000Ω	R=1000Ω C=10μF	R=1000Ω C=100μF
输出波形图				

3) 对比说明半波整流和桥式整流的差异

2. *LC* 三阶低通滤波电路(方波转正弦)

(1) 按图 2.5.25 连接电路，$R=270\Omega$，$r=51\Omega$，$L=1\text{mH}$，$C=47\text{nF}$，电源设为峰峰值 $5V_{pp}$ 的正弦交流波；

(2) 连接示波器，CH1 通道用于测试电源两端信号 $\tilde{U}_S$，CH2 用于测试电阻两端信号 $\tilde{U}_R$；

(3) 改变频率，记录不同频率下电源输入电压的峰峰值 U_S、电阻两端电压峰峰值 U_R，并汇总到表 2.5.11；

表 2.5.11 **LC 三阶低通滤波电路电阻 R 幅频数据**

f/kHz	1	5	9	15	17	19	21	23	25	27	30	35	40	45	50	60	70
U_R/V_{pp}																	
U_S/V_{pp}																	
U_R/U_S																	

(4) 由表 2.5.11 做出电路幅频特性图，并与图 2.5.26 比较，判断该电路适合什么频率的方波转为正弦波；

(5) 电源设为峰峰值 $5V_{pp}$ 的 25kHz 方波，其他条件不变，查看 CH2 通道输出波形是否为 25kHz 正弦波，并使用示波器存储此时波形.

由于线路对电信号的反射，实验(5)步骤中 CH1 通道的方波波形将出现畸变，该现象为正常现象，不影响实验结论.

五、注意事项

(1) 该实验提供信号源有短路保护功能，但是实际测试中请确认电路连接正确后，最后连入电源.

(2) 在很特殊的情况下，电路可能受环境干扰导致输出波形不稳，此时可以通过在示波器中设置"平均"次数来避免读数的跳动；同时为避免外界干扰，应该远离变频、大功率设备.

(3) 实验中幅度的测量建议保证示波器屏幕显示 5～10 个周期为佳；相位测量建议示波器屏幕显示 1～2 个周期为佳.

(4) 请保持信号接口部分的清洁，经常清洁信号接口部分，如果灰尘堆积过多，仪器将不会稳定工作.

六、思考题

(1) 分析方波信号的频率 f 对观察和测量 *RLC* 电路暂态过程的影响.

(2) 实验中有哪些方法可以使测量更准确些?

参考资料

[1] ZKY-RLC 电路特性及应用实验仪实验指导及操作说明书. 四川世纪中科光电技术有限公司, 2018

实验 2.6 隧道磁电阻效应及应用实验

早在 1975 年, Julliere 就在 Co/Ge/Fe 磁性隧道结(magnetic tunnel junctions, MTJs)(注: MTJs 的一般结构为铁磁层/非磁绝缘层/铁磁层(FM/I/FM)的三明治结构)中观察到了隧道磁电阻(tunnel magneto resistance, TMR)效应. 但是, 这一发现当时并没有引起人们的重视. 在这之后的十几年内, TMR 效应的研究进展十分缓慢. 1988 年, 巴西学者 Baibich 在法国巴黎大学物理系 Fert 教授领导的科研组中工作时, 首先在 Fe/Cr 多层膜中发现了巨磁电阻(giant magneto resistance, GMR)效应. TMR 效应和 GMR 效应的发现导致了凝聚态物理学中新的学科分支——磁电子学的产生. 20 年来, GMR 效应的研究发展非常迅速, 并且基础研究和应用研究几乎齐头并进, 已成为基础研究快速转化为商业应用的国际典范. 随着 GMR 效应研究的深入, TMR 效应开始引起人们的重视. 尽管金属多层膜可以产生很高的 GMR 值, 但强的反铁磁耦合效应导致饱和场很高, 磁场灵敏度很小, 从而限制了 GMR 效应的实际应用. MTJs 中两铁磁层间不存在或基本不存在层间耦合, 只需要一个很小的外磁场即可将其中一个铁磁层的磁化方向反向, 从而实现隧穿电阻的巨大变化, 故 MTJs 较金属多层膜具有高得多的磁场灵敏度. 同时, MTJs 这种结构本身电阻率很高、能耗小、性能稳定. 因此, MTJs 无论是作为读出磁头、各类传感器, 还是作为磁随机存储器(MRAM), 都具有无与伦比的优点, 其应用前景十分看好, 引起世界各研究小组的高度重视.

本实验研究和应用隧道磁电阻效应, 通过与巨磁电阻效应和经典磁传感器的比较, 深入了解作为量子力学效应的隧穿机制, 理解量子力学与经典物理的不同, 特别是粒子的波动本质. 测量和研究隧道磁电阻的 $I\text{-}V$ 特性, 并利用它实现电流传感功能.

一、实验目的

(1) 理解磁性隧道结电阻 R 与磁感应强度 B、结电流 I 与激励电压 U_M 之间的关系.

(2) 掌握线性隧道磁电阻传感器的结构及输出特性.

(3) 了解 GMR 的输出特性.

(4) 比较 GMR 与 TMR 的输出曲线的差异，从结构上分析磁性隧道结与非隧道结存在差异的原因.

(5) 学习线性隧道磁电阻效应在非接触式电流传感器方面的应用；掌握非接触式电流传感器的物理原理.

二、实验仪器

隧道磁电阻效应及应用实验组件构成如图 2.6.1 所示.

仪器如图 2.6.1 所示，主要是由三部分组成：隧道磁电阻效应及应用实验仪(简称实验仪，如图 2.6.2 所示)、实验装置 S1——基本特性组件和实验装置 S2——电流传感器.

实验仪主要由三部分组成：电压表/电流表、电流源和电压源，以及它们对应的转换、调节和输入/输出接口等. 其中，"电压表/电流表"模块包含一个切换按钮，当 "mV" 灯亮时，输入端接入 "U"，表示此时数码管显示的是电压值，20mV、200mV 和 2000mV 三个挡位自动切换；当 "μA" 灯亮时，输入端接入 "I"，表示此时数码管显示的是电流值，20μA、200μA 和 2000μA 三个挡位自动切换. "电流源"模块提供一个大小可变的直流电流信号，由 "输出" 的 "I_M" 鱼叉接头引出，输出的直流电流信号的大小为 0～350mA. "电压源"模块提供一个大小可变的直流电压信号，由 "输出" 的 "U_M" 康尼接头引出，直流电压的调节范围为 0～7.50V. "辅助供电" 为扩展接口.

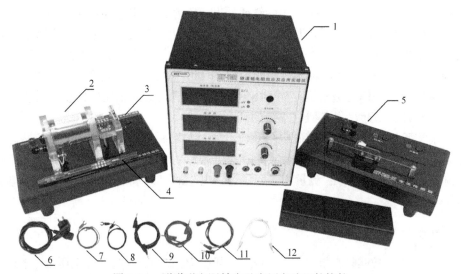

图 2.6.1　隧道磁电阻效应及应用实验组件构件

1—隧道磁电阻效应及应用实验仪；2—基本特性组件；3—TMR 测试试件；4—GMR 测试试件；5—电流传感器；6—电源线；7—鱼叉线；8—鱼叉线；9—康尼线；10—康尼线；11—BNC 同轴信号线；12—康尼线

图 2.6.2　隧道磁电阻效应及应用实验仪

1) 基本特性组件

实验装置 S1 是基本特性组件(图 2.6.3)，主要包含螺线管、MTJ 测试试件、TMR 测试试件、GMR 测试试件和对应的固定装置. 其中，测试试件一般是固定在螺线管的中心位置. 载流螺线管内部可看成均匀磁场，磁感应强度大小可根据公式 $B = \mu_0 n I_M$ 计算得到，n 绕线密度，在数值上等于总匝数/螺线管长度，螺线管长度为 60mm.

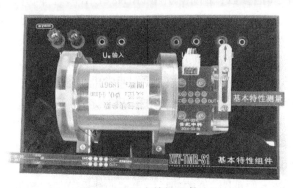

图 2.6.3　基本特性组件

2) 电流传感器

实验装置 S2 是模拟电流传感器的物理模型(图 2.6.4)，载流直导线周围产生磁场，磁场的大小与通过的电流大小成正比. 磁传感器放置在距离导线约 1mm 的地方，测量该处磁感应强度的大小，将磁信号转换成电压信号输出.

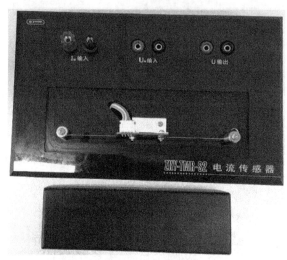

图 2.6.4　电流传感器

三、实验原理

1. 磁传感器的发展

磁传感器广泛用于现代工业和电子产品中, 用于测量磁场或以感应磁场强度来测量电流、位置、方向等物理参数. 在现有技术中, 有许多不同类型的传感器用于测量磁场和其他参数, 例如采用霍尔(Hall)元件, 各向异性磁电阻(anisotropic magneto resistance, AMR)元件或巨磁电阻(GMR)元件为敏感元件的磁传感器.

TMR 元件是近年来开始工业应用的新型磁电阻效应传感器, 它利用的是磁性多层膜材料的隧道磁电阻效应对磁场进行感应, 比之前所发现并实际应用的 AMR 元件和 GMR 元件具有更大的电阻变化率. 我们通常也用磁隧道结(MTJ)来代指 TMR 元件, MTJ 元件相对于霍尔元件具有更好的温度稳定性, 更高的灵敏度, 更低的功耗, 更好的线性度, 不需要额外的聚磁环结构; 相对于 AMR 元件具有更好的温度稳定性, 更高的灵敏度, 更宽的线性范围, 不需要额外的 set/reset 线圈结构; 相对于 GMR 元件具有更好的温度稳定性, 更高的灵敏度, 更低的功耗, 更宽的线性范围. 图 2.6.5 是四代磁传感器技术原理图. 低的功耗, 更宽的线性范围参数见表 2.6.1.

表 2.6.1　Hall 元件、AMR 元件、GMR 元件以及 TMR 元件的技术参数对比

技术	功耗/mA	尺寸/mm	灵敏度/(mV/V/Gs)	工作范围/Gs	分辨率/mGs	温度特性/℃
Hall	5~20	1×1	0.05	1~1000	500	<150
AMR	1~10	1×1	1	0.001~10	0.1	<150
GMR	1~10	2×2	3	0.1~30	2	<150
TMR	0.001~0.01	0.5×0.5	20	0.001~200	0.1	<200

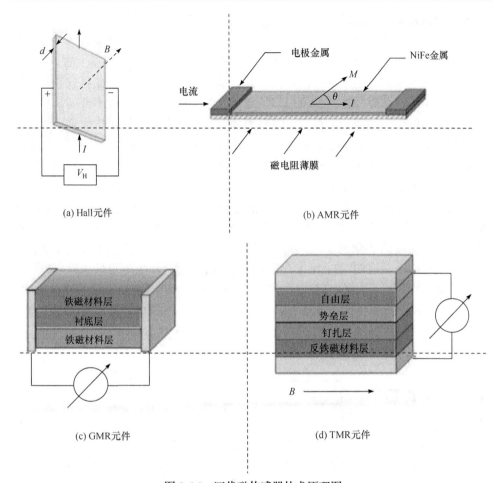

(a) Hall元件

(b) AMR元件

(c) GMR元件

(d) TMR元件

图 2.6.5　四代磁传感器技术原理图

材料的电阻率(或电导率)在磁场的变化下发生变化的效应称为磁电阻(magneto resistance，MR)效应，一般定义为外加磁场下电阻变化相对零场下电阻的变化比率，即 MR=[$R(H)-R(0)$]/$R(0)$.

2. 磁性隧道结

图 2.6.6 为一维单粒子有限高势垒示意图，在经典力学中，能量为 E 的电子是不可能穿过比其能量高的势垒而分布在 $x>a$ 的区间中，但按照量子力学的理论，即使在电子的能量低于势垒高度的时候，透射概率也不为零，电子有一定的概率穿过势垒出现在 $x>a$ 的区间中，这种

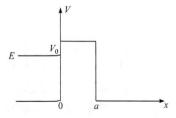

图 2.6.6　一维单粒子有限高势垒

现象叫作隧道效应(或隧穿效应、势垒贯穿).

隧道效应无法用经典力学的观点来解释. 因电子在 $x<0$ 区域的能量小于势垒高度 V_0, 若电子进入 $x>a$ 区, 就必然出现"负动能", 这是不可能发生的. 但用量子力学的观点来看, 电子具有波动性, 其运动用波函数描述, 而波函数遵循薛定谔方程, 从薛定谔方程的解就可以知道电子在各个区域出现的概率密度, 从而能进一步得出电子穿过势垒的概率, 该概率随着势垒宽度的增加而指数衰减.

图 2.6.7 是一个磁性隧道结 MTJ 的结构原理图, MTJ 元件由钉扎层(pinning layer)、隧道势垒层(tunnel barrier)、自由层(free layer)构成. 钉扎层由铁磁层(被钉扎层, pinned layer)和反铁磁层(AFM layer)构成, 铁磁层和反铁磁层之间的交换耦合作用决定了铁磁层的磁矩方向, 图中磁矩方向向右. 隧道势垒层通常由 MgO 或 Al_2O_3 构成, 位于铁磁层的上部. 在隧道势垒层上部的自由层也是铁磁层, 且磁矩的方向随外磁场的变化而变化. 由于金属内自由电子的能量低于绝缘层导带底部能量, 一侧铁磁金属层中自由电子将通过隧道效应穿过绝缘层而到达另一侧, 外磁场的存在将影响自由铁磁层的磁矩方向, 从而影响自由电子隧穿绝缘层的概率, 即磁场的大小会影响磁性隧道结电阻的大小, 这种现象称为隧道磁电阻效应(TMR).

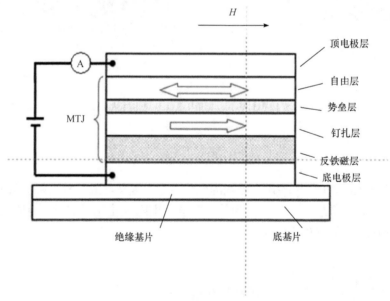

图 2.6.7　MTJ 的结构原理图

底电极层(bottom conducting layer)和顶电极层(top conducting layer)直接与相关的反铁磁层和自由层电接触. 电极层通常采用非磁性导电材料, 连接外接端口. 底电极层置于绝缘基片(insulating substrate)上, 绝缘基片置于底基片(body substrate)上.

与巨磁电阻相比, 隧道磁电阻将巨磁电阻中间的非磁金属层换成了非磁绝缘层，电子在界面处的磁散射则变成了隧穿，这时就称为隧穿磁电阻效应. 隧穿磁电阻效应可以简单地用 Julliere 模型(图 2.6.8)来解释，我们将自旋向上和自旋向下的电子分开考虑. 电子隧穿概率与两边铁磁金属的自旋向上和自旋向下的态密度相关. 当发生隧穿时，自旋向上的电子从左边铁磁金属自旋向下的态跃迁到右边自旋向上的空态，自选向下的电子从左边铁磁金属自旋向下的态跃迁到右边自旋向下的空态. 当铁磁层磁矩平行排列时，电子或从多态跃迁到多态，或从少态跃迁到少态. 而当铁磁层磁矩反平行排列时，电子或从少态跃迁到多态，或从多态跃迁到少态. 电子隧穿的概率和两边同自旋取向的态密度相关. 当两铁磁层磁矩平行排列时，自旋向上的电子的隧穿概率 $\propto N_{1\uparrow}N_{2\uparrow}$，自旋向下的电子的隧穿概率 $\propto N_{1\downarrow}N_{2\downarrow}$，电导率 $G_{\uparrow\uparrow} \propto N_{1\uparrow}N_{2\uparrow} + N_{1\downarrow}N_{2\downarrow}$. 当两铁磁层磁矩反平行排列时，自旋向上的电子的隧穿概率 $\propto N_{1\uparrow}N_{2\downarrow}$，而自旋向下的电子的隧穿概率 $\propto N_{1\downarrow}N_{2\uparrow}$，电导率 $G_{\uparrow\downarrow} \propto N_{1\uparrow}N_{2\downarrow} + N_{1\downarrow}N_{2\uparrow}$. 则

$$\mathrm{MR} = \frac{R_{\uparrow\downarrow} - R_{\uparrow\uparrow}}{R_{\uparrow\uparrow}} = \frac{G_{\uparrow\uparrow} - G_{\uparrow\downarrow}}{G_{\uparrow\downarrow}}$$

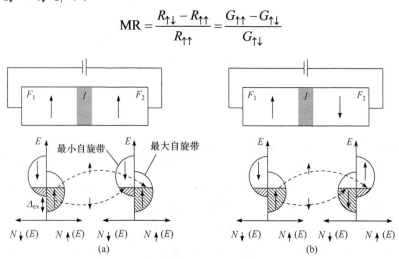

图 2.6.8　Julliere 模型

图 2.6.9 是理想情况下 MTJ 元件的响应曲线. 在理想状态下，磁电阻 R 随外场 H 的变化是完美的线性关系，同时没有磁滞. R-H 曲线具有低阻态 R_L 和高阻态 R_H. 其高灵敏度的区域是在零场附近，传感器的工作区间位于零场附近，约为饱和场之间 1/3 的区域. 响应曲线的斜率和传感器的灵敏度成正比. 零场切线和低场切线以及高场切线相交于点$(-H_s+H_o)$和点(H_s+H_o)，可以看出，响应曲线不是沿 $H=0$ 的点对称的. H_o 是典型的偏移场，与磁电阻元件中铁磁性薄膜的结构和平整度有关，依赖于材料和制造工艺. H_s 被定量地定义为线性区域的切线与正负饱和曲线的切线的交点对应的值，该值是在响应曲线相对于 H_o 点的不对称性消除的情况下所取的. 图 2.6.9 中，白色箭头代表自由层磁矩方向，黑色箭头代表钉扎层磁矩方向，TMR

工作时,被钉扎层的磁矩方向不变,自由层磁矩方向随外场变化,从而与被钉扎层的磁矩方向从反平行到平行. 磁电阻响应曲线随自由层磁矩和被钉扎层磁矩之间角度的变化而变化:当自由层磁矩与钉扎层磁矩反平行时,曲线对应高阻态 R_H;当自由层磁矩与钉扎层磁矩平行时,曲线对应低阻态 R_L;当自由层磁矩与钉扎层磁矩垂直时,阻值是位于 R_L 和 R_H 之间的中间值,该区域是理想的线性磁传感器的"工作点".

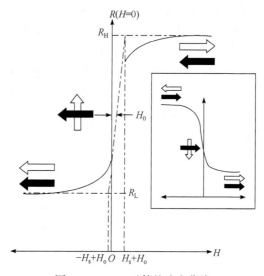

图 2.6.9　MTJ 元件的响应曲线

　　图 2.6.9 中的内插图是另一个磁电阻 R 与外场 H 的响应曲线图,该磁电阻沿传感器的法线旋转了 180°,即被钉扎层磁矩翻转. 在同一外场 H 的作用下,该磁电阻的响应曲线与主图对应的磁电阻的响应曲线有相反的变化趋势. 主图对应的磁电阻和旋转 180°设置的磁电阻可以构造电桥,这被证明比其他可能的方法输出值更大. 且电桥可以用来改变磁电阻传感器的信号,使其输出电压便于被放大. 这可以改变信号的噪声,取消共模信号,减少温漂或其他的不足. MTJ 元件可以连接构成惠斯通电桥,桥路的输出电压与磁场强度的关系如图 2.6.10 所示.

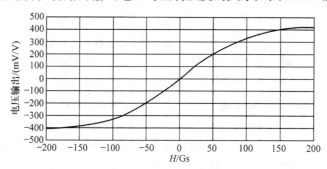

图 2.6.10　全桥传感器输出特性

3. 隧道结 *I-V* 曲线拟合

简单地采用 John G. Simmons 模型来推导隧道结的 *I-V* 曲线. 假设绝缘层两边为相同的金属材料, 势垒是矩形, 势垒高度为 ϕ, 势垒宽度为 s, 那么, 隧道结的电流密度 J 和所加偏置电压 U_{M} 的关系为

$$J = \frac{(2m)^{\frac{1}{2}} e^2 U_{\mathrm{M}}}{h^2 s}\left(\varphi + \frac{eU_{\mathrm{M}}}{2}\right)^{\frac{1}{2}} \exp\left[-A\left(\varphi + \frac{eU_{\mathrm{M}}}{2}\right)^{\frac{1}{2}}\right]$$

$$+ \frac{3e(2m)^{\frac{1}{2}}}{h^2 s A}\left\{\left(\varphi - \frac{eU_{\mathrm{M}}}{2}\right)\exp\left[-A\left(\varphi - \frac{eU_{\mathrm{M}}}{2}\right)^{\frac{1}{2}}\right] - \left(\varphi + \frac{eU_{\mathrm{M}}}{2}\right)\exp\left[-A\left(\varphi + \frac{eU_{\mathrm{M}}}{2}\right)^{\frac{1}{2}}\right]\right\}$$

其中, $A = \dfrac{4\pi(2m)^{\frac{1}{2}} s}{h}$, e 为电子电荷, m 为电子质量, h 为普朗克常数. 在低电压情况下, 可将上式简化为

$$J = \frac{3e(2m)^{\frac{1}{2}}}{h^2 s A}\exp(-A\varphi^{\frac{1}{2}})\left\{\left(\varphi - \frac{eU_{\mathrm{M}}}{2}\right)\exp\left[\frac{AeU_{\mathrm{M}}}{4\varphi^{\frac{1}{2}}} + \frac{A(eU_{\mathrm{M}})^2}{32\varphi^{\frac{2}{2}}} + \frac{A(eU_{\mathrm{M}})^3}{128\varphi^{\frac{3}{2}}}\right]\right.$$

$$\left. - \left(\varphi + \frac{eU_{\mathrm{M}}}{2}\right)\exp\left[-\frac{AeU_{\mathrm{M}}}{4\varphi^{\frac{1}{2}}} + \frac{A(eU_{\mathrm{M}})^2}{32\varphi^{\frac{2}{2}}} - \frac{A(eU_{\mathrm{M}})^3}{128\varphi^{\frac{3}{2}}}\right]\right\}$$

忽略高阶项, 则上式进一步简化为

$$J = \frac{3}{2}\frac{e^2(2m)^{\frac{1}{2}}}{h^2 s A}\exp\left\{-A\varphi^{\frac{1}{2}}\left[\left(\frac{A\varphi^{\frac{1}{2}}}{2} - 1\right)U_{\mathrm{M}} + \left(\frac{e^2 A^3}{192\varphi^{\frac{1}{2}}} - \frac{e^2 A^2}{64\varphi} - \frac{e^2 A}{64\varphi^{\frac{3}{2}}}\right)U_{\mathrm{M}}^{\,3}\right]\right\}$$

通常情况下, $A\varphi^{\frac{1}{2}} \gg 1$, 且 $\dfrac{e^2 A}{64\varphi^{\frac{3}{2}}}$ 可以忽略, 那么上式可以再次简化为

$$J = \beta(V + \gamma V^3)$$

其中, $\beta = \dfrac{3}{2}\dfrac{e^2(2m\varphi)^{\frac{1}{2}}}{h^2 s}\cdot e^{-A\varphi^{\frac{1}{2}}}$, $\gamma = \dfrac{(Ae)^2}{96\varphi} - \dfrac{Ae^2}{32\varphi^{\frac{3}{2}}}$.

在极低的电压下，V^3 项可以忽略，上式可简化为：$J=\beta V$，即在低电压下，电流密度与偏置电压成正比.

这样通过对隧道结 I-V 曲线的拟合，我们就可以得知隧道结势垒的宽度和高度.

磁性隧道结是对结构非常敏感的器件，对各层膜的结构和层间的界面的质量要求非常高，低质量的磁性隧道结样品甚至无法观测到隧穿磁电阻效应. 电流-电压(即 I-V)曲线的测量则为我们检测隧道结样品质量提供了初步信息.

4. 电流传感器

由理论分析可知，通有电流 I_M 的无限长直导线，与导线距离为 r 的一点的磁感应强度为

$$B = \frac{\mu_0 I_M}{2\pi r}$$

其中，$\mu_0 = 4\pi \times 10^{-7}$H/m，为真空磁导率.

在 r 不变的情况下，磁场强度与电流成正比.

将载流导线置于 TMR 传感器近旁，用 TMR 传感器测量导线通过不同大小电流时导线周围的磁场变化，就可确定电流大小和方向. 与一般测量电流需将电流表接入电路相比，这种非接触测量不干扰原电路的工作，具有特殊的优点.

巨磁电阻效应：在图 2.6.11 所示的多层膜结构中，无外磁场时，上下两层磁性材料是反平行(反铁磁)耦合的. 施加足够强的外磁场后，两层铁磁膜的方向都与外磁场方向一致，外磁场使两层铁磁膜从反平行耦合变成了平行耦合. 电流的方向在多数应用中是平行于膜面的.

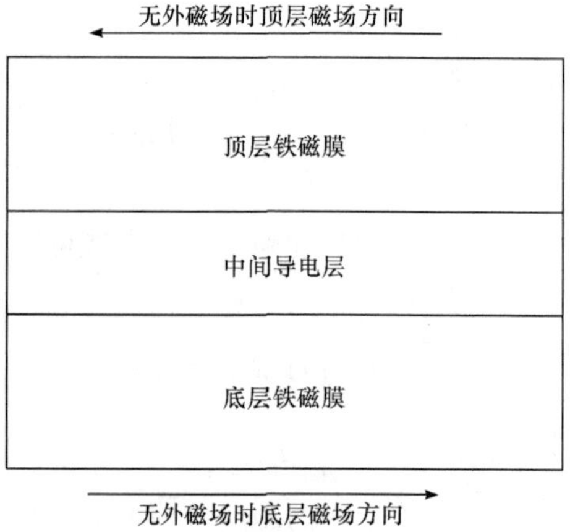

图 2.6.11 多层膜巨磁电阻示意图

根据导电的微观机理，电子在导电时并不是沿电场直线前进，而是不断和晶格中的原子产生碰撞(又称散射)，每次散射后电子都会改变运动方向，总的运动是电场对电子的定向加速与这种无规则散射运动的叠加. 称电子在两次散射之间走过的平均路程为平均自由程，电子散射概率小，则平均自由程长，电阻率低. 电阻定律 $R=\rho l/S$ 中，把电阻率 ρ 视为常数，与材料的几何尺度无关，这是因为通常材料的几何尺度远大于电子的平均自由程(例如铜中电子的平均自由程约 34nm)，可以忽略边界效应. 当材料的几何尺度小到纳米量级，只有几个原子的厚度时(例如，铜原子的直径约为 0.3nm)，电子在边界上的散射概率大大增加，可以明显观察到厚度减小，电阻率增加的现象.

电子除携带电荷外，还具有自旋特性，自旋磁矩有平行或反平行于外磁场两种可能取向. 早在 1936 年，英国物理学家、诺贝尔奖获得者 Mott 指出：在过渡金属中，自旋磁矩与材料的磁场方向平行的电子，所受散射概率远小于自旋磁矩与材料的磁场方向反平行的电子. 总电流是两类自旋电流之和；总电阻是两类自旋电流的并联电阻，这就是所谓的两流体模型.

巨磁电阻效应可以简单地用二流体模型来理解. 最简单的模型为两层铁磁层中夹一层非磁金属层，如图 2.6.12 所示.

两层铁磁金属层的矫顽力不同，因此在外加磁场作用下，两层铁磁金属层的磁矩将出现平行排列和反平行排列两种状态. 先考虑磁矩平行排列的情况，见图 2.6.12(a)，铁磁层磁矩都向上，电子自旋方向与磁矩方向一致，即图中自旋向上的电子将在界面受到铁磁层比较小的散射；而自旋方向与磁矩方向不一致，也就是图中自旋向下的电子将在铁磁金属和非磁金属层的界面处受到铁磁层大的散

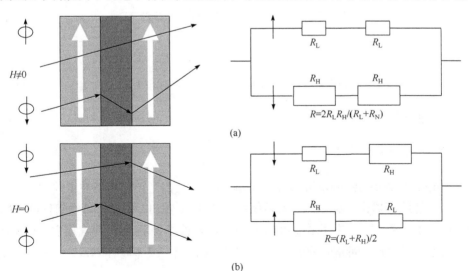

图 2.6.12 巨磁电阻效应器件结构示意图和二流体模型

射. 将自旋向上的电子和自旋向下的电子形成的电流区分开来，得到是并联的电流，自旋向上的电子在两界面都经历低阻态，电阻为 $2R_L$，而自旋向下的电子在两个界面都经历高阻态，电阻为 $2R_H$，通过并联电阻的计算方法，我们得到总电阻为 $2R_L R_H/(R_L+R_H)$. 若两层铁磁层的磁矩反平行排列，如图 2.6.12(b)，那么不管自旋向上的电子还是自旋向下的电子，在界面处都将经历一个低阻态(自旋与铁磁层磁矩平行的界面)和一个高阻态(自旋与铁磁层磁矩反平行的界面)，从而其电阻都是 R_L+R_H，总电阻为 $(R_L+R_H)/2$，远远大于磁矩平行排列的情况. 因此磁电阻为

$$\mathrm{MR} = \frac{\Delta R}{R} = \frac{R_{平行} - R_{反平行}}{R_{反平行}} = \frac{\dfrac{2R_L R_H}{R_L+R_H} - \dfrac{R_L+R_H}{2}}{\dfrac{R_L+R_H}{2}} = -\frac{(R_H - R_L)^2}{2(R_L+R_H)^2}$$

作为一个例子，图 2.6.13 给出了 Fe/Cr/Fe 多层膜的巨磁电阻效应.

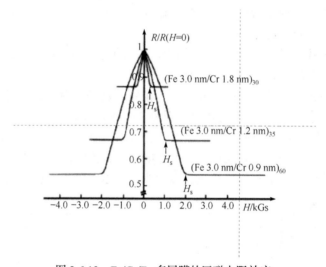

图 2.6.13　Fe/Cr/Fe 多层膜的巨磁电阻效应

四、实验内容

1. MTJ 的基本特性测量

按照图 2.6.14 连接线路. 实验仪机箱的"I_M 输出"接基本特性组件的"I_M 输入"，为螺线管提供励磁电流；实验仪机箱的"U_M 输出"接基本特性组件的"U_M 输入"，为磁性隧道结提供激励电压；将基本特性组件的"I"两端接实验仪机箱的"I 输入"，测量回路中的电流，将 TMR 试件的"基本特性测量"一侧向下固定在螺线管内部.

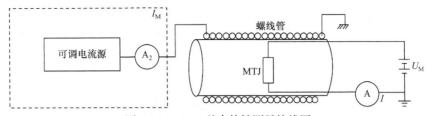

图 2.6.14 MTJ 基本特性测量接线图

保持可调电流源的电流值为 0，即螺线管中无磁场，改变 U_M 的大小，记录回路中的电流 I，计算出磁性隧道结的电阻 R，填入表 2.6.2 中，根据数据作 I-U_M 和 R-U_M 曲线.

注意：为了保证磁性隧道结的寿命，请保持整个回路中的电流大小不要超过 300μA.

表 2.6.2　I-U_M 和 R-U_M 关系

U_M/V	0	0.50	1.00	…	7.00	7.10	7.20	7.30	7.31	7.32	7.33	…	
I/μA													300
R/kΩ													

调节 U_M=1.50 V，改变电流源输出电流的大小，从而改变螺线管内部磁感应强度的大小，记录回路中的电流 I 与励磁电流 I_M 的关系，分别计算出磁感应强度 B 和对应的结电阻 R，填入表 2.6.3 中，作 R-B 关系曲线. 将 I_M 红黑反接则可得到反向电流.

表 2.6.3　R-B 关系

I_M/mA	350	340	330	…	20	10	0	−10	−20	…	−330	−340	−350
B/Gs													
I/μA													
R/kΩ													

根据表 2.6.3 中的数据和做出的曲线求该磁性隧道结的磁阻 MR、偏移场 H_0、饱和场 H_s 和线性区域等参数.

2. TMR 输出特性

如图 2.6.15 连接线路，实验仪机箱的 "I_M 输出" 接基本特性组件的 "I_M 输入"，为螺线管提供励磁电流；实验仪机箱的 "U_M 输出" 接基本特性组件的 "U_M 输入"，为隧道磁电阻提供激励电压；用一根导线将基本特性组件的 "I" 两端短接，保证回路闭合；将基本特性组件的 "U" 两端接实验仪机箱的 "U 输入"，测量传感器的输出电压，将 TMR 试件"$V\text{-}H$ 特性测量"一侧向下固定在螺线管内部. 调节 U_M=4.00V，改变电流源输出电流的大小，从而改变螺线管内部磁感应强度的大小，记录对应的输出电压 U_T，填入表 2.6.4 中，作 $U_T\text{-}B$ 关系曲线.

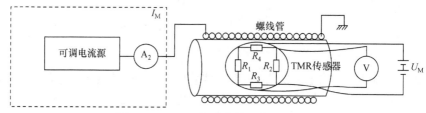

图 2.6.15 TMR 传感器输出特性连线图

表 2.6.4 TMR 的 $U_T\text{-}B$ 关系

I_M/mA	350	340	330	⋯	20	10	0	−10	−20	⋯	−330	−340	−350
B/Gs													
U_T/mV													

根据表 2.6.4 的数据及曲线找出 TMR 传感器的线性区域、灵敏度 S 及饱和场等参数.

3. GMR 输出特性

如图 2.6.16 连接线路，将 GMR 试件"$V\text{-}H$ 特性测量"一侧向下固定在螺线管内部，调节 U_M=4.00V，改变电流源输出电流的大小，从而改变螺线管内部磁感应强度的大小，记录对应的输出电压 U_G，填入表 2.6.5 中，作 $U_G\text{-}B$ 关系曲线.

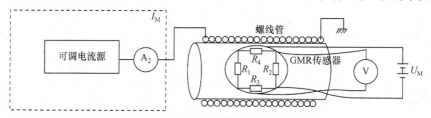

图 2.6.16 GMR 传感器输出特性连线图

表 2.6.5 GMR 的 $U_G\text{-}B$ 关系

I_M/mA	350	340	330	⋯	20	10	0	−10	−20	⋯	−330	−340	−350
B/Gs													
U_G/mV													

根据表 2.6.5 的数据及曲线找出 GMR 传感器的线性区域、灵敏度 S 及饱和场等参数. 比较两种传感器的曲线及参数.

4. 电流传感器

如图 2.6.17 连接线路，实验仪机箱的"I_M 输出"接电流传感器的"I_M 输入"，为导线通电；实验仪机箱的"U_M 输出"接电流传感器的"U_M 输入"，为 TMR 传感器提供激励电压；电流传感器的"U 输出"接实验仪机箱的"U 输入"，测量传感器的输出电压. 调节 $U_M=1.00\text{V}$，已知导线的到 TMR 传感器中心的间距为 1mm 左右. 改变电流源输出电流的大小，计算出该电流下对应的磁感应强度 B，同时记录不同电流对应的传感器的输出电压 U，根据表 2.6.6 的数据拟合出 $U\text{-}B$ 关系曲线，并求出该传感器的灵敏度 S.

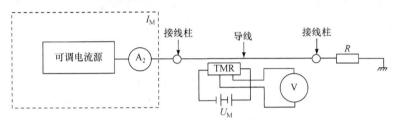

图 2.6.17　电流传感器连线图

表 2.6.6　$U\text{-}I_M$ 和 $U\text{-}B$ 关系

I_M/mA	350	300	250	...	100	50	0	−50	−100	...	−250	−300	−350
B/Gs													
U/mV													

五、注意事项

(1) 在 $I\text{-}V$ 曲线测量中，为防止流经传感器的电流过大而损坏传感器，请保证电流 $\leqslant 300\mu\text{A}$.

(2) 在打开仪器机箱前请关机并断开交流电源.

六、思考题

若已知某时刻输出电压的大小，怎样得到导线中电流的大小？

参考资料

[1] ZKY-TMR 隧道磁电阻效应及应用实验仪实验指导及操作说明书. 四川世纪中科光电技术有限公司, 2018

实验 2.7　电激励磁悬浮实验

磁悬浮技术是集电磁学、电子技术、控制工程、信号处理、动力学等为一体的典型的机电一体化技术. 随着电子技术、控制工程、信号处理、电磁理论及新型电磁材料的发展，磁悬浮技术得到了长足的发展，已经在很多领域得到广泛的应用，如磁悬浮列车、主动控制磁悬浮轴承、磁悬浮天平、磁悬浮传输设备、磁悬浮测量仪、磁悬浮机器人手腕等，其中尤以磁悬浮列车最具代表性. 列车运行过程中主要包含悬浮和驱动两部分，该实验主要介绍其中的悬浮及其控制.

现有物理教学中少有关于磁力的计算教学，本实验除去介绍常见的磁路法，更给学生介绍一种通用、准确地使用有限元法进行磁力分析的数值求解思路.

实验实现大范围可调整的稳定悬浮，可避免测试中外力的介入，方便准确测试系统平衡特性；PID 控制参数开放独立可调，提供给使用者一个快速响应的工程实物平台，有利于学生学习了解自动化控制中最常见的 PID 控制.

一、实验目的

(1) 掌握使用磁路的方法，做简单系统的磁力计算.

(2) 了解电磁场的有限元方法，以及 Ansoft Maxwell 下的磁力仿真.

(3) 了解电涡流位移传感器的测量原理，测量传感器输出特性.

(4) 在悬浮状态下，测试钢球平衡特性，研究磁力、电流、间隙的关系.

(5) 学习磁悬浮的 PID 控制原理，通过独立改变 P、I、D 参数，了解各参数对悬浮控制的影响.

二、实验仪器

ZKY-PD0019 电激励磁悬浮控制仪，ZKY-BJ0004 可控电流源，电激励磁悬浮实验装置，示波器.

三、实验原理

1. 电磁力的计算

电磁场的边值问题实际上是求解给定边界条件下的麦克斯韦方程组(或延伸的偏微分方程)，从技术手段上来说可分为解析求解和数值求解两类. 对简单模型，有时可以得到方程的解析解. 若模型复杂程度增加，则往往很难获得解析解，这时可以配合计算机进行数值求解

2. 磁路与磁力计算

磁路是磁场、磁力等计算中一种常见的解析的近似求解方法. 类比于电路，其最基本的近似条件是：磁力线主要集中于高导磁介质以及高导磁介质之间的薄层内.

考虑如图 2.7.1 的简单的模型，同时假设铁磁材料为线性材料、各段磁场均匀、忽略漏磁等. 设 x_j、B_j、ϕ_j、A_j、μ_j 为第 j 段磁路的磁路长度、磁感应强度、磁通量、磁通面积、磁导率. 那么各段体积为 $V_j = A_j x_j$；各段磁阻为 $R_j = \dfrac{x_j}{\mu_j A_j}$；另外假设各段材料各向同性，磁场强度 $H_j = \dfrac{B_j}{\mu_j}$；Ni 代表外加的激励电流的安匝数(匝数乘以电流)，x 为空气层气隙，$\mu_j \gg \mu_0 (j \neq 0)$. 则可建立如下方程组:

$$\xi = Ni = \sum_j \phi_j R_j, \quad \phi_j = B_j A_j \equiv \phi$$

$$W_\mathrm{m} = \frac{1}{2}\sum_j B_j H_j V_j, \quad F(i,x) = -\frac{\partial W_\mathrm{m}(x,i)}{\partial x}$$

其中，第一个式子是磁路的基尔霍夫定理，它是安培环路定理在磁路下的近似；第二个式子代表磁路串联，无漏磁，各段磁通一致，都为 ϕ；由这二者可得各段磁感应强度；第三个式子 W_m 代表磁场储能；第四个式子代表静磁场磁力 F 为保守力，磁力为磁场储能的偏导. 因此可得磁力为

$$F(i,x) = K\left(\frac{i}{x}\right)^2 \tag{2.7.1}$$

其中，K 为常系数. 可见磁力 F 与气隙层间距 x 满足平方反比，与励磁电流 i 满足平方正比. 若此系统也是磁悬浮平衡系统，磁力恒为浮球重力，为常数，则线圈电流 i 应该和间距 x 满足线性关系.

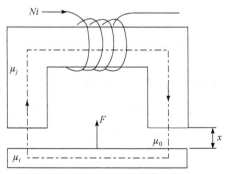

图 2.7.1 铁芯之间形成的磁力回路

但明显的是实验系统悬浮物为球形，无明显的、简单的磁回路；且实验中悬浮球距铁芯可以很远，磁路法的近似条件是明显不成立的. 因此接下来介绍基于有限元分析的数值求解方法.

3. Ansoft Maxwell 有限元分析

实践中应用的电磁场，其场域的边界大多比较复杂，解析法难以应用，虽然有一些电磁场问题经过适当简化后能解析求解，但解的精度往往难以达到实践应用的要求，这就对数值求解提出了需求，随着计算机的发展，电磁场数值分析已深入到各个领域，解决的问题越来越广、越来越复杂.

有限元法是利用变分原理把满足一定边值条件的电磁场问题等价为泛函求极值问题，以导出有限元方程组. 其具体步骤是将整个求解区域分割为许多很小的子区域，将求解的边界问题的原理应用于每个子区域，通过选取恰当的尝试函数，使得对每一个单元的计算变得简单，经过对每个单元进行重复而简单的计算，得到各个单元的近似解，再将其结果总和起来便可以得到整个区域的解. 由于计算机非常适合重复性计算及数据处理，因此很容易使用计算机来实现.

Ansoft 公司的 Maxwell 即是针对电磁场分析而优化的有限元技术，包含电场、静磁场、涡流场、瞬态场、温度场以及应力场等分析模块，可用于分析电机、传感器、变压器、永磁设备、激励器等电磁装置的各种特性.

该实验对应的是 Maxwell 3D 静磁场模块，可以准确地仿真直流电压源、直流电流源、永磁体以及外加磁场激励引起的磁场. Maxwell 3D 静磁场模块直接求解的是场量本身(磁场分布)，再由软件后处理得到其他物理量(如力、转矩、电感及各种线性、非线性材料中的饱和问题).

如前所述，电磁场的问题实际上求解的是给定边界条件下的麦克斯韦方程组，微分形式为

$$\nabla \times E = -\frac{\partial B}{\partial t}, \quad \nabla \cdot D = \rho$$

$$\nabla \times H = J + \frac{\partial D}{\partial t}, \quad \nabla \cdot B = 0$$

该实验对应 Maxwell 3D 静磁场求解，此时不存在电场，同时麦克斯韦方程组可略去时间相关项，只需要考虑安培环路和高斯磁通定理

$$\nabla \times H = J$$

$$\nabla \cdot B = 0$$

具体软件操作中，先建立实物的 3D 模型，赋予各材料自身电磁特性(如磁化曲线)，附加激励条件(如驱动电流)、边界条件并建立合适的剖分网络以及设定求解精度等，再根据方程，即可通过 Maxwell 3D 静磁场模块得到磁场分布解. 根据磁场分布可以得到磁场储能(非线性系统)

$$W_{\mathrm{m}} = \iint\limits_{V\,B} H \cdot \mathrm{d}B \mathrm{d}V$$

最后采用虚位移原理即可求出磁力

$$F_{x_j} = -\frac{\partial W_{\mathrm{m}}\left(x_j, i\right)}{\partial x_j}$$

从上面的描述中可以看出,有限元数值求解,在思路上和磁路法求解很相似:都是先求解出磁场分布,再由磁场分布得到磁力. 但是有限元仿真求解更细,未引入磁路近似,考虑了材料的非线性等,且直接从麦克斯韦方程入手,结果更为准确可靠.

图 2.7.2(a)是使用 Anosoft Maxwell 针对实物建立的该实验仪器的仿真 3D 模型,其中励磁铁芯为纯铁,励磁绕组为耐热漆包铜线绕制,导磁钢球为 Q235 材料. 图 2.7.2(b)是某间距下,当球受到的磁力等于球的重力时,某个中心切面内的磁场分布.

图 2.7.3 是对该实验系统不同的钢球,在距离电磁铁不同的位置,由 Maxwell 3D 静磁场模块的有限元数值分析,得到的平衡特性.

可见,平衡时励磁电流 i 随间距 x 呈现非线性单调递增趋势,且曲线在高端呈现上翘趋势.

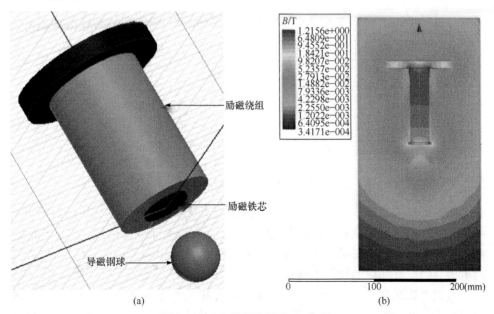

图 2.7.2　仪器的有限元 3D 仿真

30mm实心

间距 x/mm	平衡电 流i/mA	间距 x/mm	平衡电 流i/mA
1	239.3	16	1078.1
2	307.8	17	1151.1
3	362.6	18	1227.0
4	414.1	19	1305.6
5	462.2	20	1389.6
6	509.6	21	1475.9
7	557.8	22	
8	607.0	23	
9	657.6	24	
10	709.8	25	
11	765.2	26	
12	822.4	27	
13	882.2	28	
14	944.8	29	
15	1010.0	30	

图 2.7.3　悬浮平衡特性曲线

4. 电涡流位移传感器

电涡流位移传感器是非接触传感器的一种，具有测量范围大、响应快、灵敏度高、抗干扰能力强、不受油污等影响的优点，广泛应用于工业生产和科学研究中. 磁悬浮列车的悬浮和导向，就广泛采用这种传感器，本实验也采用电涡流传感器作为位置传感器. 其结构和等效电路模型见图 2.7.4.

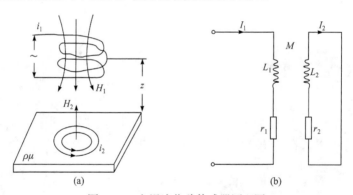

图 2.7.4　电涡流位移传感器原理图

激励的探头线圈中存在高频电流 i_1，使金属导体处于高速变化着的磁场中，导体内就会产生感应电流，这种电流像水中漩涡那样处于导体内部，称为电涡流. 电涡流也将产生交变磁场，由于该磁场的反作用，将影响原磁场，从而导致线圈的电感、阻抗和品质因数发生变化.

根据电磁场理论，涡流的大小与导体的电阻率ρ、导磁率μ、导体厚度 d、线圈与导体之间的距离 x，线圈的激磁频率ω以及激励线圈的参数都有关. 如果控制其余参数不变，只改变线圈与导体之间的距离 x，就可以构成测量位置的传感器.

图 2.7.5(a)为某电涡流传感器的结构，图 2.7.5(b)为其输出特性曲线(图示电涡流传感器包含线性修正).

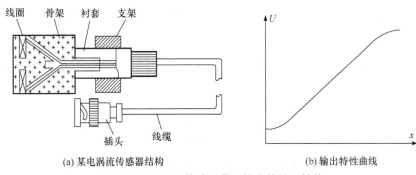

(a) 某电涡流传感器结构　　　　　　　　　　　(b)输出特性曲线

图 2.7.5　电涡流传感器典型输出特性及结构

5. 磁悬浮 PID 控制的动力学模型

该系统中，磁力 $F=mg$ 并不是系统的稳态，若要使钢球稳定悬浮，需增加外部控制. 这里使用的是闭环 PID 的方式控制线圈的电流 i，位置反馈信号是电涡流传感器提供的电压信号 V_{sensor}，如图 2.7.6 所示.

1) 磁悬浮 PID 控制的动力学过程

为方便理解，这里通过该模型的动力学分析来了解 PID 的控制原理. 由图 2.7.6，该实验中输出量电流的变化 Δi 是由输入量传感器电压 V_{sensor} 的变化决定的，假设忽略电涡流传感器的非线性，即假设 $V_{\text{sensor}} \propto x$，则 PID 控制输出量电流 Δi 可写为位置偏差 $\Delta x(\Delta x=x-x_{\text{set}})$ 的关系

$$i = i_0 + \Delta i = i_0 + k_{\text{p}}\Delta x + k_{\text{d}}\dot{\Delta x} + k_{\text{i}}\int \Delta x \mathrm{d}t \tag{2.7.2}$$

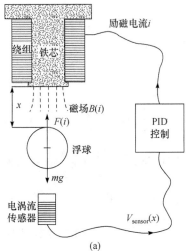

(a)

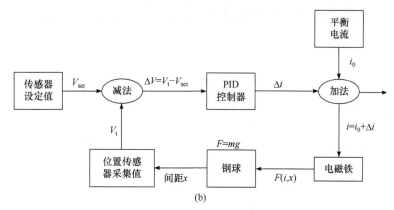

(b)

图 2.7.6   实验模型及 PID 控制回路

其中，k_p 是比例系数，对实时偏差 Δx 起作用；k_d 是微分系数，是对位置的微分或者说变化趋势起作用；k_i 是积分系数，是对积分历史起作用；i_0 为系统设置的初始平衡电流. 该系统的动力学方程为

$$m\Delta\dot{x} = mg - F(i,x) \tag{2.7.3}$$

磁力 $F(i,x)$ 是非线性的最简单公式，因此该系统是复杂的高阶非线性系统. 为处理方便，在 (x_{set}, i_0) 处做线性化近似

$$F_i = F_0 + \mathrm{d}F = F_0 + \left.\frac{\partial F}{\partial i}\right|_{i_0, x_{set}} \Delta i + \left.\frac{\partial F}{\partial x}\right|_{i_0, x_{set}} \Delta x \tag{2.7.4}$$

将式(2.7.2)、式(2.7.4)代入式(2.7.3)可得

$$m\Delta\dot{x} + K_p\Delta x + K_d\Delta\dot{x} + K_i\int \Delta x \mathrm{d}t + (F_0 - mg) = 0$$

$$K_p = k_p\left.\frac{\partial F}{\partial i}\right|_{i_0, x_{set}} - \left.\frac{\partial F}{\partial x}\right|_{i_0, x_{set}}, \quad K_d = k_d\left.\frac{\partial F}{\partial i}\right|_{i_0, x_{set}}, \quad K_i = k_i\left.\frac{\partial F}{\partial i}\right|_{i_0, x_{set}} \tag{2.7.5}$$

常数 K_p 仅与 k_p 相关、K_d 仅与 k_d 相关、K_i 仅与 k_i 相关，再对式(2.7.5)求导可得三阶常系数齐次方程

$$\dddot{x} + \frac{K_d}{m}\ddot{x} + \frac{K_p}{m}\dot{x} + \frac{K_i}{m}\Delta x = 0 \tag{2.7.6}$$

其解的形式由特征方程 $\lambda^3 + \frac{K_d}{m}\lambda^2 + \frac{K_p}{m}\lambda + \frac{K_i}{m} = 0$ 的根 $\lambda_j = \alpha_j + i\beta_j\ (j = 1,2,3)$ 决定. 最简单地，假设无重根，则通解可写为 $\Delta x = \sum_j C_j \mathrm{e}^{(\alpha_j + i\beta_j)t}$. 当某项实部 $\alpha_j < 0$ 时，则该项贡献有衰减收敛；当虚部 $\beta_j \neq 0$ 时，则该项贡献有振荡. 因此不同特征

根 λ_i (或 P、I、D)的组合将引起控制的不同收敛、振荡甚至失控情况. 但是由于 $\lambda_{1,2,3}$ 中都是包含有 K_p、K_d、K_i，故 P、I、D 三种作用是互相渗透、甚至彼此矛盾的，PID 的参数调节经常会出现顾此失彼的情况. 同样的原因，独立分析 P、I、D 是不合理的，但为避免式(2.7.6)解的复杂性，独立分析可简单地得到 P、I、D 参数的大致作用. 因此接下来将 PD 和 I 分开讨论.

2) PD 比例微分控制

对式(2.7.5)，删除积分项

$$m\Delta\dot{x} + K_p\Delta x + K_d\Delta\dot{x} + (F_0 - mg) = 0 \tag{2.7.7}$$

这是一个带阻尼的振荡系统的动力学方程(如粗糙平面上的弹簧振子). 其解根据 K_p、K_d 的大小分为欠阻尼、临界阻尼和过阻尼三种情况，且这些解都是收敛的，因此该系统可以只通过 PD 控制实现悬浮(在误差限范围内)，其中：

(1) K_p 可看为刚度系数，提供"回复力". 但只有 K_p 时，其解为振荡解，或者说由于磁悬浮是零阻尼的系统，需要外加的阻尼.

(2) K_d 可看为阻尼系数，使系统衰减、收敛. 但 k_d 作用对象是微分，因此太大的微分系数，对信号中的高频干扰、噪声将起到放大作用，不利于悬浮控制.

(3) 设足够长时间后到达稳态，则 $\Delta\dot{x} = \Delta\ddot{x} = 0$，此时式(2.7.7)将变为 $\Delta x = \dfrac{(mg - F_0)}{K_p}$，代表视初始设置 F_0 的不同，系统可能会存在静态误差，且误差随比例系数的增大而减小.

3) 积分 I 与静态误差

在 PD 基础上增加积分控制 I，仍然假设足够长时间后系统能够到达稳态，则各阶导数 $\Delta x = \Delta\ddot{x} = \Delta\dot{x} = 0$，式(2.7.6)将变为 $\Delta x = 0$，即 0 偏差，因此说积分可消除系统静态误差.

另外若只考虑积分控制，此时式(2.7.6)将变为

$$\dddot{\Delta x} + \frac{K_i}{m}\Delta x = 0$$

其通解的形式为

$$\Delta x = C_1 e^{-\sqrt[3]{\frac{K_i}{m}}t} + C_2 e^{\frac{1}{2}\left(\sqrt[3]{\frac{K_i}{m}}t\right)}\cos\left(\sqrt[3]{\frac{K_i}{m}}t - \alpha\right)$$

其中，第一项为收敛项；但第二项是振荡且非收敛的，因此该实验系统积分不能单独使用，需要其他控制来(P、D)抑制，也因此实际使用中积分系数也不能太大，否则会引起超调(较小的积分参数也是该系统将积分 I 和 PD 分开讨论的

前提).

6. PID 控制的要求及整定

对不同控制系统，一般研究的是某种典型信号下被控制量的变化过程，一个好的控制过程需要满足变化的稳定、快速、准确. 该实验中的典型信号为阶跃信号，该信号主要是通过改变设定悬浮位置(图 2.7.6 中 V_{set})来实现的，设定位置改变后，PID 控制将使球调整到新的位置. 实验中，可通过观察系统对该阶跃激励下传感器的响应曲线，来判断 PID 控制的好坏，以此研究 PID 各参数的影响.

图 2.7.7 为单位阶跃激励下，某控制系统的响应曲线，可由图中所示指标来描述系统的动态过程. 其中 $h(\infty)$ 代表控制下的终值. 通常用上升时间 t_r 或峰值时间 t_p 来评价系统的响应速度；超调量 $\sigma\%$ 评价系统的阻尼程度；而调节时间 t_s 是同时反应响应速度和阻尼程度的综合指标. 该实验中并不需要对这些指标进行定量的测量与分析，但需要对控制的调节时间以及超调做简单的定性分析. 另外用户使用时，可根据自身需求自行设计 PID 整定实验.

最后需要补充的是：由于实验中所用电涡流传感器以及钢球受力(平衡特性)都是非线性的，因此 PID 参数的整定也是与悬浮位置密切相关的；另外上述讨论中，质量 m 贯穿整个过程，因此不同的悬浮钢球，最佳的 PID 参数也是不一致的.

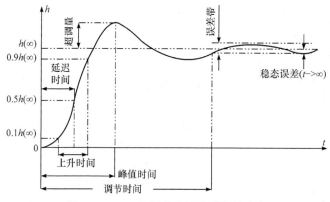

图 2.7.7　PID 控制系统的典型阶跃响应

四、实验内容

1. 电涡流位置传感器特性测试

(1) 打开 ZKY-BJ0004 可控电流源，"输出开关"处于"关"，负载线圈无供电；

(2) 同时打开 ZKY-PD0019 点激励磁悬浮控制仪并进入"传感器特性实验"测试界面；

(3) 首先将"测距圆盘"放在"圆盘托"上；

(4) 旋转升降杆，使电涡流传感器刚好靠近测距圆盘，记录此时标尺刻度(仔细估读一位)；

(5) 然后从该位置，使传感器远离测距圆盘，在标尺的每个整数刻度 z，记录传感器输出值；

(6) 将上述数据填入表 2.7.1，并整理为传感器输出 V_{sensor} 随间距(电涡流位移传感器到圆盘)的关系，并作出相应的输出特性图.

表 2.7.1　传感器输出与间距关系

标尺刻度/mm	间距/mm	V_{sensor}/V
	0	
⋮	⋮	⋮

(7) 换用其他"测距圆盘"，测得不同材料圆盘的输出特性；

2. 悬浮平衡特性测试

(1) 打开 ZKY-BJ0004 电流源，输出开关处于"开"状态，同时打开 ZKY-PD0019 控制仪并进入"磁悬浮特性实验"界面，查看"悬浮调整"对应的设定电压大小 V_{set1}(如 3.5V).

(2) 退出"磁悬浮特性实验"界面，再次进入"传感器特性实验"界面，将 Φ=30mm/m=44.5g/Q235(钢球材质为 Q235，直径 30mm，质量 44.5g)空心球吸附在铁芯下方，旋转升降杆，直到传感器输出值为 V_{set1}，记录此时的标尺刻度 z_0.

(3) 再次进入"磁悬浮特性实验"界面，按 7.1 中"钢球的放入技巧"，将球放入稳定悬浮.

(4) 缓慢旋转升降杆，使球远离铁芯，调节中若出现振荡等悬浮较差的情况，可适当的逐渐增加 P 参数、D 参数，直到平衡电流为 1400mA 左右，记录电流和此时的标尺刻度于表 2.7.2.

表 2.7.2　平衡电流与间距关系

标尺/mm	间距/mm	平衡电流/mA
⋮	⋮	⋮

(5) 缓慢旋转升降台，使球到铁芯间距缓慢减小，每隔 1mm 或 2mm 测试记录一组平衡电流和标尺刻度(上升调整过程中球的悬浮情况可能会变差，需适当减小 P、D 参数，对 Φ=30mm/m=44.5g/Q235 空心球最上端采样点应为 350mA).

(6) 将标尺刻度转换为球到铁芯的间距，整理数据，得到 30mm 空心钢球平衡特性.

V_{sensor}=V_{set1}=_3.5V_，悬浮物类型_____，标尺刻度 z_0=_____mm

(7) 换用其他样品钢球重复上述(1)~(6)操作，得到一组不同重量钢球的平衡特性的曲线簇(Φ=30mm/m=110g/Q235 实心球最上端采样点应为 450mA，Φ=35mm/m=176g/Q235 实心球最上端采样点应为 500mA).

(8) 根据测试结果，判断 30mm 实心球的测试值与有限元数值模拟结果的差异；根据曲线簇判断磁力与间隙和电流的变化关系.

3. PID 控制特性实验

使用 Φ=30mm/m=44.5g/Q235 空心球. 打开 ZKY-BJ0004 电流源，"输出开关"处于"开"状态，同时打开 ZKY-PD0019 电激励磁悬浮控制仪并进入"磁悬浮特性实验"界面. 另外无特殊说明示波器建议使用直流、1V、500ms 挡位.

比例 P 参数调节(I、D 在调节中不变)

(1) 将球放入稳定悬浮，并仔细调节位置，使球在默认参数下稳定悬浮在 750mA 左右；

(2) 缓慢减小 P 参数(如 P1=20)，直到系统出现明显持续振荡(有时刚刚出现振荡的临界点，振荡幅度会越来越大，此时可以稍微将 P 参数增加一两个值，得到持续稳定的振荡)，记住此时的 P 参数 P1，同时保存示波器显示图片 PIC-P1(或拍照记录)；

(3) 重新调节 P 值，使其比 P1 稍大(如 P2=24)，且无振荡，将光标移动到"阶跃测试"，通过确认键，给悬浮系统一个典型阶跃干扰，通过示波器观察该干扰的控制响应曲线，这里应出现类似于阻尼衰减的振荡过程，记录此时的 P 参数 P2，并保存示波器显示图片为 PIC-P2；

(4) 多次重复(3),并保证比例系数依次增大(悬浮无明显的振荡或抖动),观察阶跃激励下控制的响应情况(P 值的选择应使响应曲线有较明显差异),记录比例系数 P3、P4,以及对应的示波器图片 PIC-P3、PIC-P4(如 P3=45,P4=75);

(5) 继续增大 P 参数,直到阶跃激励下系统失控(钢球掉落),记录此时的 P 参数为 P5,同时保存此时示波器图片 PIC-P5(如 P5=90);

(6) 根据表 2.7.3 记录的图片和实验原理,分析 P 参数对控制的影响,理解比例系数 P 的作用.

积分和微分系数为默认参数:I=125;D=240.

表 2.7.3 振荡临界时的 P 值

比例参数	P1=＿＿(阶跃测试:OFF)		P2=＿＿(阶跃测试:ON)		P3=＿＿(阶跃测试:ON)	
示波器传感器电压 V_s 实时追踪图片						
描述						
比例参数	P4=＿＿(阶跃测试:ON)		P5=＿＿(阶跃测试:ON)			
示波器传感器电压 V_s 实时追踪图片						
描述						

积分 I 与静态误差,以及 P 参数对静态误差的影响测试:

(1) 将球放入稳定悬浮,并仔细调节位置,使球在默认参数下稳定悬浮在 750mA 左右;

(2) 将积分 I 调为 0,此时可明显发现钢球的悬浮高度发生变化,且测试界面上"传感器"与"悬浮调整"后的电压将会存在差异,说明无积分控制的系统,将会存在静态误差.

在稳定悬浮的前提下,依次改变 P 参数为 30、40、50、60,查看界面上"传感器" V_{sensor} 读数的变化,并记录于表 2.7.4,并根据实验数据,分析无积分时比例系数对静态误差的影响.

表 2.7.4 传感器输出与 P 值关系

积分 I=0;微分系数为默认 D=240;设置值为 $V_{set1}=3.5V$	
比例系数	传感器/V
30	
40	
50	
60	

积分 I 参数调节(P,D 在调节中不变)

(1) 将球放入稳定悬浮，并仔细调节位置，使球在默认参数下稳定悬浮在 750mA 左右；

(2) 调小 I 值(如 I1=20)，将光标移动到"阶跃测试"，通过确认键，给悬浮系统一个典型阶跃干扰，通过示波器观察该干扰的控制响应曲线，保存示波器显示图片 PIC-I1；

(3) 依次增大 I 值(如 I2=66、I3=125、I4=400. I 值的选择应使响应曲线有明显差异)，重复步骤(2)，并保存示波器控制图片 PIC-I2、PIC-I3、PIC-I4；

(4) 阶跃测试关闭，持续增大 I 参数(如 I5=710)，直到系统出现明显的持续的振荡，记住此时的 I 参数 I5，同时保存示波器显示图片 PIC-I5(或拍照记录)；

(5) 根据表 2.7.5 记录的实验图片和实验原理，分析 I 参数大小对控制的影响，理解 I 的作用.

比例和微分系数为默认参数：P=45；D=240.

表 2.7.5　传感器输出与 I 值关系

积分参数	I1=＿＿(阶跃测试：ON)	I2=＿＿(阶跃测试：ON)	I3=＿＿(阶跃测试：ON)
示波器传感器电压 V_s 实时追踪图片			
描述			

积分参数	I4=＿＿(阶跃测试：ON)	I5=＿＿(阶跃测试：OFF)	
示波器传感器电压 V_s 实时追踪图片			
描述			

微分 D 参数调节(P、I 在调节中不变)

(1) 将球放入稳定悬浮，并仔细调节位置，使球在默认参数下稳定悬浮在 750mA 左右；

(2) 缓慢减小 D 参数(如 D1=97)，直到系统出现明显持续振荡，记住此时的 D 参数 D1，同时保存示波器显示图片 PIC-D1(或拍照记录)；

(3) 重新调节 D 值，使其比 D1 稍大(如 D2=120)，且无振荡，将光标移动到"阶跃测试"，通过确认键，给悬浮系统一个典型阶跃干扰，通过示波器观察该干扰的控制响应曲线，这里应出现类似阻尼衰减的振荡过程，记录此时的 D 参数 D2，保存示波器显示图片为 PIC-D2；

(4) 多次重复(3)，保证微分系数依次增大(悬浮无明显的振荡或抖动)，观察阶跃激励下控制的响应情况(D 值的选择应使响应曲线有明显差异)，记录微分系数 D3、D4，以及对应的示波器图片 PIC-D3、PIC-D4(如 D3=180，D4=320)；

(5) 继续增大 D 参数，直到阶跃激励下系统失控(比如钢球掉落或快速大范围振荡)，记录此时的 D 参数为 D5，同时保存此时示波器图片 PIC-D5(如 D5=450)；

(6) 根据表 2.7.6 记录的实验图片和实验原理，分析 D 参数大小对控制的影响，理解 D 的作用.

比例和积分系数为默认参数：P=45；I=125.

表 2.7.6　传感器输出与 D 值关系

微分参数	D1=____(阶跃测试：OFF)		D2=____(阶跃测试：ON)		D3=____(阶跃测试：ON)	
示波器传感器电压 V_s 实时追踪图片						
描述						
微分参数	D4=____(阶跃测试：ON)		D5=____(阶跃测试：ON)			
示波器传感器电压 V_s 实时追踪图片						
描述						

4. 悬浮高度自动控制演示(Φ=30mm/m=44.5g/Q235 空心球)

通过改变电激励磁悬浮控制仪"悬浮调整"对应的设定电压 V_{set}，在稳定悬浮下，实现钢球到铁芯间距的自动调整.

自行设计实验操作步骤，实现钢球到传感器间距的自动调整.

5. 异型物体悬浮演示

自行设计实验操作，实现钢环(Q235)、导磁螺钉的稳定悬浮.

五、思考题

根据三种测距圆盘(铝盘、不锈钢盘、钢盘_Q235)的输出特性，判断材料导电率、导磁率对电涡流传感器输出的影响(灵敏度/斜率/测试范围).

参考资料

[1] ZKY-PD0019 电激励磁悬浮控制仪说明书. 四川世纪中科光电技术有限公司, 2019

实验 2.8　声光控开关的制作

声控、光控开关是用声音或/和光照度控制的开关,当环境的亮度达到某个设定值以下,或环境的噪声超过某个值,这种开关就会开启,可以同时具备两个条件作声光控开关. 声光控开关一般用于楼道灯,无需开启关闭,人走过只要有声音就会启动,方便、节能. 声控和光控技术已广泛应用到当今生产和生活中.

一、实验目的

(1) 学习相关传感器的工作原理.
(2) 学习使用示波器,观察各部分的电压波形.
(3) 学习相关电路的工作原理.
(4) 设计一种稳定性和灵敏度好的声光控制电路,并测定其基本特性.

二、实验仪器

PEC-SGK 型声光控开关包括: MIC 模块、光敏电阻、音频放大模块、LED 模块、比较器模块、驱动模块、电位器模块、与门模块、延时模块、九孔方板、电源适配器、导线、数字万用表,仪器的部分组件模块如图 2.8.1 所示.

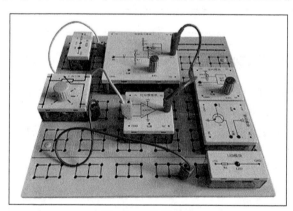

图 2.8.1　仪器组件

三、实验原理

1. 麦克风工作原理

麦克风实物如图 2.8.2 所示,是将声音信号转换为电信号的能量转换器件,与喇叭正好相反. 麦克风又名为咪头、话筒、传声器. 具有体积小,结构简单、电声性能好、价格低的特点.

麦克风的基本结构由一片单面涂有金属的驻极体薄膜与一个上面有若干小孔的金属电极(被称为背电极)构成. 驻极体与背电极相对, 中间有一个极小的空气隙, 形成一个以空气隙和驻极体作绝缘介质, 以背电极和驻极体上的金属层作两个电极构成一个平板电容器. 电容的两极之间有输出电极. 由于驻极体薄膜上分布有自由电荷. 当声波引起驻极体薄膜振动而产生位移时; 改变了电容两极板之间的距离, 从而引起电容的容量发生变化, 由于驻极体上的电荷数始终保持恒定, 根据公式 $Q = CU$, 所以当 C 变化时必然引起电容器两端电压 U 的变化, 从而输出电信号, 实现声-电的变换.

实验仪采用型号为 52DB 的麦克风, 工作电压为 5V, 工作电路图如图 2.8.3 所示, 当有声音作用在麦克风上时, 由于麦克风电容的变化而产生交流电信号, 通过耦合电容 C_{11} 输出.

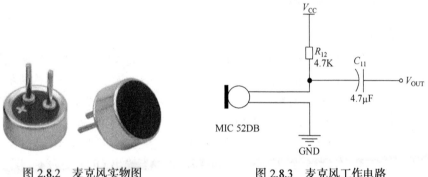

图 2.8.2　麦克风实物图　　　　　图 2.8.3　麦克风工作电路

2. 光敏电阻工作原理

光敏电阻是用硫化镉或硒化镉等半导体材料制成的特殊电阻器, 实物如图 2.8.4 所示, 其工作原理是基于内光电效应. 光照愈强, 阻值就愈低, 随着光照强度的升高, 电阻值迅速降低, 亮电阻值可小至 $1k\Omega$ 以下. 光敏电阻对光线十分敏感, 其在无光照时, 呈现高阻状态, 暗电阻一般可达 $1.5M\Omega$. 光敏电阻的特殊性能, 随着科技的发展将得到极其广泛应用.

光敏电阻器一般用于光的测量、光的控制和光电转换(将光的变化转换为电的变化). 常用的光敏电阻器硫化镉光敏电阻器, 它是由半导体材料制成的. 光敏电阻器对光的敏感性(即光谱特性)与人眼对可见光($0.4\sim0.76\mu m$)的响应很接近, 只要人眼可感受的光, 都会引起它的阻值变化. 设计光控电路时, 都用白炽灯泡(小电珠)光线或自然光线作控制光源, 使设计大为简化.

实验仪采用型号为 GL5537 的光敏电阻, 峰值响应波长 540nm, 暗电阻 $2M\Omega$, 光敏电阻工作电路如图 2.8.5 所示, 工作电压 5V, 当光照越强时, 光敏电阻的阻值越小. 光敏电阻与电阻 R_1 构成分压, 通过检测电压的大小判断光的强弱.

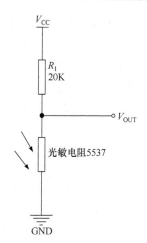

图 2.8.4　光敏电阻实物　　　　　　图 2.8.5　光敏电阻工作电路

3. 延时电路

延时电路是 555 定时器构成的单稳态触发器，其作用是将双限比较器输出端的高电平宽度变大，使报警器报警时间延长. 图 2.8.6 为 555 定时器构成的延时电路. 通电后电路便自动地停在输出 OUT 电压为零的稳态，此时电容 C_2 上的电压高于 $2/3V_{CC}$. 当输入端 IN+ 触发脉冲的上升沿到达，C_2 瞬间放电电容电压变为零，输出 OUT 变为高电平. 输入端的触发脉冲消失后电路进入暂稳态，V_{CC} 经 R_{W2} 开始向电容 C_2 充电. 当充至 $2/3V_{CC}$ 时，电路进入稳态输出 OUT 变为零. 图 2.8.7 为在触发信号作用下输入 IN+ 和输出 OUT 相应的波形.

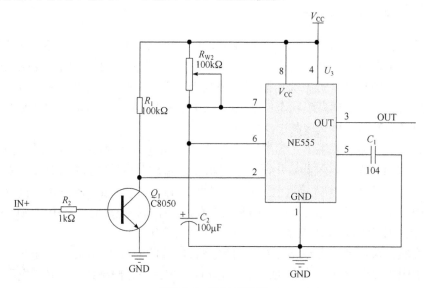

图 2.8.6　延时原理图

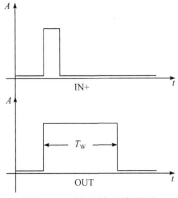

图 2.8.7　输入输出波形图

综上所述，所谓的延时电路就是当信号从 IN+ 端输入一个高电平脉冲信号后，在 OUT 端会输出的一个延时的高电平信号. 输出脉冲的宽度 T_W 等于暂稳态的持续时间，而暂稳态的时间取决于外接滑动变阻器 R_{W2} 和电容 C_2 的大小，暂稳态的持续时间也就是延时电路的延时时间，计算公式如下：

$$T_W = 1.1 R_{W2} C_2 \tag{2.8.1}$$

其中，R_{W2} 为外接滑动变阻器，最大阻值为 $100k\Omega$，$C_2 = 100\mu F$，通过计算最长延时时间为 11s.

4. 比较电路

电路结构如图 2.8.8 所示，当 $U_B > U_A$ 时，比较器输 U_O 接近电源电压. 当 $U_B < U_A$ 时，比较器输出 U_O 接近 0V. 通常将 U_A 或 U_B 其中一个设置成一个电压值作为参考，一个连接传感器电路信号，比较器的输出连接执行电路. 当传感器信号电路达到设定值时，比较器输出改变，从而执行电路动作.

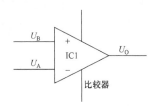

图 2.8.8　比较器原理图

5. 交流放大电路

麦克风输出为小信号，不能直接进行控制，采用如图 2.8.9 所示的交流放大电路对语音信号进行放大处理. 此电路为单电源同向放大电路，图中 C_1 耦合电容将 MIC 模块的输出信号中的直流成分隔离，提取语音信号. R_2 和 R_3 的作用是给电路提供偏置电压，幅值为电源电压的一半，即 $V_{CC}/2$. 放大倍数计算公式如下：

$$U_{OUT} = U_{IN} + R_3 / [R_3 + 1/(2\pi f C_1)]\{1 + R_{W1}/[R_4 + 1/(2\pi f C_2)]\} \tag{2.8.2}$$

式中，f 为信号频率. 语音信号为宽带信号，频率范围从几赫兹到几十赫兹. 当信号频率几百赫兹以上时，电容 C_1 和 C_2 的影响可以忽略，放大倍数计算公式可以近似如下：

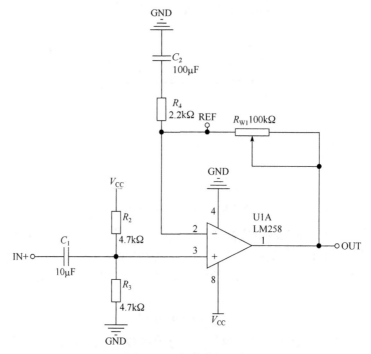

图 2.8.9　交流放大电路

$$U_{\text{OUT}} = U_{\text{IN+}}(1 + R_{\text{W1}}/R_4) \tag{2.8.3}$$

测试音频放大电路的放大倍数时可以采用 5kHz 的正弦信号测试. 输出信号示意图如图 2.8.10 所示，包括放大后的交流信号和 $V_{\text{CC}}/2$ 直流偏置电压.

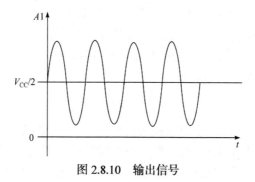

图 2.8.10　输出信号

四、实验内容

1. 放大电路的放大倍数测定

图 2.8.9 中 R_{W1} 为 100K 电位器，调节电位器时其电阻值为 22K，在此条件下进行试验，数据记录表如表 2.8.1 所示.

表 2.8.1　放大倍数实验数据

信号频率/Hz	100	1000	5000
输入电压 峰峰值/V	0.1	0.1	0.1
输出电压 峰峰值/V			
放大倍数实测值			
放大倍数理论值			

说明：(1) 放大倍数实测值=输出电压峰峰值/输入电压峰峰值；

　　　(2) 放大倍数理论值采用式(2.8.2)和式(2.8.3)计算.

2. 延时电路特性观测

采用示波器观察延时模块输入信号和输出信号，将电位器阻值调到最大，记录此时延时电路的输出信号高电平持续的时间，验证计算公式(2.8.1).

3. 系统搭建与调试

系统 1：声控延时开关.
(1) 采用 LED 模块作光源；
(2) 半米左右拍手能开启 LED 光源；
(3) LED 灯亮后保持 8s 时间.
系统 2：光控延时开关.
(1) 采用 LED 模块作光源；
(2) 遮挡光敏电阻能开启 LED 光源；
(3) LED 灯亮后保持 8s 时间.
系统 3：声光控延时开关.
(1) 采用 LED 模块作光源；
(2) 遮挡光敏电阻，且有声响时能开启 LED 光源；
(3) LED 灯亮后保持 8s 时间.

实验 2.9　非线性元件伏安特性综合实验

实验一　电学元件的伏安特性测量

电路中有各种电学元件，如线性电阻、半导体二极管和三极管，以及光敏、热敏和压敏元件等. 知道这些元件的伏安特性，对正确地使用它们是至关重要的.

利用滑线变阻器的分压接法,通过电流和电压表正确地测出它们的电压与电流的变化关系称为伏安测量法(简称伏安法). 伏安法是电学中常用的一种基本测量方法.

一、实验目的

(1) 验证欧姆定律.

(2) 掌握测量各种元件伏安特性的基本方法.

(3) 学会直流电源、电压表、电流表、电阻箱等仪器的正确使用方法.

二、实验仪器

FBFB816C 型非线性元件伏安特性综合实验仪和被测元件.

1. 仪器设计时,被测元件采用标准化插件方式接入仪器,使用和更换待测元件十分便利,而且用户可根据实验需要增加测试内容. 随机测件参数:

(1) 电阻器: $(RJ-2W-1k\Omega)\pm5\%$,安全电压: 20V.

(2) 锗二极管: 2AP9(1N60),正向压降 ≤ 0.2V.

(3) 硅二极管: 1N4007,正向最大电流 ≤ 1A(正向压降 ≤ 0.8V).

(4) 稳压管二极管: 2CW56: 稳定电压 6.2V,最大工作电流 35mA,工作电流 5mA 时动态电阻为 20Ω,正向压降 ≤ 1V.

(5) 发光二极管: 红色.

2. 被测元件使用说明

(1) 稳压二极管和普通二极管的正向特性大致相同,测量时要限制正向电流,一般不要超过正向额定电流值的 75%,正向最大电流按给定的工作电流. 稳压管反向击穿电压即为稳压值,此时要串入电阻箱限制工作电流不超过最大额定工作电流(例如不超过100mA),否则稳压二极管将从齐纳击穿转变为不可逆转的热击穿,此时稳压二极管将损坏!

(2) 钨丝灯泡冷态电阻较低,约10Ω(室温下)、12V 、0.1A 时热态电阻80Ω左右,安全电压 ≤ 13V. 在一定电流范围内,小灯泡的电压与电流的关系为

$$U = KI^n$$

式中,K 和 n 是与灯泡有关的系数.

三、实验原理

1. 电学元件的伏安特性

在某一电学元件两端加上直流电压,在元件内就会有电流通过,通过元件的

电流与端电压之间的关系称为电学元件的伏安特性. 在欧姆定律 $U = I \cdot R$ 式中，电压 U 的单位为伏特，电流 I 的单位为安培，电阻 R 的单位为欧姆. 一般以电压为横坐标、电流为纵坐标做出元件的电压-电流关系曲线，称为该元件的伏安特性曲线.

对于碳膜电阻、金属膜电阻、线绕电阻等电学元件，在通常情况下，通过元件的电流与加在元件两端的电压成正比关系变化，即其伏安特性曲线为一直线. 这类元件称为线性元件，如图 2.9.1 所示. 至于半导体二极管、稳压管等元件，通过元件的电流与加在元件两端的电压不成线性关系变化，其伏安特性为一曲线. 这类元件称为非线性元件，如图 2.9.2 所示为某非线性元件的伏安特性.

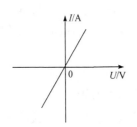 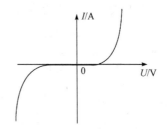

图 2.9.1　线性元件伏安特性　　　　　图 2.9.2　非线性元件伏安特性

在设计测量电学元件伏安特性的线路时，必须了解待测元件的规格，使加在它上面的电压和通过的电流均不超过额定值. 此外，还必须了解测量时所需其他仪器的规格(如电源、电压表、电流表、滑线变阻器等的规格)，也不得超过其量程或使用范围. 根据这些条件所设计的线路，可以将测量误差减到最小.

2. 实验线路的比较与选择

在测量电阻 R 的伏安特性的线路中，常有两种接法，即图 2.9.3(a)中电流表内接法和图 2.9.3(b)中电流表外接法. 电压表和电流表都有一定的内阻(分别设为 R_V 和 R_A). 简化处理时直接用电压表读数 U 除以电流表读数 I 来得到被测电阻值 R ，即 $R = U / I$ ，这样会引进一定的系统性误差.

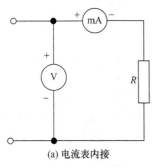 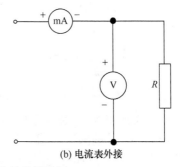

(a) 电流表内接　　　　　　　　　　(b) 电流表外接

图 2.9.3　电表的内外接线路图

当电流表内接时，电压表读数比电阻端电压值大，即有

$$R = \frac{U}{I} - R_{\mathrm{A}} \qquad (2.9.1)$$

当电流表外接时，电流表读数比电阻 R 中流过的电流大，这时应有

$$\frac{1}{R} = \frac{I}{U} - \frac{1}{R_{\mathrm{V}}} \qquad (2.9.2)$$

在式(2.9.1)和式(2.9.2)中，R_{A} 和 R_{V} 分别代表电流表和电压表的内阻. 比较电流表的内接法和外接法，显然，如果简单地用 U/I 值作为被测电阻值，电流表内接法的结果偏大，而电流表外接法的结果偏小，都有一定的系统性误差. 在需要作这样简化处理的实验场合，为了减少上述系统性误差，测量电阻的线路方案可以粗略地按下列办法来选择：

(1) 当 $R \ll R_{\mathrm{V}}$，且 R 较 R_{A} 大得不多时，宜选用电流表外接；

(2) 当 $R \gg R_{\mathrm{A}}$，且 R 和 R_{V} 相差不多时，宜选用电流表内接；

(3) 当 $R \gg R_{\mathrm{A}}$，且 $R \ll R_{\mathrm{V}}$ 时，则必须先用电流表内接法和外接法测量，然后再比较电流表的读数变化大还是电压表的读数变化大？根据比较结果再决定采用内接法还是外接法，具体方法见四、实验内容 1.(3)部分.

如果要得到待测电阻的准确值，则必须测出电表内阻并按式(2.9.1)和式(2.9.2)进行修正，本实验不进行这种修正.

四、实验内容

1. 测定线性电阻的伏安特性，并做出伏安特性曲线，从图上求出电阻值

(1) 按图 2.9.4 接线，其中 $R = 1\mathrm{k}\Omega$ 电阻.

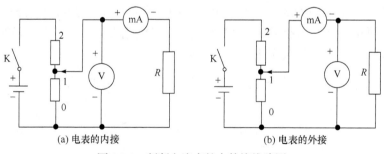

(a) 电表的内接 　　　　　　　　　　(b) 电表的外接

图 2.9.4　判断电流表的内外接线路图

(2) 依此选择电源的输出电压挡为 10V，电流表和电压表的量程分别为 20mA 和 20V，分压输出滑动端 C 置于 B 端(注意本实验中 B 端皆指接于电源负极的公共端)，复核电路连接无误后开始测量.

(3) 选择测量线路. 按图 2.9.4(a)连接线路并合上 K_1，调节分压输出滑动端 C

使电压表(可设置电压值 $U_1 = 2.00\text{V}$)和电流表有一合适的指示值，记下这时的电压值 U_1 和电流值 I_1 ，然后，再按图 2.9.4(b)连接线路并合上 K_1 ，调节分压输出滑动端 C 使电压表值不变，记下 U_2 和 I_2 . 将 U_1 、 I_1 与 U_2 、 I_2 进行比较，若电流表示值有显著变化(增大)， R 便为高阻(相对电流表内阻而言)则采用电流表内接法. 若电压表有显著变化(减小)， R 即为低阻(相对电压表内阻而言)，则采用电流表外接法. 按照系统误差较小的连接方式接通电路(即确定电流表内接还是外接). 但若无论电流表内接还是外接，电流表示值和电压表示值均没有显著变化，则采用任何一种连接方式均可.

(4) 选定测量线路后，取合适的电压变化值(如变化范围 3.00~10.00V ，变化步长为 1.00V)，改变电压测量 8 个测量点，将对应的电压与电流值列表记录，以便作图.

2. 测定各种二极管(硅、锗、稳压及 LED)正向伏安特性，并画出伏安特性曲线

(1) 连线前，先记录所用晶体管型号和主要参数(即最大正向电流和最大反向电压). 然后用万用表欧姆挡测量其正反向阻值，从而判断晶体二级管的正负极(万用表处于欧姆挡时，负笔为正电势，正笔为负电势. 指针式、数字式则相反). 在本实验中，我们实际上是可以直接根据在二极管元件上的标志来判断其正反向(正负极)的.

(2) 测量各种晶体二极管(硅、锗、稳压及 LED)正向特性.

因为二极管正向电阻小，可用如图 2.9.5 所示的电路，图中 $R = 1\text{k}\Omega$ 为保护电阻，用以限制电流. 避免电压到达二极管的正向导通电压值时,电流太大, 损坏二极管或电流表. 接通电源前应调节电源 E 使其输出电压为3V左右，并将分压输出中端 1 置于 0(即 X100、X10 都调为 0，然后再缓慢增加阻值)观察电压表， 0.00V 、 0.10V 、 0.20V 、…逐步增大(到电流表突然变化大的地方(如硅二极管管约 0.6~ 0.8V)，可适当减小测量间隔)，读出对应电流值，将数据记入相应表格. 最后关断

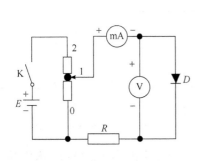 

图 2.9.5　测量二极管正向特性电路与实验连接图

电源(硅管电压范围在 0.8V 以内，锗管电压范围在 0.3V 以内，电流应小于最大正向额定电流，可据此选用电表量程. 表格上方应注明各电表量程及相应误差).

LED 发光二极管正向电阻大，可逐步提高稳压电压和分压，直至 LED 发光较亮，读出各电压对应电流值，将数据记入相应表格.

3. 测定钨丝灯泡的伏安特性，并做出伏安特性曲线

当电流通过钨丝灯泡时，灯丝发热而发光. 在工作时，白炽灯的灯丝处于高温状态，其灯丝电阻随着温度的升高而增大. 通过白炽灯的电流越大，其温度越高，阻值也越大. 一般灯泡的"冷电阻"与"热电阻"的阻值可相差几倍至十几倍，其伏安特性曲线不是直线，因此白炽灯属于非线性元件.

钨丝灯泡冷态电阻较低，约10Ω，如果电压增加太快，容易造成过载，提高电压时要缓一些，避免灯丝烧毁.

五、数据记录与处理

1. 线性电阻伏安特性的测定

表 2.9.1 中 Δ_R，Δ_U，Δ_I 的计算公式如下：

$$\frac{\Delta_R}{R} = \sqrt{\left(\frac{\Delta_U}{U}\right)^2 + \left(\frac{\Delta_I}{I}\right)^2}$$

其中，$\Delta_U = K\% \cdot U_m$，U 为测得值；$\Delta_I = K\% \cdot I_m$，I 为测得值. 由此可见，使电表读数尽可能接近满量程时，测量电阻的准确度高.

表 2.9.1　测量线路的选择及误差分析

电压表准确度等级 $K = $ ＿＿＿＿＿＿＿＿，量程 U_m ＿＿＿＿＿＿V

电流表准确度等级 $K = $ ＿＿＿＿＿＿＿＿，量程 I_m ＿＿＿＿＿＿A

电流表内接	U_1	I_1	$R_1 = \dfrac{U_1}{I_1}$	$\dfrac{\Delta_R}{R_1}$	$R_1 \pm \Delta_{R_1}$
电流表外接	U_2	I_2	$R_2 = \dfrac{U_2}{I_2}$	$\dfrac{\Delta_R}{R_2}$	$R_2 \pm \Delta_{R_2}$

将 U_1、I_1 与 U_2、I_2 进行直接比较，可以确定电流表内接还是外接. 本实验可以作进一步分析确定电流表接线以后，测量元件的伏安曲线，完成表 2.9.2.

表 2.9.2 电阻伏安特性测定

测量序数	1	2	3	4	5	6	7	8
U/V								
I/mA								

数据处理要求:

(1) 按上表数据进行等精度作图. 以自变量 U 为横坐标,应变量 I 为纵坐标,且根据等精度原则选取作图比例尺. 例如电压表准确度 $K=0.5$, $U_m=10V$,则 $\Delta U=10\times0.5\%=0.05V$,即测量的电压值中小数点后第一位(十分位)是可信值,而百分位为可疑数,故作图时横轴的比例尺应为 1mm 代表 0.1V . 同理,可定出纵轴 1mm 代表多少 mA .

(2) 从 U-I 图上求电阻 R 值. 在 U-I 图上选取两点 A 和 B ,由下式求出 R 值.

$$R=\frac{U_B-U_A}{I_B-I_A}$$

2. 二极管正、反向伏安特性曲线测定

数据处理要求: 按表 2.9.3 数据进行等精度作图,画出二极管正向伏安特性曲线.

表 2.9.3 二极管正向伏安特性测定

测量序数	1	2	3	4	5	6	7	8
U/V								
I/mA								

3. 钨丝灯泡伏安特性曲线测定

数据处理要求: 按表 2.9.4 数据进行等精度作图,画出钨丝灯泡伏安特性曲线.

表 2.9.4 钨丝灯泡伏安特性测定

测量序数	1	2	3	4	5	6	7	8
U/V								
I/mA								

六、思考题

判别二极管正负极的方法有哪些?

实验二　非线性电路中混沌现象的研究实验

人类受牛顿核心思想的影响，在认识和描述运动时，总将运动分为两类：确定性运动和随机性运动，确定性系统的行为是完全可以研究的、可以预测的，不过相对论消除了关于绝对空间与时间的幻想；量子力学则消除了关于可控测量过程的牛顿式的梦。继相对论和量子力学之后，混沌动力学迅猛发展，彻底打破了决定论的框架，将人们对运动的认识推向了一个新的高度。混沌是现代非线性科学的重要组成部分，它是由确定的非线性系统产生的一种貌似随机的行为，但又不同于随机现象。它对初始条件非常敏感，系统以后的行为是不可预测的。随着科学的发展，人们对事物发展规律的认识，已逐渐地从确定性、可预见性向随机性、不可预见性发展，非线性物理作为一门综合性、交叉性的前沿学科，已经深入到社会生活中的方方面面。在许多学科中都可看到混沌的身影，近年来，混沌更被广泛应用于控制、通信、网络、财政经济结构乃至生产力、知识等较抽象事物的研究中。

一、实验目的

(1) 了解混沌现象及产生机理。
(2) 测量分线性元件的伏安特性曲线。
(3) 用示波器观察倍周期分岔、各周期、单吸引子的相图。
(4) 了解费根鲍姆常数的测量。

二、实验仪器

FBFB816C 型非线性元件伏安特性综合实验仪，仪器面板如图 2.9.6 所示。

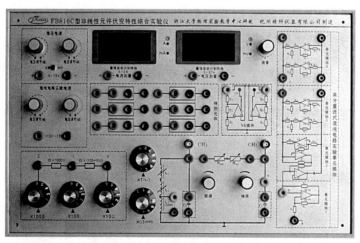

图 2.9.6　FBFB816C 型非线性元件伏安特性综合实验仪面板

三、实验原理

目前在物理实验中研究混沌理论时最典型最方便就是采用蔡氏电路. 蔡氏电路(Chua's circuit)，一种简单的非线性电子电路设计，它可以表现出标准的混沌理论行为. 这个电路的制作容易，因此使它成为了一个无处不在的现实世界的混沌系统的例子，导致一些人声明它是一个"混沌系统的典范". 高进重分混沌实验同样是采用蔡氏电路来进行实验，下面介绍一下实验电路结构.

1. 实验电路组件

该实验的电路如图 2.9.7(a)所示. 其中 R 是有源非线性负电阻，图 2.9.7(b)是它的等效于电路. 它的 V-I 曲线如图 2.9.7(c)所示，C_1，C_2 是电容，L 是电感，G 是可变电导. 实验中通过改变电导值实现改变参数的目的.

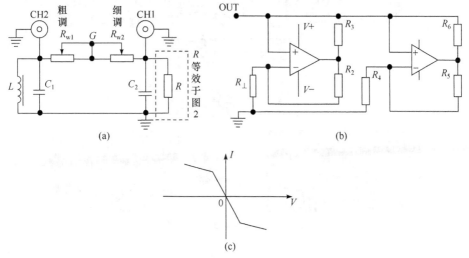

图 2.9.7　实验电路及 V-I 曲线

非线性组件 R 的实现方法有许多种. 这里使用的是 Kennedy 在 1993 年提出的方法：他的线路很简单，是用两个运算放大器和六个电阻来实现的. 其电路图如图 2.9.7(b)所示. 它的特性曲线示意如图 2.9.7(c)所示. 由于我们研究的只是组件的外部效应，即其两端电压及流过其电流的关系. 因此，在允许的范围内，我们把它看成一个黑匣子(其他实现负阻特性方法，这里就不多讨论了). 实现负阻是为了产生振荡. 非线性的目的是产生混沌等一系列非线性的现象. 其实，我们很难说哪一个组件是绝对线性的，这里特意去做一个非线性的组件只是为了使非线性的现象更加明显.

2. 其他组件

因为这里只是作定性的讨论，所以实验对组件要求并不高. 一般来说，电容与电感的误差允许≤10%，由于实验是靠调节电导 G 来观测的，而实验中的非线性现象对电导的变化很敏感，因此，建议在保证调节范围的前提下提高可调的精度，以便观测到最佳的曲线，可使用配对的、无电感性的电阻器，在适当的条件下也可以将电阻器并联来提高调节的精度，达到缓慢调节的目的.

3. 示波器

示波器用来观测非线性现象的波形. 还可以通过示波器进行CH1 , CH2处波形的合成，可以更加明显地观察到非线性的各种现象，并对此有一个更感性的认识. 图 2.9.8 是示波器屏幕显示的 1P、2P 和 4P 的图形，单吸引子，阵发混沌等相图.

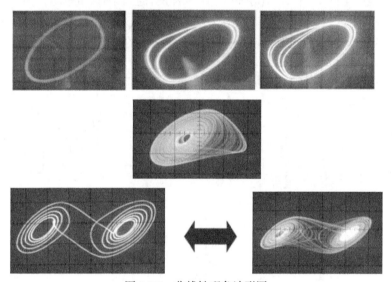

图 2.9.8　非线性现象波形图

4. 电路方程组

$$C_1 \frac{\mathrm{d}U_{C_1}}{\mathrm{d}\tau} = G(U_{C_2} - U_{C_1}) - gU_{C_1}$$

$$C_2 \frac{\mathrm{d}U_{C_2}}{\mathrm{d}\tau} = G(U_{C_1} - U_{C_2}) + i_L$$

$$L \frac{\mathrm{d}i_L}{\mathrm{d}\tau} = -U_{C_2}$$

这三个方程一般没有解析解，但可以在简化后利用计算机求解. 近年对蔡氏电路进一步研究改进，使之能产生更多涡卷混沌吸引子. 主要方法是找到了递推规律来确定蔡氏电路中具有多个分段线性奇函数 f 的各个参数，形成多段数的折线，如图 2.9.9 以及选取 f 中第一转折点的电压值，由递推规律来确定其余各个电压转折点和平衡点的值，达到控制其涡卷的大小和数量的目的.

　　高分重进式混沌实验装置将计算机仿真实验与电路实际测量操作融为一体,主要对蔡氏电路的方程进行数值计算,实时显示电路中电容、电感两端的电压变化;增加或减少自制电路并联数量,调整实际 L,C 电路参数,实现在原单元蔡氏电路上实现多涡卷的高分裂,并出现重复式的递进. 由于实验操作对电感与电容的要求十分苛刻,因此太多涡卷本仪器不采用,本仪器选择出现 5 个涡卷(按现在文献的介绍最多可以出现 15 个). 采用双踪示波器可实时观察电路中电容、电感两端的电压变化,观察混沌行为的变化,表现为涡卷数量的变化,实验时可以用自行设计改变非线性负阻电路的伏安特性曲线,图 2.9.10 是示波器屏幕显示图显示的是五涡卷混沌吸引子混沌现象及 V-I 特性.

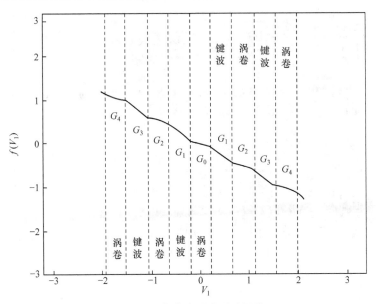

图 2.9.9　高分重进式混沌涡卷

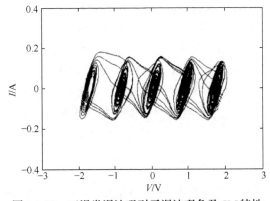

图 2.9.10　五涡卷混沌吸引子混沌现象及 V-I 特性

四、实验内容

1.测试负阻器件(模块)的 V-I 特性

在内置"NR 模块"的连接插座(C)与面板上电流表插座(−)和电压表插座(+)连接,"混沌电路实验电源"连接插座(+)插入连接线与电流表插座(+)连接,黑色地线端插座(−)相互连接. 其他连接插座不插连接线;调"混沌电路实验电源"的粗、细调旋钮,从负逐步调至正,同时记录数字电压、电流表数据,进行有源非线性电阻伏安特性的测量. 对分段线性进行拟合,计算斜率,实验接线如图 2.9.11 所示.

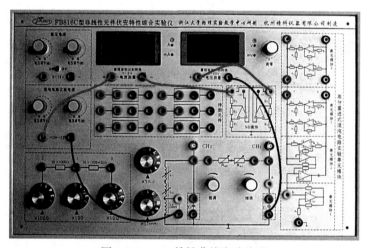

图 2.9.11 V-I 特性曲线实验接线

2. 观察各种相图

混沌现象均可用相图来观察,实验连线如图 2.9.12 所示.

在内置"NR 模块"的连接插座(c)与面板连接插座(a)插入连接线,在面板 LRC 电路的两段虚线两端用短路块或连接线连接(其他连接插座不插连接线),并在 C1 插座插上 C1 元件盒(C2 插座插上 C2 元件盒);调电感为 $16MH(L_1+L_2+L_3)$;在示波器置 x-y 模式,CH2 连接 X 输入,CH1 连接 Y 输入.

调电导"R_{W1}(细调)、R_{W2}(粗调)"旋钮,从最大或最小开始逐渐调至最小或最大;调节 L_1 和 L_2,示波器屏上观察倍周期分岔、各周期、单吸引子的相图,并在坐标纸上描图.

3. 费根鲍姆常数的实验测量

费根鲍姆常数是伴随着非线性科学的发展产生的一个新的常数,利用非线性电路混沌实验来测量验证费根鲍姆常数.

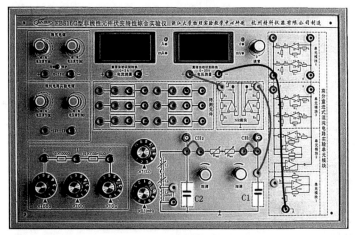

图 2.9.12 相图观察实验接线

1) 费根鲍姆常数

混沌是一种运动状态,从确定性系统通往混沌主要有倍周期分岔、阵发性、准周期等道路. 毕业于麻省理工学院,在洛斯·阿拉莫斯科研所工作的费根鲍姆 (M.J.Feigenbaum) 在研究由倍周期分岔通向混沌的过程中发现,对于一维映射: $x_{n+1} = \mu x_n (1 - x_n)$,当参数 μ 增加时出现周期分岔的过程,即周期 1 分岔出周期 2,周期 2 又分岔出周期 4……,若周期倍分岔相邻 3 个分岔点的参数分别为: μ_{n-1},μ_n,μ_{n+1},则当 $n \to \infty$ 时,比值

$$\delta = \lim_{n \to \infty} \frac{\mu_n - \mu_{n-1}}{\mu_{n+1} - \mu_n} = 4.6692016091029\cdots$$

这是一个无理常数,δ 称为费根鲍姆常数. 需要注意的是,对于不同映像,δ 值也不同,对于 2 次映射,$\delta = 4.669\cdots$;对于 4 次映射,$\delta = 7.284\cdots$;对于 6 次映射,$\delta = 9.296\cdots$;对于 8 次映射,$\delta = 10.048\cdots$. 本实验所讨论的是 2 次映射,即 $\delta = 4.669\cdots$ 的情况.

轨线具有双漩涡结构. 改变电路中 G 的大小,双漩涡结构沿 1P → 2P → 4P → 8P → 混沌 → 3P → 混沌……而变化.

2) 操作步骤

用数字电压表并接在 NR 的 C 端,测量 1P,2P,4P 相图形成时的电压,其原理图如图 2.9.13 所示. 虚线框中部分即为图 2.9.6(b)中的非线性负阻组件 NR,采用 2 个运算放大器和 6 个配置电阻来实现. 可变电阻 R_V (R_{W1}、R_{W2})由两个多圈电位器组成,可以进行精细调节. 将 CH1,CH2 分别接到示波器的 X,Y 输入端观察其相图.

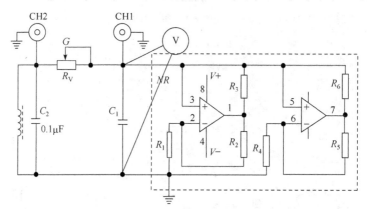

图 2.9.13　测量相图形成时电压的原理图

3) 实验现象

实验中，调节 $R_v(R_{W1}、R_{W2})$ 的阻值，可依次观测到由倍周期分岔到出现混沌的现象，$1P \rightarrow 2P \rightarrow 4P \rightarrow 8P \rightarrow 混沌 \rightarrow 3P \rightarrow 混沌$，如图 2.9.14 所示.

(a) 1P

(b) 2P

(c) 4P

(d) 8P

图 2.9.14　混沌现象

4) 费根鲍姆常数的测量

在实验中出现倍周期分岔的过程中，实验电路中对应着一系列参数 μ_0，因为费根鲍姆常数的普适性，在测量时，参数的选择与具体的物理量无关，本实验选择了发生倍周期分岔时非线性电阻两端的电压作为参数 μ. 测量资料见表 2.9.5 μ_2，μ_4，μ_8 分别表示发生 2P，4P，8P 时非线性电阻两端的电压. 实验记录如表 2.9.5 所示.

表 2.9.5　实验数据记录

序号	μ_2 / V	μ_4 / V	μ_8 / V	$(\mu_2 - \mu_4)$ / V	$(\mu_4 - \mu_8)$ / V	δ
1						
2						
3						
4						
5						
6						
7						

序号	μ_2/V	μ_4/V	μ_8/V	$(\mu_2-\mu_4)/\mathrm{V}$	$(\mu_4-\mu_8)/\mathrm{V}$	δ
8						
9						
10						
平均						

计算 $\bar{\delta}$，与理论值比较求相对误差.

4. 多涡卷混沌的操作(拓展内容)

操作步骤：

1) 三涡卷混沌的操作

(1) 连接面板上 ab，本操作采用自制单元电路模块 1，2，3. 见图 2.9.15.

(2) 用短路电感 L_3(10mH)，总电感调节为 8mH 左右.

(3) 调节电阻，先粗，后细，直到三涡卷混沌的形成.

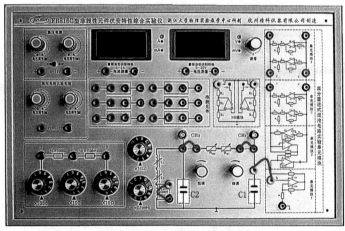

图 2.9.15　三涡卷混沌实验接线

2) 五涡卷混沌的操作

(1) 连接面板上 ab，本操作采用自制单元电路模块 1，2，3，4. 见图 2.9.16.

(2) 连接模块 3，4 的 f—f′，g—g′.

(3) 短路电感 L_3，总电感调节为 8mH 左右.

(4) 调节电阻，先粗，后细，直到五涡卷混沌的形成.

五、参考资料

[1] FB816C 型非线性元件伏安特性综合实验讲义. 杭州精科, 2019

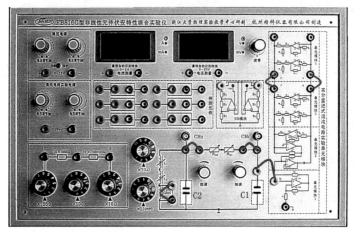

图 2.9.16　五涡卷混沌实验接线

实验 2.10　霍尔效应测螺线管磁场

霍尔效应是导电材料中的电流与磁场相互作用而产生电动势的效应. 1879 年美国霍普金斯大学研究生霍尔在研究金属导电机构时发现了这种电磁现象，故称霍尔效应. 随着半导体材料和制造工艺的发展，人们利用半导体材料制成霍尔元件，由于它的霍尔效应显著而得到实用和发展. 现在人们利用霍尔效应制成测量磁场的磁传感器，广泛用于电磁测量，非电量检测、电动控制和计算装置方面. 在磁场、磁路等磁现象的研究和应用中，霍尔效应及其元件是不可缺少的，利用它观测磁场直观、干扰小、灵敏度高，本实验利用霍尔效应测量螺线管的磁场.

一、实验目的

(1) 了解载流长直螺线管内磁感应强度 B 的分布.

(2) 掌握霍尔效应法测量磁感应强度的原理.

(3) 测绘霍尔元件的 V_H-I_M、V_H-I_S 曲线，了解霍尔电势差 V_H 与励磁电流 I_M、霍尔元件工作电流 I_S 之间的关系及计算霍尔元件的灵敏度 K_H.

(4) 利用霍尔效应法测量载流长直螺线管内轴线上磁感应强度的大小，绘制磁感应强度分布图.

(5) 学习用"对称交换测量法"消除负效应产生的系统误差.

二、实验仪器

本套仪器由 COC-PS 通用电源、COC-HL-C 通用霍尔测试仪、COC-HL-Z 通用霍尔转接盒和螺线管磁场实验仪四部分组成.

1. COC-PS 通用电源

本电源采用四位数码管显示,用于为螺线管提供励磁电流,仪器面板如图2.10.1 所示.

通过正负接线端输出供电，通过调节旋钮调节输出电流和电压. 电压输出 0.00～36.00V，电流输出 0.00～3.000A，最大输出功率为 70W.

本电源可进行恒压或恒流模式输出，设置方式如下.

恒压模式：将"电流调节"旋钮顺时针旋转至最大值，调节"电压调节"旋钮，即可输出指定电压.

恒流模式：将"电压调节"旋钮顺时针旋转至最大值，调节"电流调节"旋钮，即可输出指定电流.

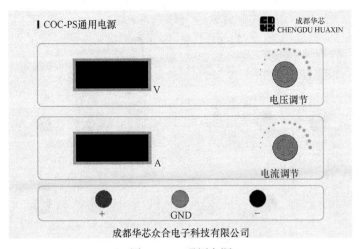

图 2.10.1　通用电源

2. COC-HL-C 通用霍尔测试仪

本测试仪(图 2.10.2)采用五位数码管显示，具有电流输出和电压检查两个功能. 连接线路后,通过"电流调节"旋钮调节输出电流,输出范围 0.000～12.000mA；电压表用于检查输入的电压值，测量范围为 –199.99～199.99mV.

3. COC-HL-Z 通用霍尔转接盒

本转接盒用于控制实验中的电流方向和路线，见图 2.10.3.

将通用电源的正负端接线柱与转接盒励磁电路"I_M 电流输入"正负端相连，螺线管磁场实验仪正负端接线柱与转接盒励磁电路"I_M 电流输出"正负端相连，可通过励磁电路控制区下方的"正/反向"切换开关进行励磁电流 I_M 的正反向切换.

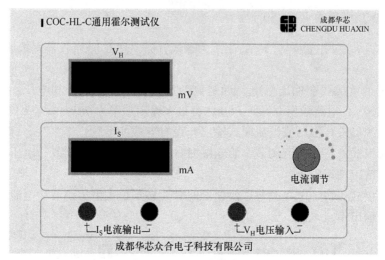

图 2.10.2　通用霍尔测试仪

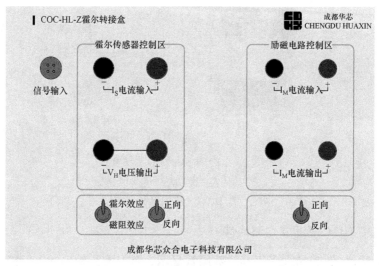

图 2.10.3　霍尔转接盒

霍尔筒尾部连线接入"信号输入"插孔,通用霍尔测试仪"I_S电流输出"正负插孔与转接盒霍尔传感器控制区"I_S电流输入"正负插孔相连,测试仪"V_H电压输入"插孔与转接盒"V_H电压输出"插孔相连,"霍尔/磁阻效应"切换开关可用于霍尔效应和磁阻效应的线路切换,在本实验中设置为霍尔效应测量模式即可,"正/反向"切换开关用于切换I_S电流的正反方向.

4. 螺线管磁场实验仪

实验仪由螺线管座、霍尔筒组成,螺线管线圈部分总长 300mm,线圈内径约

30mm,外径约 42mm,共 3200 匝,线径 0.6mm,两端挡板厚 15mm. 霍尔筒探筒部分总长约 400mm,传感器位于距筒顶部 50mm 处,霍尔筒表面贴有刻度,霍尔片位于刻度 0mm 处.

实验过程中,正确连接通用电源,螺线管,通用霍尔测试仪,霍尔筒和霍尔转接盒,将霍尔筒伸入螺线管中心孔中,打开通用电源和霍尔测试仪电源,即可进行实验.

三、实验原理

1. 载流直螺线管内部的磁场

均匀地绕在圆柱面上的螺旋线圈称为螺线管. 设螺线管的直径为 D,总长度为 L,单位长度内的匝数为 n. 若线圈用细导线绕得很密,则每匝线圈可视为圆形线圈.

由描述电流产生磁场的毕奥-萨伐尔-拉普拉斯定律,经计算可得出通电螺线管内部轴线上某点 P 的磁感应强度为

$$B = \frac{\mu_0}{2} n I_{\mathrm{M}} (\cos \beta_2 - \cos \beta_1) \tag{2.10.1}$$

式中,$\mu_0 = 4\pi \times 10^{-7} \mathrm{H/m}$,为真空中的磁导率,$n$ 为螺线管单位长度的匝数,I_{M} 为励磁电流强度,β_1 和 β_2 分别表示 P 点到螺线管两端的连线与轴线之间的夹角,如图 2.10.4 所示. 在螺线管轴线中央,$-\cos \beta_1 = \cos \beta_2 = L / (L^2 + D^2)^{1/2}$,式(2.10.1)可表示为

$$B = \mu_0 n I_{\mathrm{M}} \frac{L}{\sqrt{L^2 + D^2}} = \frac{\mu_0 N I_{\mathrm{M}}}{\sqrt{L^2 + D^2}} \tag{2.10.2}$$

式中,N 为螺线管的总匝数.

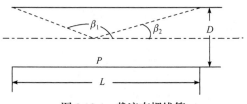

图 2.10.4 载流直螺线管

(1) 如果螺线管为"无限长",即螺线管的长度较直径很大时,式(2.10.1)中的 $\beta_1 \to \pi$,$\beta_2 \to 0$,所以式(2.10.1)可以改写为

$$B = \mu_0 n I_{\mathrm{M}} \tag{2.10.3}$$

这一结果说明，任何绕得很紧密的长螺线管内部沿轴线的磁场是匀强的，由安培环路定律易于证明，无限长螺线管内部非轴线处的磁感应强度也由式(2.10.3)描述.

(2) 在无限长螺线管轴线的端口处 $\beta_1=\pi/2$，$\beta_2\to0$，磁感应强度：

$$B = \frac{1}{2}\mu_0 n I_\text{M} \tag{2.10.4}$$

上式表明，长直螺线管轴线端点处的磁感应强度恰好是内部磁感应强度的一半. 载流长直螺线管所产生的磁感应强度 B 的方向沿着螺线管轴线，指向可按右手法则确定.

2. 霍尔效应

运动的带电粒子在磁场中受洛伦兹力 f_L 的作用而偏转. 当带电粒子(电子或空穴)被约束在固体材料中，这种偏转就导致在垂直电流和磁场的方向上产生正负电荷在不同侧的聚积，从而形成附加的横向电场.

如图 2.10.5 所示，磁场 B 位于 Z 的正向，与之垂直的半导体薄片上 X 正向通以工作电流 I_S，假设载流子为电子(N 型半导体材料)，它沿着与电流 I_S 相反的 X 负向运动.

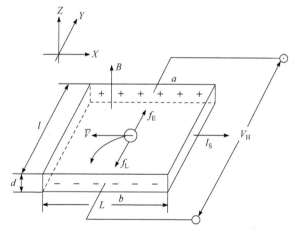

图 2.10.5　霍尔效应原理图一

洛伦兹力用矢量式表示为

$$f_L = -e\overline{V}\times B \tag{2.10.5}$$

式中，e 为电子电量，$\overline{V}$ 为电子运动平均速度，B 为磁感应强度.

由于洛伦兹力 f_L 的作用，电子即向图中虚线箭头所指的位于 Y 轴负方向的 a

侧偏转，并使 b 侧积累电子，而相对的 a 侧形成正电荷积累. 与此同时运动的电子还受到由于两种积累的异种电荷形成的反向电场力 f_E 的作用. 随着电荷积累量的增加，f_E 增大，当两力大小相等(方向相反)时，$f_L = -f_E$，则电子积累便达到动态平衡. 这时在 a、b 两端面之间建立的电场称为霍尔电场 E_H，相应的电势差称为霍尔电势 V_H.

电场作用于电子的力为

$$f_E = -eE_H = -eV_H / l \qquad (2.10.6)$$

当达到动态平衡时

$$\overline{V}B = V_H / l \qquad (2.10.7)$$

设霍尔元件宽度为 l，厚度为 d，载流子浓度为 n，则霍尔元件的工作电流为

$$I_S = ne\overline{V}ld \qquad (2.10.8)$$

由式(2.10.7)、式(2.10.8)可得

$$V_H = \frac{1}{ne} \frac{I_S B}{d} = R_H \frac{I_S B}{d} \qquad (2.10.9)$$

即霍尔电压 V_H 与 I_S、B 的乘积成正比，与霍尔元件的厚度成反比，比例系数 $R_H = 1/(ne)$ 称为霍尔系数，它是反映材料霍尔效应强弱的重要参数.

当霍尔元件的厚度确定时，设

$$K_H = R_H / d = 1/(ned) \qquad (2.10.10)$$

则式(2.10.9)可表示为

$$V_H = K_H I_S B \qquad (2.10.11)$$

K_H 称为霍尔元件的灵敏度，它表示霍尔元件在单位磁感应强度和单位工作电流下的霍尔电压大小，其单位是 V/(A·T)，一般要求 K_H 愈大愈好.

由于金属的电子浓度 n 很高，所以它的 R_H 或 K_H 都不大，因此不适宜作霍尔元件. 此外元件厚度 d 愈薄，K_H 愈高，所以制作时，往往采用减少 d 的办法来增加灵敏度.

应当注意，当磁感应强度 B 和霍尔元件平面法线成一角度时(图 2.10.6)，作用在元件上的有效磁场是其法线方向上的分量 $B\cos\theta$，此时 $V_H = K_H I_S B\cos\theta$，所以一般在使用时应调整元件方位，使 V_H 达到最大，即 $\theta = 0$.

霍尔元件测量磁场的基本电路如图 2.10.7 所示，将霍尔元件置于待测磁场的相应位置，并使元件平面与磁感应强度 B 垂直，在其控制端输入恒定的工作电流 I_S，霍尔元件的霍尔电压输出端接毫伏表，测量霍尔电压 U_H 的值.

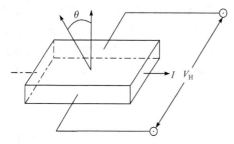

图 2.10.6　霍尔效应原理图二

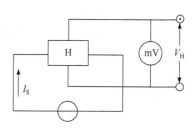

图 2.10.7　霍尔元件测量电路示意图

3. 霍尔效应的副效应及其消除

测量霍尔电势 V_H 时，不可避免地会产生一些副效应，由此而产生的附加电势叠加在霍尔电势上，形成测量系统误差，这些副效应如下所述.

1) 不等位电势 V_0

由于制作时，两个霍尔电极不可能绝对对称地焊在霍尔元件两侧(图 2.10.8(a))、霍尔元件电阻率不均匀、工作电流极的端面接触不良(图 2.10.8(b))都可能造成 C、D 两极不处在同一等势面上，此时虽未加磁场，但 C、D 间存在电势差 V_0，称为不等位电势，$V_0 = I_S R_0$，R_0 是 C、D 两极间的不等位电阻. 由此可见，在 R_0 确定的情况下，V_0 与 I_S 的大小成正比，且其正负随 I_S 的方向改变而改变.

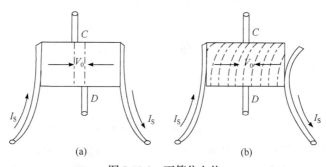

　　　　　(a)　　　　　　　　　　　　　　　(b)

图 2.10.8　不等位电势

2) 埃廷斯豪森(Ettingshausen)效应

当霍尔元件的 X 方向通以工作电流 I_S，Z 方向加磁场 B 时，由于霍尔元件内的载流子速度服从统计分布，有快有慢，如图 2.10.9 所示. 在达到动态平衡时，在磁场的作用下慢速与快速的载流子将在洛伦兹力和霍尔电场的共同作用下，沿 Y 轴分别向相反的两侧偏转，这些载流子的动能将转化为热能，使两侧的温度不同，因而造成 Y 方向上两侧出现温差($\Delta T = T_C - T_D$).

因为霍尔电极和元件两者材料不同，电极和元件之间形成温差电偶，这一温差在 C、D 间产生温差电动势 V_E，$V_E \propto I_S B$.

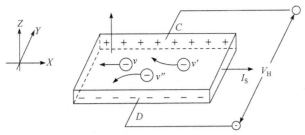

图 2.10.9　霍尔元件中电子实际运动情况(图中 $v'<v$, $v''>v$)

这一效应称爱廷豪森效应, V_E 的大小及正负符号与 I_S、B 的大小和方向有关, 跟 V_H 与 I_S、B 的关系相同, 所以不能在测量中消除.

3) 能斯特(Nernst)效应

由于工作电流的两个电极与霍尔元件的接触电阻不同, 工作电流在两电极处将产生不同的焦耳热, 引起工作电流两极间的温差电动势, 此电动势又产生温差电流(称为热电流)I_Q, 热电流在磁场作用下将发生偏转, 结果在 Y 方向上产生附加的电势差 V_N 且 $U_N \propto I_Q B$, 这一效应称为能斯特效应, 由此可知 V_N 的符号只与 B 的方向有关.

4) 里吉-勒迪克(Righi-Leduc)效应

如 3)所述霍尔元件在 X 方向有温度梯度, 引起载流子沿梯度方向扩散而有热电流 I_Q 通过霍尔元件, 在此过程中载流子受 Z 方向的磁场 B 作用, 在 Y 方向引起类似埃廷斯豪森效应的温差 $\Delta T = T_C - T_D$, 由此产生的电势差 $V_R \propto I_Q B$, 其符号与 B 的方向有关, 与 I_S 的方向无关.

在确定的磁场 B 和工作电流 I_S 下, 实际测出的电压是 V_H、V_0、V_E、V_N 和 V_R 这五种电势差的代数和. 上述五种电势差与 B 和 I_S 方向的关系如表 2.10.1 所示.

表 2.10.1　电势差与 B 和 I_S 方向的关系

V_H		V_0		V_E		V_N		V_R	
B	I_S	B	I_S	B	I_S	B	I_S	B	I_S
有关	有关	无关	有关	有关	有关	有关	无关	有关	无关

为了减少和消除以上效应引起的附加电势差, 利用这些附加电势差与霍尔元件工作电流 I_S、磁场 B(即相应的励磁电流 I_M)的关系, 采用对称(交换)测量法测量 C、D 间电势差:

当 $+I_M$, $+I_S$ 时, $V_{CD1} = +V_H + V_0 + V_E + V_N + V_R$

当 $+I_M$, $-I_S$ 时, $V_{CD2} = -V_H - V_0 - V_E + V_N + V_R$

当 $-I_M$, $-I_S$ 时, $V_{CD3} = +V_H - V_0 + V_E - V_N - V_R$

当 $-I_M$, $+I_S$ 时, $V_{CD4} = -V_H + V_0 - V_E - V_N - V_R$

对以上四式作如下运算：

$$\frac{1}{4}\left(V_{CD1} - V_{CD2} + V_{CD3} - V_{CD4}\right) = V_H + V_E \tag{2.10.12}$$

可见，除埃廷斯豪森效应以外的其他副效应产生的电势差会全部消除，因埃廷斯豪森效应所产生的电势差 V_E 的符号和霍尔电势 V_H 的符号，与 I_S 及 B 的方向关系相同，故无法消除，但在非大电流、非强磁场下，$V_H \gg V_E$，因而 V_E 可以忽略不计，故有

$$V_H \approx V_H + V_E = \frac{1}{4}\left(V_{CD1} - V_{CD2} + V_{CD3} - V_{CD4}\right) \tag{2.10.13}$$

四、实验内容

1. 仪器的连接与预热

(1) 将霍尔筒插入 COC-HL-Z 霍尔转接盒"信号输入"插孔；

(2) 将 COC-HL-C 通用霍尔测试仪"I_S 电流输出"正负端接入 COC-HL-Z 霍尔转接盒"I_S 电流输入"，红黑端各自对应；

(3) 将 COC-HL-C 通用霍尔测试仪"V_H 电压输入"正负端接入 COC-HL-Z 霍尔转接盒"V_H 电压输出"，红黑端各自对应；

(4) 将 COC-PS 通用电源正负端接入 COC-HL-Z 霍尔转接盒"I_M 电压输入"，红黑端各自对应；

(5) 将螺线管正负端接入 COC-HL-Z 霍尔转接盒"I_M 电压输出"，红黑端各自对应；

(6) 将霍尔转接盒的"霍尔/磁阻效应"切换开关切至"霍尔效应"，将两个方向切换开关均切至正向；

(7) 确认通用霍尔测试仪"电流调节"旋钮逆时针旋转至最小端，打开电源，预热 15min 以上.

2. 测量霍尔电压 V_H 与磁感应强度 B 的关系

(1) 移动霍尔筒，使霍尔筒中心的霍尔元件处于螺线管中心位置(霍尔筒刻度读数 165mm 处)；

(2) 确认通用电源"电压调节"和"电流调节"旋钮均逆时针旋转至最小端，打开电源开关，将"电压调节"旋钮顺时针旋转到最大；

(3) 调节通用霍尔测试仪的工作电流 I_S=5.000mA；

(4) 调节通用电源输出励磁电流 I_M=0.000，0.100，0.200，…，1.000(A)，并由式(2.10.2)算出螺线管中央相应的磁感应强度. 分别测量霍尔电压 V_H 值填

入表 2.10.2, 为消除副效应对测量结果的影响, 对每一测量点都要通过霍尔转接盒上的换向开关改变 I_M 及 I_S 的方向, 将测得的电压值填入表 2.10.2. 依据测量结果绘出 V_H-B 曲线.

表 2.10.2 测量 V_H-I_M 关系 I_S=5.000mA

I_M/A	B/mT	V_1/mV	V_2/mV	V_3/mV	V_4/mV	$V_H = \dfrac{V_1 - V_2 + V_3 - V_4}{4}$ /mV
		$+I_M, +I_S$	$-I_M, +I_S$	$-I_M, -I_S$	$+I_M, -I_S$	
0.000						
0.100						
0.200						
⋮						
1.000						

3. 测量霍尔电压 V_H 与工作电流 I_S 的关系

(1) 移动霍尔筒, 使霍尔筒中心的霍尔元件处于螺线管中心位置(霍尔筒刻度读数 165mm 处);

(2) 调节励磁电流 I_M 为 0.500A;

(3) 调节工作电流 I_S=0.000, 1.000, 2.000, ⋯, 10.000(mA), 分别测量霍尔电压 V_H 值填入表 2.10.3. 为消除副效应对测量结果的影响, 对每一测量点都要通过霍尔转接盒上的换向开关改变 I_M 及 I_S 的方向, 将测得的电压值填入表 2.10.3. 依据测量结果绘出 V_H-I_S 曲线.

表 2.10.3 测量 V_H-I_S 关系 I_M=0.500A

I_S/mA	V_1/mV	V_2/mV	V_3/mV	V_4/mV	$V_H = \dfrac{V_1 - V_2 + V_3 - V_4}{4}$ /mV
	$+I_M, +I_S$	$-I_M, +I_S$	$-I_M, -I_S$	$+I_M, -I_S$	
0					
1.000					
2.000					
⋮					
10.000					

4. 计算霍尔元件的灵敏度 K_H

由于 K_H 与载流子浓度 n 成反比, 而半导体材料的载流子浓度与温度有关, 故 K_H 随温度而变, 使用前应用已知磁场进行标定.

根据式(2.10.11), 已知 V_H, I_S 及 B, 即可求得 K_H, 也可由 V_H-B 或 V_H-I_S 直线的斜率求得 K_H. 进而还可计算载流子浓度 n 等参量.

5. 测量螺线管中磁感应强度 B 的大小及分布情况

(1) 将霍尔元件置于螺线管中心, 调节 I_S=5.000mA, I_M=0.500A, 测量相应的 V_H.

(2) 将霍尔筒从左侧缓慢伸进螺线管, 从螺线管 0mm 处起每间隔 10mm, 记录一次的对应的 V_H 值, 并填入表 2.10.4(螺线管两侧壁厚 15mm, 在实验过程中, 需在霍尔筒探入螺线管的读数上减去 15mm 即为此时霍尔片探入螺线管线圈的深度). 为消除副效应对测量结果的影响, 对每一测量点都要通过霍尔转接盒上的换向开关改变 I_M 及 I_S 的方向, 将测得的电压值填入表 2.10.4

(3) 已知 V_H, K_H 及 I_S 值, 由式(2.10.11)计算出各点的磁感应强度, 并绘出 B-X 图, 显示螺线管内 B 的分布状态.

表 2.10.4 　测量 V_H-X 关系 　　　I_M=0.500A, I_S=5.000mA

X/mm	V_1/mV	V_2/mV	V_3/mV	V_4/mV	$V_H = \dfrac{V_1 - V_2 + V_3 - V_4}{4}$ / mV	B/mT
	+I_M, +I_S	−I_M, +I_S	−I_M, −I_S	+I_M, −I_S		
0						
10						
20						
30						
⋮						
300						

五、注意事项

禁止将通用电源输出端或 "励磁电路控制区" 的接线柱与 "霍尔传感器控制区" 的接线柱连接, 以免损坏霍尔元件.

六、参考资料

[1] COC-LS-C 霍尔效应螺线管磁场测定仪说明书. 成都华芯科技有限公司, 2019